KB174772

大東地志

대동지지 7

함 경 도

초판 1쇄 인쇄 2023년 7월 17일
초판 1쇄 발행 2023년 7월 27일

지 은 이 이상태 고혜령 김용곤 이영춘 김현영 박한남 고성훈 류주희
발 행 인 한정희
발 행 처 경인문화사
편 집 김윤진 김지선 유지혜 한주연 이다빈
마 케 팅 전병관 하재일 유인순
출판번호 제406-1973-000003호
주 소 경기도 파주시 회동길 445-1 경인빌딩 B동 4층
전 화 031-955-9300 팩 스 031-955-9310
홈페이지 www.kyunginp.co.kr
이 메 일 kyungin@kyunginp.co.kr
ISBN 978-89-499-6737-0 94980
978-89-499-6740-0 (세트)
값 24,000원

© 이상태 · 고혜령 · 김용곤 · 이영춘 · 김현영 · 박한남 · 고성훈 · 류주희, 2023

저자와 출판사의 동의 없는 인용 또는 발췌를 금합니다.
파본 및 훼손된 책은 구입하신 서점에서 교환해 드립니다.

영인본의 출처는 서울대학교 규장각한국학연구원(古4790-37-v.1-15/국립중앙도서관)에 있습니다.

이상태 · 고혜령 · 김용곤 · 이영춘
김현영 · 박한남 · 고성훈 · 류주희

경인문화사

목차
目次

제1권 함경도 15읍 • 9

제2권 함경도 10읍 • 125

부록 • 201

원문 • 213

함경도

〈관북(關北)으로 부른다〉

본래는 숙신국(肅愼國)의 땅이다.〈당우(唐虞), 즉 요순(堯舜) 시대와 하(夏) 나라·은(殷) 나라·주(周) 나라의 삼대(三代)에서는 숙신이라 하였고, 한(漢) 나라·진(晋) 나라에서는 읍루(挹婁)라 하였고, 북조(北朝)에서는 물길(勿吉)이라 하였고, 수(隋) 나라·당(唐) 나라에서는 말갈(靺鞨)이라 하였고, 발해(渤海)·송(宋) 나라·원(元) 나라에서는 여진(女眞)이라 하였다〉 한나라 무제(武帝) 원봉(元封) 4년(기원전 107)에 현토군(玄菟郡)을 두었다.〈지금의 함흥(咸興)으로, 뒤에 이맥(夷貊)의 침입을 받아 군(郡)을 구려(句麗), 즉 고구려의 서북으로 옮겼다〉 뒤에 옥저국(沃沮國)의 땅이 되었다. 옥저는 개마대산(蓋馬大山)의 동쪽에 있었고, 동옥저의 경계는 함흥·정평(定平)·홍원(洪原)으로 낭림산(狼林山)의 동쪽이며, 황초령(黃草嶺)·부전령(赴戰嶺) 2산맥의 남쪽이다. 북옥저(北沃沮)의 경계는 북청(北靑)·이원(利原)·단천(端川)으로 장백산(長白山)을 한계로 삼았고, 남옥저(南沃沮)의 경계는 영흥(永興)·고원(高原)·문천(文川)·덕원(德源)·안변(安邊)으로 철령(鐵嶺) 서쪽을 한계로 하였는데, 곧 검산(劍山)으로 쭉 이어져 뻗은 큰 줄기이다. ○동옥저·남옥저·북옥저는 따로 3나라가 있는 것이 아니고, 땅의 경계로 말한 것이다〉 고구려(高句麗) 태조왕(太祖王) 4년(56)에〈한(漢) 나라 광무제(光武帝) 건무(建武) 병진년(56)이다〉 동옥저를 정벌하여 그 성읍을 빼앗았고, 동쪽 경계를 개척하여 창해(滄海)에 이르렀다. 진(晋) 나라 초에 신라 북쪽 경계가 이하(泥河)에서 그쳤다.〈지금의 덕원 북쪽 경계이다〉 당나라 중종(中宗) 때 발해국 남쪽 경계가 영흥에 이르렀으며, 신라 말에는 여진(女眞)이 점거하였다. 고려 성종(成宗) 14년(995)에 정평(定平) 이남이 삭방도(朔方道)에 소속되었고, 도련포(都連浦)로 경계를 삼았다. 고려 정종(靖宗) 2년(1036)에 동계(東界)라 일컬었고, 10년에는 삼관문(三關門)을 설치했고〈정주(定州)·선덕(宣德)·원흥(元興)이다〉 장성을 쌓아 여진을 방비하였다. 고려 문종(文宗) 원년(1047)에 동북면(東北面)으로 일컬었다.〈혹은 동면(東面)·동로(東路)·동북로(東北路)·동북계(東北界)라 일컬었다〉 고려 예종(睿宗) 2년(1107)에 여진의 성(城)을 공격하여 몰아내고는 9성(九城)을 설치하였고, 같은 왕 4년에는 여진에 돌려주고 다시 도련포로 경계를 삼았다. 고려 인종(仁宗) 3년(1125)에 금(金) 나라 사람이 오로지 웅거하며 갈라(曷懶)·휼품(恤品)의 2로(二路)를 두었다.〈함흥(咸興)에서 경성(鏡城)까지이다〉 금나라의 치세가 끝날 때까지 바꾸지도 고치지도 않았는데, 금나라가 멸망하게 되자 원(元) 나라 사람이 계속 이어갔다.〈고려 고종(高宗) 45년(1258)에 화주(和州)의 남북은 원 나라의 수중에 들어갔다〉 공민왕(恭愍王) 5년(1356)에 강릉삭방도(江陵朔方道)로 고쳤다.〈화주(和州)·등주(登州)·정주(定州)·장주(長州)·예주(豫州)·고주(高州)·문주(文州)·의주(宜州)의 8주와 선덕(宣德)·원흥(元興)·영인(寧仁)·요덕(耀德)·정변(靜邊)의 5진(鎭)을 수복하였다. 수춘군(壽春君) 이수산(李壽山)을 도순문사(都巡問使)로 삼아 파견하여, 강역을 정하고 다시 동북면으로 불렀다. 몽고에 몰락한 지 무릇 99년만에 비로소 수복한 것이다. 명(明) 나라 태조(太祖) 홍무(洪武) 무진년(1388)에 비로소 강릉도(江陵道)와 나뉘어 스스로 1도가 되었는데, 삭방도라 일컬었다.〈대개 철령 이북을 삭방도라 일컫고, 이남을 강릉도라 일컫는다. 혹은 나누거나 혹은 합치므로 칭호가 한결같지 않다. 초년부터 말년에 이르기까지 공험(公嶮) 이남, 삼척(三陟) 이북을 통틀어 동계(東界)로 불렀다〉 조선(朝鮮) 태조(太祖) 6년(1397)에 정도전(鄭道傳)에게 명하여 군현(郡縣)의 지계(地界)를 구획하여 정하도록 했고, 같은 왕 7년에는 공주(孔州)·경주(鏡州)의 2주를 두었다. 태종(太宗) 13년(1413)에 영길도(永吉道)로 고쳤고, 같은 왕 16년에는 함길도(咸吉道)로 고쳤다. 세종(世宗) 19년(1437)에 김종서(金宗瑞)에게 명하여 6진(六鎭)을 개척하게 하고 성읍(城邑)을 설치했다. 성종(成宗) 1년(1470)에 영안도(永安道)로 고쳤고, 중종(中宗) 4년(1509)에 함경도(咸鏡道)로 고쳤다. 무릇 25읍이다.〈남도가 15읍이고, 북도가 10읍이다〉

순영(巡營)은 함흥부(咸興府)에 있다. 남병영(南兵營)은 북청부(北靑府)에 있다. 북병영(北兵營)은 경성부(鏡城府)에 있다. 방어영(防禦營)은 길주목(吉州牧)에 있다.

토포영(討捕營)〈영흥(永興)·덕원(德源)·홍원(洪原)·갑산(甲山)·삼수(三水)·명천(明川)·회령(會寧)·경원(慶源)에 있다〉

영흥진(永興鎭)의 관하(管下)는〈정평(定平)·고원(高原)이다. ○영흥·정평·고원은 예전에 함흥진 관하였다〉

안변진(安邊鎭)의 관하는〈덕원(德原)·문천(文川)이다〉

북청진(北靑鎭)의 관하는〈홍원·이원(利原)이다. ○단천(端川)은 예전에 북청진 관하였다. 경성진(鏡城鎭)의 관하는〈명천(明川)이다. ○길주(吉州)는 옛날에 경성진(鏡城鎭) 관하였다〉

독진(獨鎭)은 함흥·단천·삼수·갑산·길주·경원·회령·종성(鍾城)·온성(穩城)·경흥(慶興)·부령(富寧)·무산(茂山)·장진(長津) 후주(厚州)이다.

북병영(北兵營)의 관하는 혜산(惠山)·훈융(訓戎)·동관(潼關)·고령(高嶺)·유원(柔遠)·미전(美錢)·어유간(魚遊澗)·볼하(乶下)·성진(城津)·조산(造山)·서수라(西水羅)이다.〈이상은 독진이다〉

제1권

함경도 15읍

1. 함흥부(咸興府)

『연혁』(沿革)

본래 옥저(沃沮) 땅으로 한(漢) 나라가 현토군(玄兎郡)을 두었다.〈뒤에 군을 옮겼다. 지금 이른바 현토의 옛 부(府)가 이곳이다〉 뒤에 낙랑(樂浪)에 환속하여, 불이성(不而城)으로 일컬었고, 혹은 불내예(不耐濊)라 하였다.〈예(濊)와 옥(沃)이 섞여 거주한 까닭에 일컬은 것이다〉 동한(東漢) 건무(建武) 6년(30)에 옥저로 현후(縣候)를 삼았다. 고구려(高句麗) 태조왕(太祖王)이 동옥저를 정벌하여 취한 것이다.〈남북 옥저가 모두 고구려에 들어갔다〉 당(唐) 나라 중종(中宗) 때 발해국(渤海國)이 남경 남해부(南京 南海府)를 두었다.〈신라(新羅)의 도(道)이다〉 고려 초에 여진(女眞)이 점거하였다. 고려 예종(睿宗) 2년(1107)에 평장사(平章事) 윤관(尹瓘)에게 명령하여 여진을 공격하여 물리쳤고, 같은 왕 3년 2월에는 성을 쌓고 진동군함주대도독부(鎭東軍咸州大都督府)를 설치하여 동계(東界)에 예속시켰으며,〈남계(南界)의 민호(民戶) 13,000을 옮겨서 채웠다〉 같은 왕 4년에는 성을 철거하고 그 땅을 여진에 돌려주었다. 고려 인종(仁宗) 4년(1126)에는 금나라에서 갈라로(曷懶路)를 두었다. 고려 고종(高宗) 45년(1258)에는 몽고(蒙古)가 합란로 총관부(哈蘭路總管府)를 두었다.〈합란로는 곧 갈라로이다〉〈쌍성총관부(雙城摠管府)에 예속되었다. 지금의 영흥이다〉 공민왕(恭愍王) 5년(1366)에 쌍성을 공격하여 쳐부숴서 옛 강역을 수복하고 고쳐서 지함주사(知咸州事)로 삼았다가, 곧 만호부(萬戶府)로 고쳐서 영(營)을 두었다.〈강릉과 경상·전라 등의 도에서 군마를 모아 지켰다〉 공민왕 18년에 목(牧)으로 승격하였다. 조선 태종(太宗) 16년(1416)에 함흥부윤(咸興府尹)으로 승격하였다.〈관찰사(觀察使)로서 부윤(府尹)을 겸하게 하였다〉 세조(世祖) 12년(1466)에 진(鎭)을 설치하였다. 성종(成宗) 1년(1470)에 군(郡)으로 강등하였다.〈부(府)의 사람들이 이시애(李施愛)의 난을 좇아 관찰사 신면(申㴐)을 살해하였기 때문이다〉 중종(中宗) 4년(1509)에 다시 부윤으로 승격하였다.〈또 관찰사가 겸하도록 했다. 영조(英祖) 31년(1755)에 별도로 부윤을 두었다가, 같은 왕 33년에 다시 겸하도록 했다〉 숙종(肅宗) 30년(1704)에 독진(獨鎭)이 되었다.〈진관(鎭管)을 영흥(永興)으로 옮겼다〉

「읍호」(邑號)

함평(咸平)·함산(咸山)이다.

「관원」(官員)

부윤(府尹)〈관찰사가 겸한다〉

판관(判官)〈함흥진병마절제도위(咸興鎭兵馬節制都尉)·수성장(守城將)을 겸한다. ○관찰사가 부윤을 겸했기 때문에 둔 것이다〉 각 1명이다.

『고읍』(古邑)

합란부(哈蘭府)〈옛 터는 함흥부 읍치에서 남쪽으로 5리에 있다. ○『원사(元史)』 지지(地志)에 이르기를, "개원성(開元城) 서남쪽이 영원현(寧遠縣)이고, 또 그 서남쪽이 남경(南京)이고, 또 그 남쪽이 합란부이고, 또 그 남쪽이 쌍성(雙城)이니, 곧장 고려의 왕도(王都)에 이른다"라고 했다. 『통감집람(通鑑輯覽)』에 이르기를, "해란로(海蘭路)는 총관부(總管府) 남쪽으로 고려 경계까지는 500리이다."라고 했는데, 원나라 때 해란부(海蘭府)이다〉

덕주(德州)〈읍치에서 남쪽으로 45리에 있다. 고려 문종(文宗) 9년(1055)에 비로소 성을 쌓아 선덕진(宣德鎭)으로 삼았다. 뒤에 덕주 방어사(德州防禦使)로 일컬었다. 조선 초에 폐지되었고 정평(定平)으로부터 함흥부에 예속되었다. 지금은 선덕사(宣德社)라고 일컫는다〉

화음(花陰)〈읍치에서 서쪽으로 30리에 있다. 금나라나 원나라 때 설치한 것 같다. 지금 그 옛 성을 한당성(閑堂城)이라 부른다. 둘레는 6,051자[척(尺)]이다〉

『방면』(坊面)

주동사(州東社)〈읍치에서 25리에 있다〉

【함경 1도에서는 방(坊)을 사(社)로 일컫는다】

주남사(州南社)〈읍치에서 12리 떨어져 있다〉

주서사(州西社)〈읍치에서 20리 떨어져 있다〉

주북사(州北社)〈읍치에서 30리 떨어져 있다〉

상조양사(上朝陽社)〈읍치에서 서쪽으로 30리에 있다〉

하조양사(下朝陽社)〈읍치에서 서북쪽으로 70리에 있다〉

동고천사(東高遷社)〈읍치에서 북쪽으로 120리에 있다〉

서고천사(西高遷社)〈읍치에서 북쪽으로 110리에 있다〉

덕천사(德川社)〈읍치에서 동쪽으로 40리에 있다〉

덕산사(德山社)〈읍치에서 동쪽으로 60리에 있다〉

원평사(元平社)〈읍치에서 북쪽으로 90리에 있다〉

가평사(加平社)〈읍치에서 북쪽으로 60리에 있다〉

기곡사(岐谷社)〈읍치에서 북쪽으로 40리에 있다〉

천원사(川原社)〈읍치에서 서쪽으로 20리에 있다〉

천서사(川西社)〈읍치에서 서쪽으로 30리에 있다〉

연포사(連浦社)〈읍치에서 남쪽으로 40리에 있다〉

선덕사(宣德社)〈읍치에서 남쪽으로 70리에 있다〉

주지사(朱地社)〈읍치에서 남쪽으로 30리에 있다〉

삼평사(三平社)〈위와 같다〉

운전사(雲田社)〈읍치에서 동남쪽으로 30리에 있다〉

동명사(東溟社)〈읍치에서 동쪽으로 60리에 있다〉

퇴조사(退潮社)〈읍치에서 동쪽으로 50리에 있다〉

보청사(甫青社)〈읍치에서 동쪽으로 90리에 있다〉

원천사(元川社)〈읍치에서 동북쪽으로 300리에 있다. 태백산(太白山)에 이른다〉

영고산사(永高山社)〈읍치에서 북쪽으로 150리에 있다〉

기천사(岐川社)〈읍치에서 서북쪽으로 120리에 있다〉

『산천』(山川)

성곶산(城串山)〈읍치에서 북쪽으로 20리에 있다. 산허리에 작은 샘이 있다〉

반룡산(盤龍山)〈읍치에서 북쪽으로 10리에 있다. 동쪽에 치마대(馳馬臺)가 있다〉

기린산(麒麟山)〈읍치에서 북쪽으로 90리에 있다. ○덕적사(德寂寺)가 있다〉

덕산(德山)〈읍치에서 동쪽으로 40리에 있다〉

운주산(雲住山)〈읍치에서 동쪽으로 20리에 있다. ○신흥(新興)이 있다〉

태백산(太白山)〈읍치에서 동북쪽으로 300리에 있다. 북청(北青)·갑산(甲山)과 경계를 이룬다〉

백역산(白亦山)〈크고 작은 2개의 산이 있다. 읍치에서 북쪽으로 150리에 있다. 장진(長津)과 경계를 이룬다. 2개의 산은 서로 연결되어 있다. 높고 크고 중첩되어 바라보면 환하다〉

우두산(牛頭山)〈읍치에서 동쪽으로 40리에 있다. ○망해사(望海寺)가 있다〉

오봉산(五峯山)〈읍치에서 북쪽으로 30리에 있다. ○정수암(淨水庵)이 있다〉

천의산(天宜山)〈읍치에서 서쪽으로 70리에 있다. ○성불사(成佛寺)와 범수암(泛水庵)이 있다〉

설봉산(雪峯山)〈읍치에서 동쪽으로 30리에 있다. ○정수사(淨水寺)가 있다〉

독산(獨山)〈읍치에서 북쪽으로 30리에 있다〉

백악산(白岳山)〈읍치에서 북쪽으로 100리에 있다〉

천불산(千佛山)〈읍치에서 서북쪽으로 90리에 있다. ○돈수사(頓水寺)가 있다〉

【사(寺)와 암(庵)이 22개이다】

백운산(白雲山)〈읍치에서 서쪽으로 63리에 있다〉

중봉산(中峯山)〈읍치에서 서쪽으로 25리에 있다〉

구두산(狗頭山)〈읍치에서 남쪽으로 35리에 있다. 선덕사(宣德社)의 광포(廣浦)를 『고려사(高麗史)』에서 구수포(狗首浦)라 일컬었다〉

관음방산(觀音房山)〈읍치에서 북쪽으로 130리에 있다. 돌의 색이 밝고 희다. 3개의 봉우리가 하늘을 꿰뚫고 있는 것 같다. 용연(龍淵)이 있는데 깊고 푸르다〉

연대봉(輦臺峯)〈읍치에서 동쪽으로 25리에 있다〉

응봉(鷹峯)〈읍치에서 동쪽으로 20에 있다. 매우 기괴하고 가파르다〉

석이봉(石耳峯)〈읍치에서 동쪽으로 20리의 귀주동(歸州洞)에 있다〉

일우암(一遇岩)〈기린산(麒麟山) 아래에 있다〉

금수굴(金水窟)〈읍치에서 서쪽으로 70리에 있다. 기이한 봉우리가 뾰족뾰족 서 있고, 석굴에는 작은 샘이 있다. ○금수암(金水庵)이 있다〉

귀경대(龜景臺)〈읍치에서 동남쪽으로 40리에 있다. 암석이 벽처럼 서 있는 것이 100여 자이다. 앞에는 큰 바다에 임해 있고 물가의 넓은 돌에 있는 얼룩은 거북 무늬이다〉

귀주동(歸州洞)〈읍치에서 동쪽으로 15리에 있다〉

토아동(兎兒洞)〈읍치에서 북쪽으로 90리에 있다〉

덕산동(德山洞)〈읍치에서 동쪽으로 40리에 함관령(咸關嶺)으로 가는 길이다〉

사음동(舍音洞)〈읍치에서 동북쪽으로 25리에 있다〉

송원(松原)〈읍치에서 동쪽으로 15리에 있다〉

함흥평(咸興坪)〈함흥부의 동·서·남쪽이 모두 큰 들판이다〉

「영로」(嶺路)

함관령(咸關嶺)〈읍치에서 동북쪽으로 65리에 있다. 남쪽 관문의 요충지의 대로(大路)이다〉

차유령(車喩嶺)〈읍치에서 동북쪽으로 70리에 있는데, 함관령에서 북쪽으로 25리이다. 폐지되었다〉

곱돌령(亶乭嶺)〈읍치에서 동북쪽으로 80리에 있는데, 차유령 위쪽으로 10리이다. 홍원(洪原) 부민리(富民里)로 통한다〉

중대암령(中臺岩嶺)〈읍치에서 동북쪽으로 90리에 있는데, 곱돌령 위쪽으로 15리이다. 홍원·북청(北青)으로 통한다〉

【영로(嶺路)에 대해서는 또한 홍원(洪原)조에 자세하게 나와 있다】

용림령(龍林嶺)〈혹은 유전령(杻田嶺)이라 한다. 읍치에서 동북쪽으로 95리에 있는데, 중대암에서 위쪽으로 15리이다. 북청으로 통한다〉

돌장령(乭長嶺)〈읍치에서 동북쪽으로 120리에 있는데, 용림령(龍林嶺) 위쪽으로 30여 리이다. 북청으로 통한다〉

송동령(松洞嶺)〈혹은 옹동령(瓮洞嶺)이라 한다. 읍치에서 동쪽으로 55리에 있는데, 함관령에서 아래쪽으로 20리 떨어진 곳에 있다. 홍원으로 통한다〉

나흘내령(羅屹乃嶺)〈읍치에서 동쪽으로 50리에 있다. 송동령의 아래쪽으로 10리이다. 홍원으로 통한다〉

창령(倉嶺)〈읍치에서 동쪽으로 50리에 있다. 나흘내의 아래쪽으로 20여 리이다. 바다와 잇닿아 있으며 홍원으로 통한다. 함흥부 동남쪽의 군사적 요충지이다〉

탄현(炭峴)〈읍치에서 동쪽으로 35리에 있는데, 창령의 아래쪽으로 20여 리이다. 홍원으로 통한다〉

부전령(赴戰嶺)〈읍치에서 북쪽으로 150리에 있고, 장진(長津)과 경계를 이룬다. 삼수(三水)의 강 입구 요로로 통한다〉

노중령(路中嶺)〈읍치에서 서북쪽으로 120리에 있다〉

황초령(黃草嶺)〈중령(中嶺)의 북쪽 20리에 있고, 장진과 경계를 이룬다. 이곳에서 서북쪽으로 설한령(雪寒嶺)까지의 거리는 280리이고, 또 장진까지의 거리는 240리이다〉

원천현(元川峴)〈읍치에서 북쪽으로 100리에 있다〉

방고개(方古介)〈읍치에서 서북쪽으로 100리의 중령로(中嶺路)에 있다〉

【북쪽으로 원천(元川)과의 거리는 10리이고, 돌장령까지는 40리이다. 북청(北靑)으로 통한다. 송동령에서 노동(蘆洞)까지는 30리이고, 홍원으로 통한다】

○해(海)〈집삼구미(執三仇未)로부터 보청(甫靑)·동명(東溟)·퇴조(退潮)가 잇닿아 있고, 맹경대(黽景臺)·운전포(雲田浦)·미진포(微塵浦)·광포(廣浦)·장자포(長者浦)·도련포(都連浦)가 있다〉

성천강(城川江)〈혹은 군자하(君子河)라 한다. 성의 서쪽을 두르고 있다. 영원(寧遠) 낭림산(狼林山)에서 발원하여 동남쪽으로 흘러 황초령 물가에서 모인다. 중령보(中嶺堡)를 경유하여 오른쪽으로는 검산(劒山)을 지난 물이 흑림천(黑林川)이 되어서 독산(獨山)의 남쪽에 이르러 기천(岐川)이 된다. 원천(元川)은 동북쪽으로 와서 모여 합란동(哈蘭洞)을 거쳐 함흥부 서쪽에 이르러 퍼져서 2개의 강이 되는데, 하나는 동남쪽으로 흘러 만세교(萬歲橋)를 경유하여 본궁(本宮) 왼쪽에 이르고, 호련천(湖連川)을 통과하여 격구정(擊毬亭)에 이르러 남쪽으로 흘러서 미진포(微塵浦) 석담(石潭)이 되어 바다로 들어가며, 하나는 서남쪽으로 큰 들 가운데로 흘러 중천에서 모여서 광포(廣浦)와 도련포(都連浦)가 되어 석담에 이르러 합쳐져서 바다로 들어간다〉

원천(元川)〈태백산(太白山) 서쪽 갈래 화피령(樺皮嶺)에서 발원하여 남쪽으로 흘러 원천이 된다. 오른쪽으로 부전령천을 지나 일우암(一遇岩)의 오른쪽에 이른다. 태백역산(太白亦山)의 삼부(三釜) 폭포수를 통과하고 가평사(可平社)를 경유하여 오른쪽으로 천불산(千佛山) 물 및 소백역산(小白亦山) 물을 통과하여 기천(岐川)에서 모여 성천강이 된다〉

검산천(劒山川)〈영원(寧遠) 위쪽 검산의 동쪽에서 발원하여, 동쪽으로 흘러 흑림천(黑林川)에 모인다〉

흑림천(黑林川)〈읍치에서 서북쪽으로 50리에 있다〉

기천(岐川)〈흑림천 하류이다. 원천(元川)은 이곳에서 모인다〉

부전령천(赴戰嶺川)〈부전령 남쪽에서 발원하여 원천으로 들어간다〉

삼부폭천(三釜暴川)〈백악(白岳) 남쪽에서 발원하여 원천으로 들어간다. 좌우로 벽처럼 서 있는 돌 색깔이 갈아놓은 것 같이 매끄럽고, 가운데 돌에 움푹 패인 곳이 있는데 마치 솥이 3개 있는 것과 같다. 폭포가 분출하여 구덩이를 가득 채우고 차례로 쏟아져 나온다〉

태백역산천(太白亦山川)〈남쪽으로 흘러 영고산창(永高山倉)에 이르러 원천으로 들어간다〉 소백역산천(小白亦山川)〈남쪽으로 흘러 천불산(千佛山) 물에서 모여 원천으로 들어간다〉 백악폭포(白岳瀑布)〈백역산에 있는데, 함흥부로부터 서북쪽으로 90리이다. 석벽이 깎아 질러서 있는 것이 100여 자이고, 날아서 흐르며 얇게 뿜어내는 것이 마치 구슬이 흩어지는 것 같다〉

중천(中川)〈읍치에서 서쪽으로 10리에 있다. 상검산(上劒山) 동쪽 및 금수굴(金水窟)에서 발원하여 백운(白雲)·천의(天宜) 두 산의 물에 모이는데, 동쪽으로 흘러 성천강으로 들어가고, 서쪽으로 흐르는 것은 일파(一派), 즉 하나의 물줄기이다〉

평천(平川)〈읍치에서 서쪽으로 18리에 있다. 백운산에서 발원하여 광포(廣浦)로 들어간다〉

갈한천(乫罕川)〈읍치에서 서쪽으로 30리에 있다. 천의산 동쪽 지류에서 발원하여 동쪽으로 흘러 주지사(朱地社)를 경유하여 광포로 들어간다〉

호련천(湖連川)〈읍치에서 동쪽으로 10리에 있다. 함관(咸關) 가운데서 발원하여 송동령(松洞嶺)·나흘내령(羅屹乃嶺)·저령(渚嶺)을 넘어서 합쳐져 서쪽으로 흐르고, 덕산역(德山驛), 운주산(雲住山) 귀주동(歸州洞)을 지나고, 부의 남쪽을 지나서 성천강으로 들어간다〉

운전포(雲田浦)〈읍치에서 동남쪽으로 30리에 있다〉

미진포(微塵浦)〈읍치에서 남쪽쪽으로 30리에 있다〉

광포(廣浦)〈읍치에서 남쪽으로 30리의 주지사(朱地社)에 있다. 둘레는 70리이고 길이는 30리이다. 깊고 맑으며 짙푸른 물결이 빙 둘러 섞여 돌며 되돌아 갈 수가 없다. 포의 가운데에는 용 모양의 암석이 있다〉

장자포(長者浦)·구두포(狗頭浦)·도련포(都連浦)〈이상의 4곳은 선덕사(宣德社)에 있다. 정평(定平)에서 함흥부로 내속하였다〉

석담(石潭)〈읍치에서 남쪽으로 30리의 운전사(雲田社)에 있다. 여러 곳의 물이 돌아 나가는 곳이다〉

「도서」(島嶼)

화도(花島)〈읍치에서 남쪽으로 45리에 있는데, 둘레가 15리이다. 대나무를 심어놨다〉

송도(松島)〈읍치에서 동남쪽으로 85리에 있는데, 둘레가 30리이다. 토지가 평탄하고 넓다. 순채(蓴菜)가 난다〉

천초도(川椒島)〈읍치에서 동북쪽으로 10리에 있다. 천초(川椒)가 많이 난다〉

용도(龍島)〈미진포(微塵浦)의 남쪽에 있다〉

소도(小島)가 둘이다.〈용도의 곁에 있다〉

형제암(兄弟岩)〈도련포(都連浦)의 동쪽에 있다〉

『형승』(形勝)

읍치의 동북쪽은 곧 숭산이 겹쳐있고, 서남쪽은 큰 들이 텅 비어 넓고 멀리 펼쳐져 있으며, 북쪽으로는 4군(郡)을 제어하며 백산(白山)으로 한계를 삼고 있으며, 남쪽으로는 6개의 읍(邑)과 이어져 있으며 철령(鐵嶺)으로 막혀 있다. 왼쪽에는 함관령(咸關嶺)·마천령(摩天嶺)이 있어, 6진(鎭)을 제어한다. 서쪽으로는 검산(劒山)과 설령(雪嶺)이 있고 평안도(平安道)로 통한다. 1도(道)의 남북 요충지에 위치하면서 성을 튼튼히 하고 군사를 길러서 제어하는데 마땅함을 얻으니, 옛날부터 군사를 쓰기 위한 땅이다. 푸른 바다가 잇닿아 두르고 성과 내를 잇고 있어서, 등주(登州)와 화주(和州)를 굽어보니 삭주(朔州)와 한양으로 통한다. 진실로 왕업의 근본이며, 관찰사(觀察使)의 웅진(雄鎭)이다.

『성지』(城池)

읍성(邑城)〈조선 단종(端宗) 1년(1453)에 쌓았다. 선조(宣祖) 때에 관찰사 장만(張晩)이 고쳐 쌓았다. 둘레는 12,659자이다. 성문은 4곳이 있다. 포루는 11곳인데 문이 있는 것이 7곳이다. 수문이 2곳, 성랑(城廊)이 23곳, 못이 4곳, 우물 16곳이 있다. 동남쪽 성 밖에는 도랑이 있다〉

덕산고성(德山古城)〈읍치에서 동북쪽으로 45리에 있고, 둘레가 497자이다〉

백운산고성(白雲山古城)〈둘레가 14,573자이다〉

초원고성(草原古城)〈덕산동(德山洞)에 있는데, 함흥부의 동북쪽 48리이다. 둘레가 1,147자이다〉

퇴조고성(退朝古城)〈읍치에서 동쪽으로 60리에 있다. 둘레는 4,970자이다〉

중봉산고성(中峯山古城)〈둘레는 1,039자이다〉

오로촌고성(吾老村古城)〈읍치에서 서북쪽으로 35리에 있다. 둘레는 1,076자이다〉

선덕진성(宣德鎭城)〈고려 문종(文宗) 9년(1055)에 처음으로 성을 쌓고 진을 설치했다. 고려 정종 10년(1044)에 또 성을 쌓았다.(연대의 오류로 보임/역자주)〉

도련포장성(都連浦長城)〈고려 덕종(德宗) 때 쌓았다〉

『영아』(營衙)

순영(巡營)〈조선 태종(太宗) 16년(1416)에 관찰사 영(觀察使營)을 함흥부에 두었다. 세조(世祖) 조에 남북도 관찰사(南北道觀察使)를 각각 두었다. 성종 1년(1470)에 영흥부로 영을 옮겼고, 중종 4년(1509)에 다시 환원하였다〉

「관원」(官員)

관찰사〈병마수군절도사(兵馬水軍節度使)·순찰사(巡察使)·함흥부윤(咸興府尹)을 겸하였다〉 도사(都事)·중군(中軍)〈토포사(討捕使)를 겸하였다〉 심약(審藥)·검률(檢律)·역학훈도(譯學訓導) 각 1명을 두었다.

『진보』(鎭堡)

중령보(中嶺堡)〈옛날에는 목책이 있었다. 숙종(肅宗) 14년(1688)에 보(堡)를 설치했고, 같은 왕 21년(1695)에 성을 쌓았다. 북쪽에서 옛 장진책(長津柵)과의 거리가 190리이다. ○별장(別將) 1명을 두었다〉

부전령보(赴戰嶺堡)〈숙종 28년(1702)에 책(柵)을 세우고 보를 설치했다. 서쪽으로는 삼수(三水) 의 강구보(江口堡)에 이른다. 읍치에서 260리 떨어져 있다. ○별장 1명을 두었다〉

『봉수』(烽燧)

성곶산(城串山)〈함흥부 안에 있다〉

초고대(草古臺)〈읍치에서 동쪽으로 30리에 있다〉

창령(倉嶺)〈읍치에서 동쪽으로 60리에 있다〉

집삼구미(執三仇未)〈읍치에서 동쪽으로 80리에 있다〉

『창고』(倉庫)

동창(東倉)·서창(西倉), 고(庫) 14곳이 있다.〈모두 성 안에 있다〉

교제창(交濟倉)〈읍치에서 남쪽으로 30리의 해변에 있다〉

사창(社倉) 17곳이 있다.〈선덕(宣德)·운전(雲田)·동명(東溟)·퇴조(退潮)·보청(甫靑)·원천상(元川上)·원천하(原川下)·영고산(永高山)·동고천(東高遷)·서고천(西高遷)·가평(加平)·기곡(岐谷)·기천(岐川)·송지(宋地)·덕산(德山)·조양(朝陽)·혼동(昏東)이다〉

『역참』(驛站)

평원역(平原驛)〈읍치에서 남쪽으로 2리에 있다〉

덕산역(德山驛)〈읍치에서 동북쪽으로 30리에 있다〉

「보발」(步撥)

평원참·덕산참이 있다.

『목장』(牧場)

도련포장(都連浦場)〈읍치에서 남쪽으로 40리에 있다. 지금은 폐지하여 백성들이 경작할 수 있도록 허락하였다. 감목관(監牧官)을 옮겨서 문천(文川) 사눌도(四訥島)에 두게 하였다〉 화도장(花島場)이 있다.

『교량』(橋梁)

만세교(萬歲橋)〈서문 밖 성천강(成川江)에 있다. 다리의 길이는 150칸이다〉

『토산』(土産)

잣[해송자(海松子)]·오미자(五味子)·사향(麝香)·자초(紫草)·송이버섯[송심(松蕈)]·석이버섯[석심(石蕈)]·달(獺)〈산달(山獺)·해달(海獺)·수달(水獺)의 3종이 있다〉·노랑가슴담비[초서(貂鼠)]·전복·홍합·미역·소금·해삼·게·조개가 있고, 이 밖에 어물(魚物) 15종이 난다.

『장시』(場市)

읍내장날은 2일과 7일이고, 지경(地境) 장날은 5일과 10일, 중리(中里) 잘날은 3일과 8일, 우상(禹上) 장날은 4일과 9일, 초리(初里) 장날은 5일과 10일, 송평(松平) 장날은 4일과 9일이다.

『궁실』(宮室)

본궁(本宮)〈읍치에서 남쪽으로 15리의 운전사(雲田社)에 있다. 태조(太祖)가 즉위하기 전, 즉 잠저에 있을 때 옛 집이다. 태조가 북쪽으로 순행하면서 그곳에 가서 목조(穆祖)·익조(翼祖)·도조(度祖)·환조(桓祖)의 4왕 및 왕후의 위판을 봉안했다. 또 태조와 신의왕후(神懿王

后)·신덕왕후(神德王后)의 위판을 봉안했다. 개국 초에 중신을 파견하여 지키게 했고, 중간에는 예조낭관(禮曹郎官)을 파견하였다. 성종(成宗) 조에 내수사(內需司)에 나누어 두었다. 선조(宣祖) 임진년(1592)에 불탔다가, 광해군(光海君) 2년(1610)에 중건하였다. 정전(正殿)이 있고, 정전의 앞에는 풍패루(豊沛樓)가 있고, 누의 앞에는 연못이 있다. 정전의 뒤에는 태조가 심은 6그루의 소나무가 있고, 정전 안에는 태조의 관복, 활과 화살 및 이들을 넣어두는 전대[탁건(槖鞬)]등의 물건을 잘 보관해 두고 있다〉

경흥전(慶興殿)〈귀주(歸州)의 동쪽에 있다. 헌릉(獻陵) 비문에 후주동(厚州洞)이라 하였으니 곧 태조의 옛 저택이다. 정종(定宗)과 태종(太宗)이 모두 이곳에서 태어났으므로, 이를 기리기 위해 건립하였다. 여러 차례 병화를 겪으면서 폐지하였는데, 효종(孝宗) 9년(1658)에 중건하였다. 전우(殿宇)가 3칸이다. ○귀주동에 석이봉(石耳峯)이 있는데, 그 아래에 독서당(讀書堂)이 있으니, 곧 태조가 독서하던 초당(草堂)이다. 숙종(肅宗) 42년(1716) 초당을 중건하고 비를 세웠다. 정조(正祖) 정미년(1787)에 공적을 기념하는 비를 귀주동에 세웠다. ○『선보(璿譜)』에 이르기를, "도조(度祖)가 함흥 송두등리(松頭等里)에서 태어났다"라고 했다〉

『누정』(樓亭)

낙민루(樂民樓)〈곧 서문루(西門樓)이다. 남쪽으로는 푸른 바다를 마주하고, 서쪽으로는 큰 들판을 삼키는 듯 하다. 성천강(城川江)이 둘러싸고 있다〉

무황정(無荒亭)〈낙민루 서쪽의 만세교(萬歲橋) 가에 있다〉

칠보정(七寶亭)·광풍루(光風樓)〈모두 함흥부의 성문에 있다〉

성루(城樓)가 12곳이다.〈동쪽은 동평문(東平門)이고, 남쪽이 남화루(南華樓), 북쪽이 망양루(望洋樓), 서남쪽이 무검루(撫劒樓)이며, 또 간검루(看劒樓)·명검루(鳴劒樓)·대로정(待勞亭)·구천각(九天閣)·의운루(倚雲樓)·의허루(倚虛樓)·의천루(依天樓)·장사정(壯士亭)·병포루(並砲樓)이다〉

격구정(擊毬亭)〈읍치에서 동쪽으로 15리 떨어진 운전사(雲田社)에 있다. 땅이 해문(海門)과 연결되어 있고 푸른 사초(莎草)가 평평하고 넓게 10여 리나 펼쳐져 있어, 속칭 송원(松原)이라고 한다. 태조(太祖)가 어렸을 때에 이곳에서 격구를 하였다. 현종(顯宗) 15년(1674)에 비로소 정자를 세웠다〉

『능침』(陵寢)

덕릉(德陵)〈읍치에서 서북쪽으로 60리 떨어진 가평사(加平社)에 있다. 목조대왕(穆祖大王)의 능이다. 제사지내는 기일(忌日)은 3월 10일이다. ○직장(直長) 1명을 두었다〉

안릉(安陵)〈덕릉과 같은 언덕에 있다. 목조의 비(妃)인 효공왕후(孝恭王后) 이씨(李氏)의 능이다. 제사지내는 날은 5월 15일이다. ○참봉(參奉) 1명을 두었다. ○덕릉과 안릉 2릉은 처음에 경흥부(慶興府)의 강 밖 동쪽 땅의 향각봉(香角峯) 남쪽에 있었다. 태조 4년(1395)에 경흥부의 적지(赤池)의 위쪽으로 옮겼는데, 지금은 이곳을 능평(陵坪)이라 부른다. 태종 10년(1410)에 능평에서 함흥으로 옮겼다〉

의릉(義陵)〈읍치에서 동쪽으로 20리의 운전사에 있다. 도조대왕(度祖大王)의 능이다. 제삿날은 7월 24일이다. ○봉사(奉事)와 참봉(參奉) 각 1명을 두었다〉

순릉(純陵)〈읍치에서 동쪽으로 33리의 동명사(東溟社)에 있다. 도조(度祖)의 비인 경순왕후(敬順王后) 박(朴)씨의 능이다. 제삿날은 7월 23일이다. 봉사와 참봉 각 1명을 두었다〉

정릉(定陵)〈읍치에서 동쪽으로 10리의 귀주동(歸州洞)에 있다. 환조대왕(桓祖大王)의 능이다. 제삿날은 4월 30일이다. 봉사 1명을 두었다〉

화릉(和陵)〈정릉과 같은 곳에 있다. 환조(桓祖)의 비인 의혜왕후(懿惠王后) 최씨(崔氏)의 능이다. 제삿날은 4월 24일이다. ○참봉 1명을 두었다〉

『단유』(壇壝)

제성단(祭星壇)〈읍치에서 남쪽으로 40리의 도련포(都連浦)에 있다. 태조가 임금이 되기 전, 잠저에 있을 때 이곳에서 태백성(太白星)에 제사를 지냈다. 지금은 함흥부에서 제사를 지낸다〉

송도사(松島祠)

화도사(花島祠)〈함흥부에서 봄과 가을에 제사를 지낸다〉

『사원』(祠院)

문회서원(文會書院)〈읍치에서 동북쪽으로 10리의 우구봉(牛邱峯) 아래에 있다. 명종(明宗) 계해년(1563)에 세웠다. 선조(宣祖) 병자년(1576)에 사액하였다. 숙종(肅宗) 병자년(1696)에 어필을 사액하였다〉

공자(孔子)를 모신다.

「별사」(別祠)

〈선조 정미년(1607)에 세웠다〉

이계손(李繼孫)〈자(字)는 인지(引之)이고, 여흥(驪興) 사람이다. 벼슬은 병조판서(兵曹判書)를 지냈고, 좌찬성(左贊成)으로 추증되었다. 시호는 경헌(敬憲)이다〉

유강(兪絳)〈자는 강지(絳之)이고, 기계(杞溪) 사람이다. 벼슬은 호조판서(戶曹判書)를 지냈고, 시호는 숙경(肅敬)이다〉

이후백(李後白)〈자는 계진(季眞)이고, 호는 청련(靑蓮)으로 연안(延安) 사람이다. 벼슬은 이조판서(吏曹判書), 연양군(延陽君)을 지냈고, 좌찬성으로 추증되었다. 시호는 문청(文淸)이다〉

한준겸(韓浚謙)〈자는 익지(益之), 호는 유천(柳川)으로, 청주(淸州) 사람이다. 벼슬은 영돈녕(領敦寧), 서평부원군(西平府院君), 도원수(都元帥)를 지냈다. 시호는 문익(文翼)이다〉

남구만(南九萬)〈태묘(太廟) 조에 나와 있다〉

이광하(李光夏)〈자는 계이(啓而)이고, 덕수(德水) 사람이다. 숙종(肅宗) 신사년(1701)에 연경(燕京)에서 죽었다. 벼슬은 판윤(判尹)을 지냈고, 영의정으로 추증되었다. 시호는 정익(貞翼)이다〉

문덕효(文德孝)〈자는 가화(可化), 호는 동호(東湖)이며, 개령(開寧) 사람이다. 벼슬은 형조좌랑(刑曹佐郎)을 지냈고, 도승지(都承旨)로 추증되었다〉

○운전서원(雲田書院)〈현종(顯宗) 정미년(1667)에 세웠다. 영조(英祖) 정미년(1727)에 사액하였다. 정몽주(鄭夢周)·조광조(趙光祖)·이황(李滉)·이이(李珥)·성혼(成渾)〈모두 문묘(文廟) 조에 보인다〉

조헌(趙憲)〈김포(金浦) 조에 나와 있다〉

송시열(宋時烈)〈문묘 조에 나와 있다〉

민정중(閔鼎重)〈양주(楊州) 조에 나와 있다〉

○창의사(彰義祠)〈현종(顯宗) 병오년(1666)에 세웠다. 정조(正祖) 을묘년(1795)에 사액하였다〉

윤탁연(尹卓然)〈자는 상중(尙中), 호는 중호(重湖)이다. 칠원(漆原) 사람이다. 선조 임진년(1592)에 함경도 감사로서 노고와 공적이 있었다. 벼슬은 호조판서를 지냈고, 시호는 헌민(憲敏)이다〉

유응수(柳應秀)〈진주(晋州) 사람이다. 선조 정유년(1597)에 난리(丁酉再亂을 말한다/역자주) 때 순직하였다. 벼슬은 삼수군수(三水郡守)를 지냈고, 병조판서에 추증되었다〉

이유일(李惟一)〈용인(龍仁) 사람이다. 벼슬은 갑산부사(甲山府使)를 지냈고, 병조판서에 추증되었다〉

한인제(韓仁濟)〈청주 사람이다. 벼슬은 남우후(南虞候)를 지냈고, 병조참의(兵曹參議)에 추증되었다〉

백응상(白應祥)〈연안 사람이다. 벼슬은 부령부사(富寧府使)를 지냈고, 병조참의에 추증되었다〉

박길남(朴吉男)〈밀양(密陽) 사람이다. 벼슬은 군자첨정(軍資僉正)을 지냈고, 병조참의(兵曹參議)에 추증되었다〉

정해택(鄭海澤)〈동래(東萊) 사람이다. 벼슬은 나난만호(羅暖萬戶)을 지냈고, 우윤(右尹)으로 추증되었다〉

박중립(朴重立)〈밀양 사람이다. 벼슬은 방원만호(防垣萬戶)를 지냈고, 우윤에 추증되었다〉

이희록(李希錄)〈전주(全州) 사람이다. 벼슬은 사복첨정(司僕僉正)이고, 우윤에 추증되었다〉 박응숭(朴應嵩) 자는 천정(天挺)이고 밀양(密陽) 사람이다. 벼슬은 어면만호(魚面萬戶)를 지냈고, 군기시정(軍器寺正)으로 추증되었다〉

이사제(李思悌)〈전주(全州) 사람이다. 벼슬은 예빈판관(禮賓判官)을 지냈고, 군기시정으로 추증되었다〉

한경상(韓敬商)〈청주(淸州) 사람이다. 벼슬은 예빈참사(禮賓參事)를 지냈고, 감찰(監察)로 증직되었다〉

김응복(金應福)〈자는 사형(士亨)이고, 경주 (慶州)사람이다. 벼슬은 장흥고직장(長興庫直長)을 지냈고, 감찰로 추증되었다〉

『전고』(典故)

고려 현종(顯宗) 6년(1015)에 여진이 배 26척으로 구두포(狗頭浦)를 노략질하였는데, 진명현(鎭溟縣) 도부서(都部署)가 공격하여 패배시켰다. 고려 문종(文宗) 21년(1067)에 동계병마사(東界兵馬使)가 상주하기를, "판관(判官) 임희설(任希說) 등이 전선을 타고 초도(椒島)를 순행하다가 적의 배 10척과 마추치자 싸워서 물리치고, 배 7척을 획득하고 목을 벤 것이 매우 많았습니다. 임희설은 또 원흥진부사(元興鎭副使) 석수규(石秀珪) 등과 함께 또 초도를 순시하다가 밤에 염라포(閻羅浦)에 이르러 적선 8척을 만나 3척을 격파하였습니다. 나머지 적은 연안으로 올라가서 분주히 흩어지자, 추격하여 30여 명의 목을 베었습니다."라고 하였다. 문종 27년(1073)에 동번(東蕃)의 해적이 동경(東京)의 관할 아래에 있는 파잠부곡(波潛部曲)을 노략질을 하자, 원흥진(元興鎭)의 장군이 전선 수십 척을 이끌고 초도를 나와 전투를 벌여 12명의 목을 베었다. 고려 예종(睿宗) 3년(1108)에 행영(行營)의 병마판관(兵馬判官) 왕자지(王字之)가 척준경(拓俊京)과 함주(咸州)·영주(英州) 2주(州)에서 여진과 전투를 벌여 33명의 목을 베었고, 또 사지령(沙至嶺)에서 격퇴하고 27명을 목베었다. 예종 4년(1109)에 여진이 선덕진(宣德鎭)을 노략질하여 사람들을 죽이고 물건을 약탈하자, 동계행영병마녹사(東界行營兵馬錄事) 왕사근(王思謹) 등이 함주(咸州)에서 여진과 전투를 하여 그들을 죽였다. 고려 고종(高宗) 4년(1217)에 거란의 군사〈금산병(金山兵)이다〉가 함주를 향해 들어왔는데 쫓겨서 여진 땅으로 들어온 것이다. 공민왕(恭愍王) 11년(1362)에 원나라 행성승상(行省丞相) 납합출(納哈出)이 병사 수만 명을 거느리고 탁도경(卓都卿)〈청(靑)의 아들이다〉·조소생(趙小生)〈휘(暉)의 아들이다〉 등과 함께 홍원(洪原)의 달단동(韃靼洞)에 주둔하였는데, 우리 태조가 덕산동 원평(德山洞院坪)에서 전투를 벌여 격퇴하였다. 함관령·차유령의 2영(嶺)을 넘으면서 거의 섬멸하였다. 이 날 태조는 답상곡(答相谷)에 물러나 주둔하였고, 납합출은 덕산동으로 이동하여 주둔하였다. 태조가 밤을 타서 습격하여 격퇴하자, 납합출은 달단동으로 돌아갔다. 태조가 사음동(舍音洞)에 주둔하면서 정예한 기병(騎兵) 600명으로 차유령을 넘었다. 태조가 매번 먼저 적장을 사살하니, 적이 패배하여 달아났다. 태조가 또 함관령(咸關嶺)을 넘어 곧바로 달단동에 이르러 큰 전투를 벌였다. 적이 패하여 달아났고, 날이 저물자 물러나는 여러 적들을 급히 추격하였다. 태조는 그들을 모두 사살하고, 철기군(鐵騎軍)으로서 그들을 유린하니, 사살하고 포획한 숫자가 매우 많았다. 정주(定州)로 돌아와서 주둔했다. 요충지에다 복병을 배치하고 3군으로 나누었다. 좌군은 성곶(城串)을 넘고, 우군은 도련포(都連浦)를 공략하고, 태조는 중군을 거느리고 송원(松原)에 당도하여 납합출과 만나 함흥평(咸興坪)에서 전투를 벌였는데, 사살한 숫자를 셀 수 없을 정도였다. 태조가 단기(單騎)로 이리저리 옮기면서 전투를 벌이며 적을 끌어들여 요충지에 이르자, 좌우의 복병이 모두 나와서 함께 공격하여 적을 대파하였다. 납합출은 흩어진 군졸들을 수습하여 도망갔다. 이에 동북의 변방이 모두 평정되었다. 뒤에 납합출은 태조에게 예의를 다하여 말을 바쳤는데, 이는 마음으로 탄복한 것이다. 공민왕 12년(1363)에 원나라가 덕흥군(德興君)을 옹립하여 왕으로 삼았다.〈덕흥군의 이름은 혜(譓)이다. 충선왕(忠宣王)의 서출 아들로 승려가 되어 원나라에 들어갔다〉 요양성(遼陽省)을 출발하면서 병사 10,000명을 거둬들였다. 왕이 동북면 도지휘사(東北面都指揮使) 한방신(韓方信)을 파견하여 화주(和州)에 주둔하면서 동북지방을 방비케 할 때, 여진의 김삼선(金三善)·김삼개(金三介) 형제〈김마분(金馬粉)의 아들이다〉가 태조가 서북쪽을 구원하러 간다는 소식을 듣고서, 또한 변방을 노략질하였다. 이에 한신방이 홀면병마사(忽面兵馬使) 전이도(全以道) 등을 보내 공격하여 격파하였고, 덕흥군이 서북쪽을 압박하자 왕이 태조를 파견하여 정예 기병(騎兵) 1,000명을 거느리고 가서 구원토록 하였다. 김삼선과 김삼개가 여진을 끌어들여 홀면(忽面)을 노략질하길 3번하고 흩어지길 3번하니, 교주도병마사(交州道兵馬使: 교주도는 강원도의 옛이름이다/역자주) 성사달(成士達)에게 정예 기병(騎兵) 500명을 내주어 가서 물리치게 하였다. 김삼선과 김삼개가 함주(咸州)를 함락하니, 전이도가 군사를 버리고 도주하여 돌아왔다. 한방신은 화주로 군사를 진격하였으나, 또한 무너지자 퇴각하여 철관(鐵關)을 지켰다. 화주 이북은 모두 함락하였고, 관군은 여러 차례 패배하였다. 태조가 서북면에서 군사를 이끌고 철관에 이르렀고, 한방신이 여러 장수들을 나누어 파견하여 가서 토벌하도록 하였다. 태조는 김귀(金貴) 등과 함께 3면으로 진공하여 크게 격파하여, 화주와 함주 등을 모두 수복하였다. 김삼선과 김삼개는 패하여 여진으로 도망가서 끝내 돌아오지 않았다. 공민왕 21년(1372)에 왜적이 함주를 노략질했다. 왜구가 또 함주와 북청주(北淸州)를 노략질하자, 만호(萬戶) 조인벽(趙仁壁)〈환조(桓祖)의 사위이다〉이 군사를 매복시켰다가 크게 격파하여, 70여 명을 목베었다. 고려 우왕(禑王) 11년(1385)에 상원수(上元首) 심덕부(沈德符)가 북청과 함주의 경계에서 왜적을 만나 선봉 50여 명을 목베었다. 왜적의 배 150척이 함주·홍원(洪原)·북청·합란(哈蘭) 등을 노략질하여, 사람들을 죽이고 약탈하니, 매우 위태로웠다. 원수 심덕부 등이 홍원의 대문령(大門嶺) 북쪽에서 전투를 벌였는데, 여러 장수들이 패하여 도망갔고, 심덕부의 군대도 크게 패하니, 적의 세력이 날로 사납고 커졌다. 우리 태조가 가서 물리치기를 청하였다. 함주에 이르러 면아동(免兒洞)의 좌우에 병사를 매복하고 여러 장수들을 거느려 진격하니, 적이 무너지고 패하여 달아났고, 관군이 이를 틈타 이기게 되니, 시체가 들판을 뒤덮었다. 여진군 또한 승리를 틈타 쫓아가서 죽이니, 남은 적들이 불산(佛山)으로 들어갔는데, 모두 사로잡았다.

○조선 태조 7년(1398)에 함흥에 행차하였다. 세조(世祖) 12년(1466)에 전 회령부사(會寧府使) 이시애(李施愛)가 길주(吉州)에서 반란을 일으켜 절도사(節度使) 강효문(姜孝文)과

목사(牧使) 설징신(薛澄新)을 죽였다. 임금의 명령으로 구성군(龜成君) 준(浚) 등이 6도(道)의 군사 30,000명을 거느리고 함흥에 모였다. 이시애가 함흥을 포위하니, 관찰사 신면(申沔)이 누(樓)에 올라 방어하다가 힘이 다하여 죽었다.〈북청(北靑) 조에 나와 있다〉 성종(成宗) 22년(1491)에 함경감사(咸鏡監司) 허종(許琮)에게 명하여, 액마거(厄亇車) 야인(野人: 여진족을 말함/역자주)을 정벌하게 하니, 크게 이기고 돌아왔다. 선조(宣祖) 25년(1592)에 왜장(倭將) 청정(淸正: 가토 기요마사, 곧 加藤淸正임/역자주)과 행장(行長: 고니시 유키나가 곧 小西行長임/역자주) 등이 함께 임진강(臨津江)을 건너서 길을 나눠 병사를 진출시켰다. 가등청정의 군사는 더욱 잘 다듬어졌고 사나워서 곡산(谷山) 땅을 따라 노인치(老人峙)를 넘어서 철령 길로 나오니, 영(嶺)에는 수비하는 병사가 없었으므로, 앞장서서 달려 진격해 들어가니 함경감사 유영립(柳永立)이 붙잡혔다. 임해군(臨海君)과 순화군(順和君) 두 왕자가 적이 뒤에 있다는 소문을 듣고서 북쪽으로 질주하여 마천령(摩天嶺)을 넘어 갔다.

2. 영흥대도호부(永興大都護府)

『연혁』(沿革)

본래 남옥저(南沃沮)의 땅이었는데, 뒤에 고구려(高句麗)가 빼앗았다. 장령진(長嶺鎭)으로 일컬었다. 고려 태조(太祖) 23년(940)에는 박평진(博平鎭)으로 일컬었다. 고려 성종(成宗) 14년(995)에 화주안변도호부(和州安邊都護府)로 승격하였다. 고려 현종(顯宗) 9년(1018)에 강등하여 화주방어사(和州防禦使)로 삼았다. 고려 고종(高宗) 45년(1258)에 몽고(蒙古)에게 함락되었다.〈아래 전고(典故) 조에 상세히 나와 있다〉 몽고는 쌍성총관부(雙城摠管府)를 두고, 등주(登州)와 합쳤다가 뒤에 통주(通州)와 병합하였다. 충렬왕(忠烈王) 4년(1278)에 원 나라에서 고려로 귀속시켰다. 공민왕(恭愍王) 5년(1356)에 화주목(和州牧)으로 삼았고, 같은 왕 18년에 화녕부(和寧府)로 승격하였다.〈부윤(府尹), 소윤(小尹), 판관(判官)을 두었다〉 조선 태조(太祖) 2년(1393)에 이곳이 외조(外祖)인 최씨(崔氏)〈이름은 한기(閑奇)이고, 영흥백(永興伯)에 봉해졌다〉의 고향이므로 영흥부(英興府)로 고쳤다. 태종(太宗) 3년(1403)에 군(郡)으로 강등하였다. 〈영흥부의 사람들이 조사의(趙思義)를 좇아 난을 일으켰기 때문이다〉 이듬해에 다시 승격하였다. 태종 16년(1416)에 화주목으로 강등하였다.〈목사와 판관을 두었다〉 세종(世

宗) 8년(1426)에 영흥대도호부(永興大都護府)로 고쳤다. 세조(世祖) 12년(1466)에 진(鎭)을 설치했다. 성종(成宗) 1년(1470)에 부윤(府尹)으로 승격하였다.〈관찰사 영(營)을 이곳 영흥부로 옮겼다〉 중종(中宗) 4년(1509)에 대도호부로 강등하였다.〈관찰사 영을 함흥으로 환원하였다. 선조(宣祖) 38년(1605)에 방어사를 겸했다. 인조(仁祖) 14년(1636)에 방어사를 없앴다〉 숙종(肅宗) 30년(1704)에 함흥진(咸興鎭)을 이곳 영흥부로 옮겨 관장하였다.〈정평(定平)과 고원(高原)을 관장한다〉

「읍호」(邑號)

역양(歷陽)이다.

「관원」(官員)

대도호부사(大都護府使)〈영흥진병마첨절제사(永興鎭兵馬僉節制使)·중영장(中營將)·토포사(討捕使)를 겸한다〉 1명을 두었다.

『고읍』(古邑)

영흥(永興)〈읍치에서 서쪽으로 70리에 있다. 고려 정종(靖宗) 12년(1046)에 성을 쌓고 영흥진(永興鎭)을 두었다. 문종(文宗) 15년(1061)에 개축하였다. 조선 태조 2년(1393)에 본부를 고쳐 영흥으로 부르고, 이로 인해 진의 이름을 고쳐 평주(平州)로 삼았다〉

장평(長平)〈읍치에서 동남쪽으로 45리에 있다. 옛날에는 곳달(高達)로 일컬었다. 고려 광종(光宗) 20년(961)에 장평현에 성을 쌓았고, 같은 왕 24년에 장평진에 성을 쌓았다. 공민왕(恭愍王) 6년(1357)에 고쳐서 현으로 삼고 현령(縣令)을 두었다. 조선조에 영평에 내속되었다〉

요덕(耀德)〈읍치에서 서쪽으로 120리에 있다. 고려 현종(顯宗) 3년(1012)에 비로소 성과 보(堡)를 쌓았고, 같은 왕 14년에 요덕진에 성을 쌓았다. 공민왕 6년(1357)에 고쳐서 현으로 삼고 현령을 두었다. 조선조에 와서 영평에 내속되었다. ○또 이르기를, 현종 18년(1027)에 성의 동북쪽 경계를 현덕진(顯德鎭)이라 하니, 현덕(顯德)은 곧 요덕(耀德)의 한 이름이다〉

정변(靜邊)〈읍치에서 서북쪽으로 60리에 있다. 고려 현종 22년(1031)에 진을 두었다. 고려 정종(靖宗) 5년(1039)에 성을 쌓았다. 조선 조정에 내속하였다〉

영인(寧仁)〈읍치에서 동남쪽으로 60리에 있다. 혹은 청원(淸源)이라고 한다. 고려 현종 22년(1031)에 설치되었다. 덕종(德宗) 원년(1032)에 성을 쌓았다. 조선 태조 6년(1397)에 석성을

고쳐서 쌓았고, 뒤에 와서 소속되었다〉

『방면』(坊面)

홍인사(洪仁社)〈영흥부 안에 있다〉

복흥사(福興社)〈읍치에서 북쪽으로 25리 떨어져 있다〉

순녕사(順寧社)〈읍치에서 남쪽으로 20리에 있다〉

억기산사(億岐山社)〈읍치에서 동남쪽으로 45리에 있다〉

장평사(長平社)〈읍치에서 동남쪽으로 50리에 있다〉

영인사(寧仁社)〈읍치에서 동남쪽으로 70리에 있다〉

이인사(里仁社)〈읍치에서 동쪽으로 60리에 있다〉

덕흥사(德興사)〈읍치에서 동북쪽으로 20리에 있다〉

장흥사(長興社)〈읍치에서 북쪽으로 20리에 있다〉

정변사(靜邊社)〈읍치에서 서북쪽으로 70리에 있다〉

요덕사(耀德社)〈읍치에서 서쪽으로 150리에 있다〉

횡천사(橫川社)〈읍치에서 서쪽으로 170리에 있다〉

운곡사(雲谷社)〈읍치에서 서남쪽으로 180리에서 시작하여 230리에서 끝난다〉

【독지사(禿旨社)·두산사(頭山社)가 있다】

『산수』(山水)

성력산(聖歷山)〈읍치에서 서쪽으로 2리에 있다〉

국태산(國泰山)〈읍치에서 서쪽으로 15리에 있다. 위에는 돌 우물이 있다〉

검은산(劒隱山)〈읍치에서 동쪽으로 40리에 있다. 위에는 3곳의 우물이 있다〉

대덕산(大德山)〈읍치에서 동쪽으로 45리에 있다. ○지흥사(地興寺)가 있다〉

칠성산(七星山)·천황산(天皇山)〈모두 읍치에서 동남쪽으로 47리에 있다〉

소산(嘯山)〈억기산사(億岐山社)에 있다〉

진수산(鎭戍山)〈읍치에서 동남쪽으로 45리에 있다. 장평현(長平縣) 옛성이 있다〉

대박산(大博山)〈읍치에서 서쪽으로 40리에 있다. 웅장하면서도 구불구불 뻗어있다. ○진정사(鎭靜寺)가 있다〉

소검산(小劍山)〈읍치에서 서북쪽으로 90리에 있다. 오봉산(五峯山)의 동쪽 갈래이다. 산 위에는 못이 있다. ○원명사(圓明寺)가 있다〉

병풍산(屛風山)〈읍치에서 서쪽으로 160리에 있다. 그 위는 평평하고 넓으며, 가운데에는 큰 못이 있다〉

설봉산(雪峯山)〈읍치에서 서북쪽으로 35리에 있다〉

오봉산(五峯山)〈읍치에서 서북쪽으로 180리에 있다〉

구미덕(九未德)〈대박산(大博山)과 더불어 서로 마주보고 있다〉

맹주곡(孟州谷)〈애전현(艾田峴)의 아래에 있다〉

농암동(籠岩洞)〈읍치에서 동쪽으로 15리에 있다〉

산창동(山倉洞)〈읍치에서 서쪽으로 70리에 있다〉

해채산굴(海菜山窟)〈읍치에서 북쪽으로 13리를 가서 두리산(頭里山)의 동쪽에 있는데, 깊이를 가히 헤아릴 수가 없다〉

귀암(龜岩)〈용흥강(龍興江)의 왼쪽 언덕에 있다〉

「영로」(嶺路)

횡천령(橫川嶺)·애전현(艾田峴)〈횡천(橫川)의 다음에 있다. 모두 다 서쪽으로 220리 떨어져 있다〉

자작령(自作嶺)〈애전현의 서쪽으로 달려서 철옹산성(鐵瓮山城)이 되고, 철옹의 남쪽으로 와서 이 영(嶺)이 되었다〉

병풍령(屛風嶺)〈자작령(自作嶺)의 남쪽에 있다. 모두 다 읍치에서 서쪽으로 200리에 있다. 이상의 4곳은 맹산(孟山)과 경계를 이룬다〉

마유령(馬踰嶺)〈읍치에서 서북쪽으로 220리에 있다. 영원(寧遠)의 경계로서, 군사적으로 중요한 요해처(要害處)이다〉

광성령(光城嶺)〈읍치에서 동북쪽으로 30리에 있다. 매우 높고 험하다. 동쪽에는 안불사(安佛寺)가 있다〉

흑석현(黑石峴)〈읍치에서 북쪽으로 25리에 있다〉

평호령(平湖嶺)〈오봉산의 동쪽 갈래이다. 이상의 3곳은 정평과 경계를 이룬다〉

천기령(天奇嶺)〈정변사(靜邊社)에 있다〉

오령(烏嶺)〈읍치에서 서쪽으로 30리에 있다. 위에는 돌로 만든 탑이 있다〉

장평령(長平嶺)〈자작령의 남쪽, 병풍령의 북쪽에 있다. 거리는 220리이다〉

죽전령(竹田嶺)〈읍치에서 서남쪽으로 220리에 있다. 고원(高原)·양덕(陽德)과 경계를 이룬다〉

독봉령(禿峯嶺)〈읍치에서 서쪽으로 20리에 있다. 국태산(國泰山)의 남쪽 갈래이다. ○운수사(雲水寺)가 있다〉

검산령(劒山嶺)〈읍치에서 서북쪽으로 100리에 있다〉

운령(雲嶺)〈읍치에서 서남쪽으로 180리에 있다. 양덕(陽德) 토성진(兎城鎭)으로 통한다〉

박달령(朴達嶺)〈운령의 남쪽 갈래이다〉

거차령(巨次嶺)〈읍치에서 서남쪽으로 190리에 있다. 이상의 3곳은 양덕과 경계를 이룬다〉

윤동령(尹洞嶺)〈횡천사(橫川社)의 동쪽에 있고, 고원(高原)과 경계를 이룬다〉

월항령(月項嶺)〈읍치에서 서북쪽으로 85리 떨어진 요덕사(耀德社)에 있다〉

현운령(懸雲嶺)〈월항령의 남쪽에 있다〉

【미모령(尾毫嶺)은 병풍(屛風)의 남쪽 갈래이다】

○해(海)〈내해(內海)는 읍치에서 동쪽으로 45리에 있고, 외해(外海)는 동북쪽으로 65리, 동남쪽으로 60리에 있다〉

용흥강(龍興江)〈『고려사(高麗史)』에 이르기를, "횡강(橫江)이다"라고 했다. 조선조에 하륜(河崙)이 사명을 받들고 이곳에 이르러 드디어 이름을 붙였다. 부(府)의 북쪽까지의 거리는 3리이다. 철옹고성(鐵瓮古城)의 동쪽에서 발원하여 동쪽으로 흘러 횡천이 된다. 또 동남쪽으로 흐르는데, 오른쪽으로는 운곡천(雲谷川)을 지나고, 왼쪽으로는 요덕천(耀德川)을 지난다. 동쪽으로 흘러 철수(鐵水)가 되고, 왼쪽으로는 비류수(沸流水)를 지나고 부의 북쪽을 경유하여 제인포(濟仁浦)가 되고, 흑석리(黑石里)를 경유하여 용흥강이 된다. 왕생도(王生島)를 경유하여 장평사(長平社)에 이르러 조진포(漕進浦)가 되고, 오른쪽으로는 덕지탄(德之灘)·전탄(箭灘)의 남쪽에 모여 말응도(末應島)에 이르러 바다로 들어간다〉

횡천(橫川)〈읍치에서 서쪽으로 150리의 용흥강에 있다. 동쪽으로 흘러 고암(庫岩)에 이르러 송어탄(松魚灘)과 합쳐져 동쪽으로 흐른다〉

운곡천(雲谷川)〈읍치에서 서남쪽으로 160리에 있다. 죽전령(竹田嶺)·운령(雲嶺)·미령(尾嶺)·거차령(居次嶺)에서 발원하여 모여서 북쪽으로 흘러 용흥강으로 들어간다〉

요덕천(耀德川)〈읍치에서 서북쪽으로 150리에 있다. 애전현(艾田峴)·마유령(馬踰嶺)에서

발원하여 합쳐져서 남쪽으로 흘러 용흥강으로 들어간다〉

비류수(沸流水)〈읍치에서 서북쪽으로 160리에 있다. 평호령(平湖嶺)·오봉산(五峯山)에서 발원하여 동남쪽으로 흘러 필인포(弼仁浦)가 되고, 검산(劒山)을 좇아 구미천(九未川)을 지나 진정사(鎭靜寺) 동쪽에 이르러 횡천으로 들어간다〉

창경연(鶬鶊淵)〈횡천이 동쪽으로 흘러 용신당(龍神堂)을 지나 진정사에 이른다. 서쪽 절벽 아래에 이 못이 되었다. 아래는 넓은 여울이 있고, 가운데는 하얀 돌이 있는데, 모양이 백마와 같다〉

마지포(馬池浦)〈읍치에서 서북쪽으로 10리에 있다. 물의 깊이를 헤아릴 수 없다. 낭떠러지에 깎여 서 있다. 북쪽에는 구멍이 있는데, 구멍 입구는 매우 작다. 원천(源泉)이 있고, 그 가운데는 매우 넓어서 능히 수백 명의 사람을 수용할 수 있다〉

필인포(弼仁浦)〈정변사(靜邊社)에 있다〉

제인포(濟仁浦)〈읍치에서 북쪽으로 2리에 있다〉

검은포(劒隱浦)〈읍치에서 동남쪽으로 30리의 용흥강 하류에 있다. 4쪽 끝은 넓고 평평하다. 가운데에는 창포(菖蒲)와 노류(蘆柳)가 있다〉

우포(友浦)〈읍치에서 동쪽으로 50리에 있다. 남북 포(浦)가 있다. 붕어[부어(鮒魚)]와 잉어[잉어(鯉魚)]가 난다〉

담천(潭泉)〈읍치에서 동쪽으로 15리에 있다. 미지근한 온천수로서 소금기가 있어 목욕을 하여서 질병을 다스린다〉

【구미천(九未川)이 있다】

「도서」(島嶼)

말응도(末應島)〈읍치에서 동쪽으로 90리에 있다. 육지와 닿아 있다〉

저도(猪島)〈크고 작은 2개의 섬이 있다. 읍치에서 동남쪽으로 60리에 있다〉

노도(蘆島)·사도(沙島)·안도(鞍島)〈모두 동남쪽 바다 가운데 있다〉

송이도(松伊島)·구비도(仇非島)〈모두 동쪽 바다 가운데 있다〉

왕생도(王生島)〈용흥강(龍興江)의 가운데 있다〉

『형승』(形勝)

동쪽으로는 푸른 바다를 둘러싸고 있고, 서쪽으로는 첩첩의 높은 산들과 이어져 있다. 산이 깊고 물이 멀며, 들이 넓고 토지가 비옥하다.

『성지』(城池)

성력산고성(聖歷山古城)〈고려 광종(光宗) 6년(955)에 성과 보를 쌓았고, 같은 왕 24년(973)에 박평진(博平鎭)에 성을 쌓았다. 『동국여지승람(東國與地勝覽)』에 이르기를, "둘레가 2,982자이고, 우물이 1개, 옛날에는 창고가 있었다"라고 하였다〉

철옹성(鐵瓮城)〈읍치에서 서쪽으로 210리에 있다. 고려 성종(成宗) 14년(995)에 축성하였다. 맹주(孟州)라는 곳이 바로 이곳이다. 둘레가 2,650자이고, 4면이 절벽으로 항아리와 같은 까닭에 이름을 붙였다. 흙으로 쌓은 옛 터가 있다. 맹산(孟山)으로부터 영흥부에 소속되었다〉

장성(長城)〈읍치에서 서북쪽으로 30리에 있다. 고려 고종(高宗) 9년(1222)에 화주(和州)와 선주(宣州)에 성을 쌓아 40일 만에 마치고, 부르기를 철관(鐵關)이라 하였다〉

『영아』(營衙)

중영(中營)〈인종(仁宗) 조에 설치되었다. ○중영장(中營將)은 본래 부사(府使)가 겸했다. ○속읍은 영흥(永興)·정평(定平)·고원(高原)이다〉

『봉수』(烽燧)

성황치(城隍峙)〈읍치에서 서쪽으로 5리에 있다〉

덕치(德峙)〈읍치에서 북쪽으로 20리에 있다〉

『창고』(倉庫)

부창(府倉)〈읍치에서 서쪽으로 3리에 있다〉

전세창(田稅倉)〈읍치에서 서쪽으로 1리에 있다〉

교제창(交濟倉)〈두산사(頭山社)에 있다〉

두산창(頭山倉)〈읍치에서 남쪽으로 30리 떨어진 순녕사(順寧社)에 있다〉

평창(坪倉)〈읍치에서 동쪽으로 40리 떨어진 장평사(長坪社)에 있다〉

해남창(海南倉)〈읍치에서 동남쪽으로 70리에 있다〉

해북창(海北倉)〈읍치에서 동쪽으로 60리에 있다. 모두 영인사(寧仁社)에 있다〉

왕성창(王城倉)〈읍치에서 동쪽으로 60리에 있다〉

독창(禿倉)〈읍치에서 동쪽으로 35리에 있다. 모두 이인사(里仁社)에 있다〉

덕창(德倉)〈읍치에서 동쪽으로 15리 떨어진 덕흥사에 있다〉

용흥창(龍興倉)〈읍치에서 북쪽으로 5리 떨어진 장흥사에 있다〉

용신창(龍神倉)〈읍치에서 서쪽으로 45리 떨어진 정변사(靜邊社)에 있다〉

산창(山倉)〈읍치에서 서북쪽으로 60리 떨어져 있는 정변사에 있다〉

요창(耀倉)〈읍치에서 서쪽으로 130리 떨어진 요덕사(耀德社)에 있다〉

가창(假倉)〈읍치에서 서쪽으로 150리 떨어진 요덕사에 있다〉

사창(社倉)〈읍치에서 서쪽으로 165리에 있다〉

산성창(山城倉)〈읍치에서 서쪽으로 220리에 있다〉

미모창(尾耄倉)〈읍치에서 서남쪽으로 160리에 있다. 모두 횡천사(橫川社)에 있다〉

운창(雲倉)〈읍치에서 서남쪽으로 230리에 있다〉

천을창(天乙倉)〈읍치에서 서남쪽으로 160리에 있다〉

철수창(鐵水倉)〈읍치에서 서쪽으로 110리에 있다. 모두 운곡사(雲谷社)에 있다〉

『역참』(驛站)

화원역(和原驛)〈읍치에서 동쪽으로 4리에 있다〉

【귀녕역(歸寧驛)은 요덕(耀德), 안신역(安身驛)은 정변(靜邊), 정산역(靜山驛)은 영인(寧仁), 평원역(平元驛)은 영흥, 통화역(通化驛)은 장평(長平)에 있다】

「혁폐」(革廢)

〈평원역(平原驛)·통화역(通化驛)이다〉

「보발」(步撥)

〈궁문참(宮門站)이다〉

『목장』(牧場)

말응도장(末應島場)〈축성한 것이 270파(把)이고, 목책(木柵)을 설치한 것이 77파이다. 전답과 목자(牧子)가 있다〉

『교량』(橋梁)

용흥강교(龍興江橋)〈읍치에서 북쪽으로 2리에 있다. 여름철의 장마에는 배를 쓴다〉

『토산』(土産)

댓살[전죽(箭竹)]〈저도(楮島)에서 난다〉·철·오미자·송이버섯[송심(松蕈)]·벌꿀[밀봉(蜜蜂)]·석이버섯[석심(石蕈)]·잣[해송자(海松子)]·청려석(青礪石)·배·전복·조개·해삼·홍합(紅蛤)·소금·미역[곽(藿)], 이 밖에 어물(魚物) 25종이 난다.

『장시』(場市)

읍내의 장날은 5일과 10일이며, 마산(馬山)의 장날은 4일과 9일, 왕성(王城)의 장날은 1일과 6일, 대거리(大巨里)의 장날은 2일과 7일, 편탄(鞭灘)의 장날은 2일과 7일이다.

『궁실』(宮室)

본궁(本宮)〈읍치에서 동쪽으로 15리의 흑석리(黑石里)에 있다. 우리 환조(桓祖)의 옛 저택이다. 현종(顯宗) 8년(1667)에 태조대왕과 신의왕후(神懿王后)의 위판을 받들어 안치하였다. 숙종(肅宗) 병자년(1696)에 신덕왕후(神德王后)의 위판을 더하여 받들어 안치하였다. 정조(正祖) 19년(1795)에 환조대왕(桓祖大王)과 의혜왕후(懿惠王后)의 위판을 뒤따라 모셨다〉

『묘전』(廟田)

선원전(璿源殿)〈본궁에서 서남쪽으로 5리에 있는데, 우리 태조가 태어난 곳이다. 태어난 터는 전(殿) 동쪽으로 150보 거리이다. 태조 5년(1396)에 건립하였다. 태조의 어진(御眞)을 받들어 안치하였다. 선조(宣祖) 25년(1592)에 임진왜란(壬辰倭亂)으로 말미암아 병풍사(屛風寺)로 옮겨 안치하였고, 같은 왕 31년에는 중건하고 환궁(還宮)하였다. 인조(仁祖) 14년(1636)에 병란(兵亂: 丙子胡亂을 일컬음/역자주) 때문에 사도(沙島)에 옮겨 안치하였다가 뒤에 돌아와서 안치하였다. 영조(英祖) 31년(1755)에 어필로 써서 비를 세웠다. ○영(令)과 참봉(參奉) 각 1명을 두도록 하였다〉

【향의동(享儀同) 영의전(永儀殿)이 있다】

【군자루(君子樓)는 부(府) 안에 있다】

『단유』(壇壝)

비류수단(沸流水壇)〈고려 때 봄·가을로 향과 축문을 내려보내서 제사지냈다. 조선에서는 대천(大川)에 지내는 제사는 소사(小祀: 나라에서 인정하는 작은 규모의 제사/역자주)에 해당한다〉

말응도단(末應島壇)〈영흥부에서 제사를 지낸다〉

『사원』(祠院)

흥현서원(興賢書院)〈광해군(光海君) 임자년(1612)에 건립하였고, 정사년(1617)에 사액하였다〉

정몽주(鄭夢周)·조광조(趙光祖)〈함께 문묘(文廟) 조에 나와 있다〉

「별사」(別祠)

이계손(李繼孫)〈함흥(咸興) 조에 나와 있다〉

○정충사(精忠祠)〈숙종(肅宗) 을묘년(1675)에 세웠고, 정조(正祖) 을묘년(1795)에 사액하였다〉

김응복(金應福)〈벼슬은 종성부사(鍾城府使)를 지냈고, 병조참의(兵曹參議)로 추증되었다〉

이몽서(李夢瑞)〈벼슬은 장연현감(長淵縣監)을 지냈고, 군자첨정(軍資僉正)으로 추증되었다〉

『전고』(典故)

고려 정종(靖宗) 5년(1039)에 도병마사(都兵馬使) 박성걸(朴成傑)이 상주하여 동로(東路)의 정변진(靜邊鎭)은 변방의 적이 엿보는 곳이므로, 성을 쌓기를 청하니 그대로 따랐다. 정종(靖宗) 11년(1045)에 변방의 적 100여 명이 영인진(寧仁鎭) 장평수(長平戍)를 침략하여 군사 30여 명을 노략질하였다. 고려 예종(睿宗) 3년(1108)에 행영병마판관어사(行營兵馬判官御史) 신현(申顯) 등이 수군으로 영인진에서 적을 격퇴하고, 20명을 목베었다. 고려 명종(明宗) 2년(1172)에 서경(西京: 평양이다/역자주)에서 일어난 적 조위총(趙位寵)의 군사가 화주(和州)를 함락시키고, 병마부사(兵馬副使) 최균(崔均) 등을 죽였다. 고려 고종(高宗) 4년(1217)에 거란의 군사가 고주(高州)와 화주를 노략질하고 영인진(寧仁鎭)과 장평진(長平鎭)의 2진을 함락시켰다. 고종 16년(1229)에 동여진(東女眞)이 화주를 침략하여 사람과 소·말을 노략질하자, 장평진장(長平鎭將) 진용갑(陳龍甲)을 들여보내 설득시키니, 모두 버리고 돌아갔고, 같은 왕 18년에 동여진의 군사가 화주에 쳐들어 왔고, 선덕진(宣德鎭)〈함흥의 남쪽 경계에 있다〉을 노략질하고 모두 끌고 갔다. 고종 23년(1236)에 동여진의 원병 100기(騎)가 요덕(耀德)과 정변(靜邊)에서 영흥창(永興倉)을 향해 달려왔고, 같은 왕 37년(1250) 오랑캐 군사인 적병(狄兵)이 고주(高州)와 화주의 옛 성으로 들어왔다. 고종 40년(1253)에 몽고 군사 3,000명이 고주와 화주 2개 주의 경계에 와서 주둔하였다. 척후 기병(騎兵) 300여 명이 광주(廣州)에 이르러 갈대로 만든 집을 불태웠고, 같은 왕 42년에 동여진의 병사 100여 기(騎)가 고주와 화주에 들어왔으며, 같은 왕 45년에 몽고의 산길대왕(散吉大王)이 병사를 이끌고 동쪽으로 가서 고주와 화주 땅에 주둔하였다. 고주(高州)·화주(和州)·정주(定州)·장주(長州)·의주(義州)·문주(文州)에 성을 쌓았다. 15주(州)의 사람들로 저도(猪島)를 지키게 하려고 했다. 동북면병마사(東北面兵馬使) 신집평(申執平)은 저도가 사람이 적고 성이 커서 그곳을 지키기가 매우 어렵다고 생각하여 드디어 15주의 사람들을 죽도(竹島)〈덕원(德原)에 있다〉로 옮겨 지키려고 했으나, 섬이 좁고 험하고 우물과 샘이 없어 사람들이 모두 가고 싶어하지 않았다. 신집평은 강제로 몰아넣으려고 했지만, 많은 사람들은 도망가고 흩어져서 옮긴 자는 12~13명에 지나지 않았다. 신집평은 스스로 죽도를 임시 거처로 삼아 살았지만 비축한 양식이 모자라 수비가 점차 풀려갔다. 용진현(龍津縣) 사람인 조휘(趙暉)와 정주(定州) 사람 탁청(卓靑)이 삭방도(朔方道: 고려시대 지방관제에 따른 10도 가운데 하나/역자주)와 등주(登州)·문주(文州)의 여러 성의 사람들과 함께 몽고 병사를 끌어들여 신집평을 살해하였다. 등주부사(登州副使) 박인기(朴仁起)와 화주부사(和州副使) 김선보(金宣甫) 및 경별초(京別抄) 등이 드디어 고성현(高城縣)을 공격하여 불지르고 죽이고 약탈했다. 드디어 화주의 북쪽이 몽고에 붙었다. 몽고는 이에 화주에 쌍성총관부(雙城摠管府)를 두고 조휘를 총관(摠管)으로 삼고, 탁청을 천호(千戶)로 삼았다. 충렬왕(忠烈王) 16년(1290)에 한희유(韓希愈)를 파견하여 쌍성(雙城)에 주둔하면서 합란(哈丹)〈원나라의 반왕(叛王)인 안(顔)의 잔당들이다〉을 방비하도록 했다. 합란은 화주와 등주를 함락시켜 살인을 저지르고, 만호(萬戶) 인후(印候)를 파견하여 방어하도록 하였다. 공민왕(恭愍王) 5년(1356)에 동북면병마사 유인량(柳仁兩)이 우리의 환조(桓祖)와 더불어 쌍성을 공격하여 격파하자, 조소생(趙小生)〈조휘의 아들이다〉과 탁도경(卓都卿)〈탁청의 아들이다〉이 이판령(伊板嶺)〈지금의 마천령(摩天嶺)이다〉 북쪽 입석(立石)의 땅으로 도망쳐 들어갔다. 이에 도모하여 옛 강역을 수복하였다. 공민왕 21년(1361)에 우리 태조가 화령부윤(和寧府尹)이 되고, 원수

(元帥)가 되어 왜적을 방어했다.

3. 정평도호부(定平都護府)

『연혁』(沿革)

본래 동옥저(東沃沮)의 땅이다. 옛날에는 파지(巴只)라고 일컬었다.〈혹은 선위(宣威)라 하였다〉 고려 성종(成宗) 2년(983)에 천정만호부(千丁萬戶府)를 설치하였다. 고려 정종(靖宗) 7년(1041)에 비로소 관문(關門)을 설치하여 정주방어사(定州防禦使)로 삼았고, 동계(東界)에 예속하였다. 고려 고종(高宗) 45년(1258)에 원나라의 수중으로 들어갔다. 공민왕(恭愍王) 5년(1356)에 수복하여 도호부(都護府)로 승격하였다. 조선 태종(太宗) 13년(1413)에 정평(定平)〈평안도(平安道) 정주(定州)와 더불어 이름이 같기 때문이다〉으로 고쳤다. 정조(正祖) 8년(1784)에 현으로 강등하였고, 같은 왕 17년에 다시 승격하였다.

「읍호」(邑號)

중산(中山)이다.

「관원」(官員)

도호부사(都護府使)〈영흥진관병마동첨절제사(永興鎭管兵馬同僉節制使)를 겸한다〉 1명을 두었다.

『고읍』(古邑)

장곡(長谷)〈읍치에서 서쪽으로 50리에 있다. 옛날에는 가림(椵林)으로 일컬었다. 혹은 단곡(端谷)이라 하였다. 고려 성종(成宗) 때 장주(長州)를 두었다. 고려 현종(顯宗) 3년(1012)에 성을 쌓았고, 같은 왕 9년(1018)에 방어사(防禦使)를 두고 동계에 예속하였다. 뒤에 강등하여 장곡현(長谷縣)으로 삼았다. 조선 세종(世宗) 4년(1422)에 와서 소속되었다. 지금은 성내(城內)라 일컫는다〉

예원(預原)〈읍치에서 남쪽으로 45리에 있다. 고려 예종(睿宗) 11년(1116)에 성을 쌓고 예주 방어사(豫州防禦使)를 두고 동계에 예속하였다. 고려 고종(高宗) 때 장주(長州)와 예주 2주가 모두 원 나라의 수중으로 들어갔다가, 공민왕(恭愍王) 때 수복하였다. 조선 태조 7년(1398)

에 원흥진(原興鎭)을 합쳐서 예원군(預原郡)으로 삼았다가, 세조(世祖) 3년(1457)에 와서 소속되었다. 읍호는 원성(原城)이고, 지금은 독산사(禿山社)라고 한다〉

원흥(原興)〈읍치에서 동남쪽으로 50리에 있다. 고려 정종(靖宗) 10년(1044)에 성을 쌓아 진으로 삼고, 도부서사(都部署使)를 두었다. 고려 고종(高宗) 때 원 나라의 수중에 들어갔다가, 공민왕(恭愍王) 때 수복하였다. 조선 태조 7년(1398)에 예주(豫州)와 합쳤다. 지금의 파춘사(播春社)이다〉

『방면』(坊面)

부내사(府內社)〈읍치에서 시작하여 10리에서 끝난다〉

주이사(朱伊社)〈읍치에서 북쪽으로 10리에서 시작하여 20리에서 끝난다〉

여인사(汝仁社)〈읍치에서 서쪽으로 40리에서 시작하여 50리에서 끝난다〉

귀림사(歸林社)〈읍치에서 남쪽으로 40리에서 시작하여 50리에서 끝난다〉

독산사(禿山社)〈읍치에서 남쪽으로 45리에 있다〉

파춘사(播春社)〈읍치에서 남쪽으로 30리에서 시작하여 40리에서 끝난다〉

세류사(細柳社)〈읍치에서 남쪽으로 20리에서 시작하여 35리에서 끝난다〉

산지사(山知社)〈읍치에서 서남쪽으로 10리에서 시작하여 30리에서 끝난다〉

장곡사(長谷社)〈읍치에서 서쪽으로 25리에서 시작하여 50리에서 끝난다〉

『산수』(山水)

비백산(鼻白山)〈읍치에서 북쪽으로 4리에 있다〉

도성산(道成山)〈읍치에서 서쪽으로 10리에 있다. 만년봉(萬年峯)에서부터 2~ 30리를 구불구불 가로로 비스듬히 뻗쳐서 금강(金江)의 동쪽에 이르러 있다. ○비사(毘寺)와 문사(門寺)가 있다〉

검산(劒山)〈읍치에서 서쪽으로 100여 리에 있다. 영원(寧遠)의 낭림(狼林) 산맥으로부터 구불구불 비스듬히 남쪽으로 100여 리를 가로로 뻗어 있다. 상검산(上劒山)에는 차일봉(遮日峯)과 가막동(加莫洞)이 있고, 중검산(中劒山)에는 마유령(馬踰嶺)이 있고, 하검산(下劒山)에는 향로봉(香爐峯)이 있다. 수많은 봉우리가 뾰족뾰족 늘어서 있고, 모든 골짜기에서 다투어 물이 흐르니 사람의 자취가 드물다〉

도안산(道安山)〈읍치에서 동남쪽으로 60리에 있다. 위에는 일영대(日迎臺)가 있다. 산이

높고 험하며 바다를 굽어본다. ○도안사(道安寺)가 있다〉

백운산(白雲山)〈읍치에서 서북쪽으로 80리에 있다. 함흥과 경계를 이룬다. ○환희사(歡喜寺)가 있다〉

당산(堂山)·영산(靈山)〈모두 읍치에서 남쪽으로 40리에 있다. 금강(金江)이 그 앞을 지난다〉

성산(城山)〈읍치에서 남쪽으로 30리의 독산사(禿山社)에 있다〉

오봉산(五峯山)〈읍치에서 서쪽으로 60리에 있다. 하검산 동쪽 갈래이다. 높고 크며 첩첩이다. ○용연사(龍淵寺)·쌍계사(雙溪寺)·조계사(曹溪寺)가 있다〉

정암산(靜庵山)〈읍치에서 서남쪽으로 40리에 있고, 오봉산의 동쪽 갈래이다〉

성불산(成佛山)〈오봉산의 북쪽 갈래이다. ○성불사(成佛寺)가 있다〉

도정산(道正山)〈귀림사(歸林社)에 있다. 동쪽으로 바다에 임해 있다. ○안심사(安心寺)가 있다〉

남산(南山)〈읍치에서 남쪽으로 5리에 있다〉

삼장산(三藏山)〈읍치에서 서쪽으로 35리에 있다. 오봉산 북쪽 갈래이다. ○삼장사(三藏寺)가 있다〉

망덕봉(望德峯)〈읍치에서 동쪽으로 5리에 있다. 비백산(鼻白山) 동쪽 갈래이다〉

만년봉(萬年峯)〈읍치에서 북쪽으로 15리에 있다. 서쪽에는 영은사(靈隱寺)가 있다〉

진경대(眞景臺)〈읍치에서 46리에 있다. 기암이석(奇巖異石)이 춤추듯 일어났다 엎드렸다 하는 것 같다. 위에는 암자가 있다〉

「영로」(嶺路)

원정현(元定峴)〈읍치에서 남쪽으로 30리에 있고, 도성산(道成山)의 동쪽 줄기이다. 혹은 고성현(古城峴)이라 한다. 영흥(永興)으로 통하는 대로이다〉

학암현(鶴岩峴)·장항(獐項)·잉항(芿項)〈이상의 3곳은 영원(寧遠)으로 통하는 좁은 길이다〉

백토령(白土嶺)〈읍치에서 서쪽으로 20리의 신창로(新倉路)에 있다〉

영성거리(嶺城巨里)〈읍치에서 서북쪽으로 35리에 있다. 함흥에서 영원으로 통하는 소로이다. 고장성(古長城) 옛 터가 있다〉

장현(場峴)〈읍치에서 남쪽으로 45리에 있다. 영흥 경계를 이루는 대로이다〉

어현(於峴)·가두둘령(可豆乼嶺)〈모두 읍치에서 서남쪽으로 영흥과의 경계에 있고, 정변사

(靜邊社)로 통한다〉

마유령(馬踰嶺)〈읍치에서 서쪽으로 100여 리에 있고 영원과 경계를 이룬다〉

○해(海)〈읍치에서 동남쪽으로 50리에 있다〉

금강(金江)〈읍치에서 남쪽으로 35리에 있다. 장계천(長溪川) 하류로서 곧 생천(牲川)이다〉

장계천(長溪川)〈상검산(上劍山)의 가막동(加莫洞)에서 발원하여 중검산(中劍山)과 하검산(下劍山)에서 모인다. 백운산(白雲山)과 천의산(天宜山) 2산의 물이 동쪽으로 흘러 오봉산과 성불산 2산의 물과 모여서 상창(上倉)·중창(中倉)·하창(下倉) 및 장곡(長谷)과 고현(古縣)을 경유하여 장계천이 되고, 산창(山倉)을 경유하여 천만 번 돌고 꺾여 동쪽으로 흘러 초원역(草原驛) 남쪽을 두르고서 금강이 된다. 파춘사(播春社)의 남쪽을 경유하여 바다로 들어간다〉

도안포(道安浦)〈읍치에서 동남쪽으로 50리 떨어진 해변에 있다〉

도련포(都連浦)〈읍치에서 동북쪽으로 20리에 있다. 함흥(咸興) 조에 나와 있다〉

광포(廣浦)〈읍치에서 동쪽으로 15리에 있다. 도련포에서 바다로 들어가는 곳은 한결같이 정평부의 동쪽에서 물이 돌다가 모여서 고여 있는데 하나의 거대한 호수 같다. 광포의 동쪽, 도련포의 남쪽이 선덕(宣德)의 옛 진 및 구두포(狗頭浦)이다. 정평부에서 함흥부로 옮겨 소속되었다〉

【제언(堤堰) 2곳이 있다】

『성지』(城池)

읍성(邑城)〈둘레가 5,928자이고, 우물이 10곳, 못이 3곳이다. 북쪽은 옛 장성에 의지해 있다. 지금은 낡아서 무너졌다. ○고려 정종(靖宗) 10년(1044)에 정주에 890칸의 성을 쌓고, 방수 5곳을 두었는데, 그곳의 이름은 거방수(拒防戍)·압호수(押胡戍)·홍화수(弘化戍)·대화수(大和戍)·안륙수(安陸戍)이다〉

고읍성(古邑城)〈혹은 봉래성(蓬萊城)이라고 한다. 읍치에서 북쪽으로 9리에 있다. 둘레는 2,260자이다〉

장곡현성(長谷縣城)〈고장주성(古長州城)으로 일컫는다. 고려 정종(靖宗) 10년(1044)에 장주(長州)에 575칸의 성을 쌓고, 방수 6곳을 두었는데, 그곳의 이름은 정북수(靜北戍)·숭령수(嵩嶺戍)·소흉수(掃0戍)·소번수(掃蕃戍)·압천수(壓川戍)·정원수(定遠戍)이다〉

예원현성(預原縣城)〈금강성(金江城)이라 일컫는다. 고려 정종(靖宗) 10년(1044)에 생천

(株川)에 성을 쌓고 진(鎭)을 두었다. 뒤에 예주(豫州)가 되었다. 둘레는 718자이다〉

원흥진성(元興鎭城)〈고려 정종(靖宗) 10년(1044)에 원흥진(元興鎭)에 683칸의 성을 쌓고, 방수 4곳을 두었는데, 그곳의 이름은 내강수(來降戍)·압로수(壓虜戍)·해문수(海門戍)·도◯수(道◯戍)(1자 탈자 같음/역자주)이다〉

고장성(古長城)〈고려 덕종(德宗) 때 쌓았는데, 서쪽으로는 대령(大嶺)을 넘고 동쪽으로는 도련포(都連浦)와 접해 있다. 3곳 모퉁이에 해자를 파서 여진을 막으니, 이곳이 삼관문(三關門)의 땅이다〉

수시리성(隨時里城)〈읍치에서 남쪽으로 40리에 있다. 둘레는 1,191자이고, 동쪽으로 예원고현(預原古縣)과의 거리는 5리이다〉

세류성(細柳城)〈원정현(元定峴) 고봉(古峯)의 위에 있다. 할미성(割尾城)이라고 일컫는다. 둘레는 4,228자이다〉

여위성(汝委城)〈읍치에서 서쪽으로 40리에 있다. 둘레는 282자이다〉

산지성(山知城)〈읍치에서 남쪽으로 15리에 있다〉

주이성(朱伊城)〈읍치에서 북쪽으로 20리에 있다〉

『진보』(鎭堡)

「혁폐」(革廢)

도안포진(道安浦鎭)〈본래 원흥진의 도안수(道安戍)이다. 조선에 들어와서 성을 쌓고 진을 설치했다. 수군만호(水軍萬戶)가 있다. 중종(中宗) 4년(1509)에 혁파하였다〉

『봉수』(烽燧)

왕금동(王金洞)〈읍치에서 남쪽으로 30리에 있다〉

비백산(鼻白山)〈위에 나와 있다〉

『창고』(倉庫)

읍창(邑倉)〈읍치에서 북쪽으로 2리에 있다〉

북창(北倉)〈읍치에서 북쪽으로 20리 떨어져 있는 주이사(朱伊社)에 있다〉

신창(新倉)이 3곳 있다.〈모두 여인사(汝仁社)에 있다. 상창(上倉)은 부(府)와의 거리가 80

리이고, 중창(中倉)은 부와의 거리가 50리이고, 하창(下倉)은 부와의 거리가 30리이다〉

산창(山倉)〈읍치에서 서남쪽으로 35리의 장곡사(長谷社)에 있다〉

남창(南倉)은 2곳 있다.〈하나는 금강(金江)의 북쪽 세류사(細柳社)에 있는데, 부와의 거리는 30리이고, 하나는 금강 남쪽의 독산사(禿山社)에 있는데, 부와의 거리는 40리이다〉

해창(海倉)이 2곳이다.〈하나는 금강 북쪽의 파춘사(播春社)에 있는데, 부와의 거리는 45리이고, 하나는 금강의 귀림사(歸林社)에 있는데, 부와의 거리는 55리이다〉

초창(草倉)〈초원역(草原驛)의 옆에 있다〉

『토산』(土産)

자초(紫草)·오미자·봉밀(蜂蜜)·날다람쥐[청서(靑鼠)]·잣[해송자(海松子)]·미역[곽(藿)]·소금·전복·홍합·게, 이 밖에 어물 20종이 난다.

『장시』(場市)

읍내장날은 1일과 6일이며, 남양(南陽) 장날은 2일과 7일, 산창(山倉) 장날은 3일과 8일이다.

『역참』(驛站)

초원역(草原驛)〈읍치에서 남쪽으로 35리에 있다. 망운정(望雲亭)이 있다. ○고산도찰방(高山道察訪)이 이곳으로 옮겨 거주하며, 교양관(教養官)을 겸했다〉

봉대역(蓬臺驛)〈읍치에서 북쪽으로 8리에 있다〉

「혁폐」(革廢)

주천역(酒泉驛)〈읍치에서 남쪽으로 50리에 있다〉

「보발」(步撥)

초원참(草原站)·봉대참(蓬臺站)이 있다.

【무림역(茂林驛)은 장주(長州)에 있다. 장춘역(長春驛)은 장주에 있다. 통기역(通岐驛)은 장주에 있다. 장창역(長昌驛)은 정주(定州)에 있다. 회령역(懷寧驛)은 원흥(元興)에 있다. 선덕역(宣德驛)은 원흥에 있다. 거천역(巨川驛)은 원흥에 있다】

『진도』(津渡)

감상진(甘祥津)〈읍치에서 동남쪽으로 50리에 있다. 도안포(道安浦) 연해의 소로이다〉

『교량』(橋梁)

금강교(金江橋)〈읍치에서 남쪽으로 35리에 있다. 여름철 장마에는 배를 쓴다〉

경지교(境地橋)〈읍치에서 북쪽으로 20리에 있다〉

봉대교(蓬臺橋)〈읍치에서 북쪽으로 8리에 있다〉

덕포교(德浦橋)〈읍치에서 북쪽으로 10리에 있다〉

산지교(山知橋)가 2곳 있다.〈읍치에서 남쪽으로 15리에 있다〉

남산교(南山橋)〈읍치에서 남쪽으로 2리에 있다〉

『단유』(壇壝)

비백산단(鼻白山壇)〈고려 때 봄 가을로 향과 축문을 내려보내 제사지냈다. 조선에 들어와서 북악(北岳)으로서 중사(中祀: 나라에서 인정한 중간 규모의 제사)에 올라 있다〉

『전고』(典故)

고려 정종(靖宗) 10년(1044)에 동북로병마사(東北路兵馬使) 김령기(金令器)와 왕총지(王寵之)에게 명하여 장주(長州)·정주(定州)의 2주와 원흥진(元興鎭)에 성을 쌓았다. 우사낭중(右司郎中) 김원정(金元鼎) 등이 병사를 거느리고 나가서 요로에 주둔하면서 방비하다가 적을 만나 전투를 벌여 공을 세웠다. 고려 문종(文宗) 15년(1061)에 별장(別將) 경보(耿甫) 등이 홀연히 적 200여 명을 만나 전투를 벌여 패배시키고, 십수 명을 목베었다. 문종 28년(1074)에는 원흥진성을 수리했다. 문종 34년(1080)에는 동번(東蕃)이 난을 일으키자, 평장사(平章事) 문정(文正)과 병마사(兵馬使) 최석(崔奭) 등이 보병과 기병 30,000명을 거느리고 길을 나눠 가서 격파하고, 정주로 나가 머물면서 대파하여, 431기(騎)를 사로잡고 목베었다. 고려 숙종(肅宗) 7년(1102)에 동여진(東女眞)이 정주의 관외에 와서 주둔하였다. 왕이 평장사(平章事) 임간(林幹)에게 명령하여 그들을 토벌하도록 했는데, 정주성 밖에서 전투를 벌이다 패배했다. 여진은 승리를 틈타 정주 선덕관성(宣德關城)으로 함부로 들어와 살인하고 약탈했다. 이에 윤관(尹瓘)을 동북면행영병마도통(東北面行營兵馬都統)으로 삼아서 토벌케 했다. 윤관은 여진과 전투를 벌여 30여 명을 목베었는데, 우리 군의 사상자도 반이 넘었다. 드디어 강화를 맺고 물러났다. 고려 예종(睿宗) 2년(1107)에 변방의 장수가 보고하기를, 여진이 변경을 침범한다고 하였다. 왕은 이때 서경(西京)에 있었는데, 윤관을 도원수(都元帥)로 삼고, 오연총(吳延寵)을 부원수(副元帥)로 삼아 신표로 작은 도끼와 큰 도끼, 즉 부월(斧鉞)을 하사하고 그곳으로 파견하였다. 윤관과 오연총은 병사 17만 명을 거느리고 동계(東界)에 이르러 장춘역(長春驛)에 주둔하였다. 윤관은 스스로 53,000명을 이끌고 정주(定州)의 대화문(大和門)을 나섰다. 중군병마사(中軍兵馬使) 김한충(金漢忠)은 36,700명을 이끌고 안륙수(安陸戍)를 출발했다. 좌군병마사(左軍兵馬使) 문관(文冠)은 33,900명을 이끌고 정주 홍화문(弘化門)을 나섰다. 우군병마사(右軍兵馬使) 김덕진(金德珍)은 43,800명을 이끌고 선덕진의 안해수(安海戍)와 거방수(拒防戍) 두 방수의 사이에서 출발하였다. 선병별감(船兵別監) 양유송(梁惟竦), 원흥도부서사(元興都部署使) 정숭용(鄭崇用), 진명도부서사(鎭溟都部署使) 견응도(甄應陶) 등이 선병(船兵) 2,700명을 이끌고 도련포(都連浦)를 출발하였다.〈여진은 본래 말갈(靺鞨)의 남은 종자로서 작은 택지에 흩어져 거주하면서 통일을 이루지 못하였다. 잠시 신하가 되었다가 갑자기 반란을 일으키기도 했다. 영가(盈歌)에 이르러서는 추장(酋長)이 되어 자못 무리의 인심을 얻어서, 그 세력이 점차 거칠어졌다. ○영가(盈歌)는 곧 금(金) 나라의 목조(穆祖)이다. 그에게는 2아들이 있었는데, 장자는 오아속(烏雅束)으로 곧 강종(康宗)이고, 차자는 아골타(阿骨打)로서 이름을 고쳐 민(旻)이라 하니, 곧 태조(太祖)이다. 태조 1년 을미년은 송(宋) 나라 휘종(徽宗) 정화(政和) 6년(1116)이고, 고려 예종 10년(1115: 연도가 맞지 않음/역자주)이다〉 고려 고종(高宗) 4년(1217)에 거란군 30,000명이 정주를 노략질하여 책문을 불태웠고, 또 예주(豫州)를 함락하였다.

4. 고원군(高原郡)

『연혁』(沿革)

본래는 옥저(沃沮) 땅이다. 고려 초에 덕녕진(德寧鎭)을 설치하였다. 광종(光宗) 6년(955)에 홍원현(洪原縣)으로 고쳤다. 광종 24년(973)에 성을 쌓고 지군사(知郡事)를 두었다. 고려 성종(成宗) 14년(995)에 고주방어사(高州防禦使)로 삼아 동계(東界)에 예속하였다. 공민왕(恭

愍王) 5년(1356)에 지주사(知州事)로 고쳤다. 조선 태종(太宗) 13년(1413)에 고원군(高原郡)으로 고쳤다.〈고주방어사를 두었을 때 치소(治所)는 웅망산(熊望山) 남쪽에 있었다. 고려 현종(顯宗) 19년(1028)에 봉화산(鳳和山) 남쪽에 성을 쌓아서 주치(州治)를 옮겼고, 또 반룡산(盤龍山) 남쪽으로 옮겼다. 조선 성종(成宗) 2년(1471)에 치소를 가동산(椵東山)으로 옮겼고, 같은 왕 22년(1491)에 또 발산(鉢山)으로 옮겼다〉

「관원」(官員)

군수(郡守)〈영흥진관병마동첨절제사(永興鎭管兵馬同僉節制使)를 겸하였다〉 1명을 두었다.

『방면』(坊面)

군내사(郡內社)〈읍치에서 시작하여 북쪽으로 20리에서 끝난다〉

상발산사(上鉢山社)〈읍치에서 서쪽으로 20리에 있다〉

하발산사(下鉢山社)〈읍치에서 동쪽으로 25리에 있다〉

신산사(薪山社)〈읍치에서 남쪽으로 20리에 있다〉

산곡사(山谷社)〈읍치에서 시작하여 서쪽으로 110리에서 끝난다〉

수동사(水東社)〈읍치에서 시작하여 서북쪽으로 110리에서 끝난다〉

『산수』(山水)

발산(鉢山)〈읍치에서 동쪽으로 1리에 있다〉

가동산(椵東山)〈읍치에서 북쪽으로 7리에 있다〉

봉화산(鳳化山)〈읍치에서 북쪽으로 20리에 있다〉

웅망산(熊望山)〈읍치에서 북쪽으로 15리에 있다. 봉우리가 빼어나다. 위에는 우물이 있다〉

구룡산(九龍山)〈읍치에서 서쪽으로 80리에 있다. 구룡연(九龍淵)이 있다. ○대승사(大乘寺)가 있다〉

굴성산(窟城山)〈읍치에서 북쪽으로 15리에 있다〉

벌라산(伐羅山)〈읍치에서 서쪽으로 10리에 있다〉

유학산(留鶴山)〈읍치에서 서쪽으로 40리에 있다〉

재령산(載靈山)〈읍치에서 서쪽으로 100리에 있다. 양덕(陽德)과 경계를 이룬다. 형세가 높고 위태로운 모양이며, 모든 골짜기가 다투며 흐른다〉

반룡산(盤龍山)〈읍치에서 서쪽으로 10리에 있다. ○양천사(梁泉寺)가 있다〉

도성산(道成山)〈읍치에서 서쪽으로 40리에 있다. ○학산사(鶴山寺)가 있다〉

설학산(雪鶴山)〈읍치에서 북쪽으로 30리에 있다. ○영대암(靈臺庵)이 있다〉

조산(造山)〈읍치에서 동쪽으로 25리에 있다〉

석산(石山)〈읍치에서 북쪽으로 30리에 있다〉

회운동(晦雲洞)〈구룡산의 동쪽에 있다〉

용교동(龍窖洞)〈유운령(留雲嶺)의 아래에 있다〉

「영로」(嶺路)

화여령(花餘嶺)〈읍치에서 서남쪽으로 120리에 있다. 산이 높고 계곡이 깊다〉

죽전령(竹田嶺)〈읍치에서 서쪽으로 105리에 있다〉

기린령(麒麟嶺)〈읍치에서 서쪽으로 110리에 있다. 이상의 3영(嶺)은 양덕(陽德)과 경계를 이룬다〉

토령(土嶺)〈읍치에서 서북쪽으로 110리에 있다〉

장좌령(莊佐嶺)·대아치(大娥峙)〈모두 군(郡)에서 서쪽으로 100리에 있다. 이상의 3영(嶺)은 영흥(永興)과 경계를 이룬다〉

유운령(留雲嶺)〈읍치에서 서쪽으로 60리에 있다. 영(嶺)의 서쪽으로 20리에는 바위의 구멍으로 샘이 솟아나서 못을 이루는데, 깊고 푸르러 바닥이 없는 것 같다. 봉우리와 길이 회전하는 것 같다. 수목이 울창하고 서로 얽혀 있는 것이 40여 리나 되며 거주하는 사람이 없다〉

마유령(馬踰嶺)〈읍치에서 서쪽으로 15리에 있다〉

유전령(杻田嶺)·윤동령(尹洞嶺)·담석령(淡石嶺)·길치(吉峙)·회현(檜峴)〈모두 읍치에서 서북쪽으로 영흥과 경계를 이룬다〉

우축령(牛丑嶺)·송현(松峴)〈모두 읍치에서 서쪽으로 문천(文川)과 경계를 이룬다〉

○해(海)〈읍치에서 동쪽으로 40리에 있다〉

덕지탄(德之灘)〈혹은 도청연(道淸淵)이라고 한다. 재령산(載靈山)의 화여령(花餘嶺)·죽전령(竹田嶺)·패린령(狽獜嶺)에서 발원하여, 동북쪽으로 흘러 애수창(隘守倉)을 경유하여 구룡연천(九龍淵川)을 지나고, 경창(景倉)으로부터 수동사(水東社)를 경유하여 토령천(土嶺川)을 지나고, 고원의 탑석산(塔石山)을 경유하여 동남쪽으로 흘러 장주포(長洲浦)가 되고, 군의 북쪽 10리에 이르러 신당연(神堂淵)이 되며, 군의 동북쪽 7리에 이르러 덕지탄(德之灘)이 된다. 왼쪽으로는 사박천(沙朴川)을 지나 동남쪽으로 흘러 조진포(漕進浦)로 들어간다. 물고기와 소금이 도내에서 가장 많이 난다〉

구룡연천(九龍淵川)〈읍치에서 서쪽으로 70리에 있다. 구룡산(九龍山)에서 발원한다. 산이 높고 못이 깊다. 동쪽으로는 큰 바다를 바라볼 수 있다〉

토령천(土嶺川)〈수동사(水東社)에 있다〉

장주포(長洲浦)·신당연(神堂淵)〈모두 덕지탄 조에 나와 있다〉

사촌천(沙村川)〈읍치에서 동쪽으로 15리에 있다. 봉화산(鳳化山)에서 발원하여 남쪽으로 흘러 덕지탄으로 들어간다〉

구녕포(仇寧浦)〈읍치에서 남쪽으로 10리에 있다. 용두동(龍竇洞)에서 발원하여 동쪽으로 흘러 문천군(文川郡)의 전탄(箭灘)으로 들어간다. 전탄은 읍치에서 남쪽으로 15리에 있다〉

「도서」(島嶼)

웅도(熊島)〈덕지탄(德之灘)에 있다. 바다로 들어가는 입구이다. 영흥(永興)에 내속하였다〉

『성지』(城池)

고주시성(高州時城)〈웅망산(熊望山) 남쪽에 있다. 광종(光宗) 24년(973)에 고주에 1,016칸의 성을 쌓았다. 문은 6곳이다〉

봉화산고성(鳳化山古城)〈고려 현종(顯宗) 19년(1028)에 쌓았고 주치를 옮겼다〉

『진보』(鎭堡)

「혁폐」(革廢)

애수진(隘守鎭)〈읍치에서 서쪽으로 70리에 있다. 옛날에는 이병(梨柄)으로 일컬었다. 고려 성종(成宗) 2년(983)에 성을 쌓고, 진을 설치했다. 둘레는 1,568자이다. 공민왕(恭愍王) 9년(1360)에 고원군에 내속하였다〉

『봉수』(烽燧)

웅망산(熊望山)〈읍치에서 북쪽으로 10리의 봉산(烽山)의 허리에 설치하였다〉

『창고』(倉庫)

군내창(郡內倉)〈읍치에서 북쪽으로 10리에 있다〉

전세창(田稅倉)〈읍치에서 동쪽으로 20리에 있다〉

읍창(邑倉)〈읍 안에 있다〉

수하창(水下倉)〈읍치에서 서쪽으로 40리에 있다〉

수상창(水上倉)〈읍치에서 서쪽으로 80리에 있다〉

산하창(山下倉)〈읍치에서 서쪽으로 60리에 있다〉

산상창(山上倉)〈읍치에서 서쪽으로 80리에 있다〉

교제창(交濟倉)〈읍치에서 동북쪽으로 30리에 있는데, 영흥땅이다〉

『역참』(驛站)

통달역(通達驛)〈읍치에서 북쪽으로 9리에 있다〉

애수역(隘守驛)〈애수고진(隘守古鎭)에 있다〉

【일관역(馹關驛)은 고주(高州)에 있다】

「혁폐」(革廢)

거방역(巨防驛)〈애수(隘守)에 있다〉

「보발」(步撥)

통달참(通達站)〈혹은 관문참(官門站)이라 한다〉

『교량』(橋梁)

덕지탄교(德之灘橋)〈읍치에서 북쪽으로 5리에 있다〉

구녕포교(九寧浦橋)〈읍치에서 남쪽으로 10리에 있다〉

사박포교(沙朴浦橋)〈읍치에서 북쪽으로 20리에 있다〉

『토산』(土産)

오미자·자초(紫草)·숫돌[여석(礪石)]·등석(燈石)〈돌은 화라산(花羅山) 백석굴(白石窟)에서 난다〉·석이버섯[석심(石蕈)]·봉밀(蜂蜜)·비룻돌[연석(硯石)]·배[梨]·대추·밤, 이 밖에 어물 10여 종이 난다.

5. 안변도호부(安邊都護府)

『연혁』(沿革)

본래 신라의 비열홀(比列忽)이다.〈『삼국사기(三國史記)』에 이르기를, "기림왕(基臨王) 3년(300)에 비열홀을 순행하였는데, 낙랑(樂浪)과 대방(帶方) 양국이 귀부하여 복속했다"고 하였다. 또 소지왕(炤智王) 3년(481)에 비열성(比列城)을 순행하여, 이곳을 근거로 한 즉, 기림왕 이전에 이미 신라의 소유였다〉 진흥왕(眞興王) 17년(556)에 비열홀주(比列忽州)를 두었고, 〈사찬(沙飡) 성종(成宗)을 군주(軍主)로 삼았다〉 같은 왕 29년에 주를 폐지하였다. 문무왕(文武王) 8년(668)에 비열홀정(比列忽停)을 두었다가,〈파진찬(波珍飡) 용문(龍文)을 총관(摠管)으로 삼도록 명령하였다〉 같은 왕 13년에 혁파하였다. 경덕왕(景德王) 16년(751)에 삭정군(朔庭郡)으로 고쳐서,〈영현(領縣)은 서곡(瑞谷)·청산(靑山)·익계(翊谿)·상음(霜陰)·위산(衛山)이다〉 삭주(朔州)에 예속되었다. 고려 태조(太祖) 23년(939)에 등주(登州)로 고쳤다. 고려 성종(成宗) 14년(995)에 단련사(團練使)를 두었다. 고려 현종(顯宗) 9년(1018)에 등주안변도호부(登州安邊都護府)로 고쳤다.〈속군은 서곡·문산(汶山)·위산·익곡(翼谷)·파천(派川)·상음·학포(鶴浦)이다〉 고려 고종 때 정주(定州)의 남쪽 여러 주(州)들이 몽고의 침략을 받아 양주(襄州)로 옮겨 소속하였다가 재차 간성(杆城)으로 옮긴 것이 거의 40년이다. 충렬왕(忠烈王) 24년(1298)에 각기 본성(本城)으로 환원하였다. 조선 태종(太宗) 3년(1403)에 강등하여 감무(監務)로 삼았고,〈안변도호부 사람 조사의(趙思義)가 난을 일으켰다〉 이듬해에 다시 도호부로 삼았다. 세조(世祖) 12년(1466)에 진을 두었다.〈덕원(德原)과 문천(文川)을 관장하였다〉 성종(成宗) 2년(1471)에 대도호부로 승격하였다. 중종(中宗) 4년(1509)에 환원하여 강등하였다.

「읍호」(邑號)

삭방(朔方)〈고려 성종 때 정하였다〉·학성(鶴城)이다.

「관원」(官員)

도호부사(都護府使)〈안변진병마첨절제사(安邊鎭兵馬僉節制使)·교양관(敎養官)을 겸하였다〉 1명을 두었다.

『고읍』(古邑)

학포(鶴浦)〈읍치에서 동쪽으로 60리에 있다. 본래 신라의 곡포(鵠浦)이다. 경덕왕(景德王)

16년(751)에 학포로 고쳐 금양군(金壤郡)의 영현(領縣)으로 삼았다. 고려 성종 때 압융(押戎)으로 이름을 정하였다. 고려 현종(顯宗) 9년(1018)에 내속하였다. 지금의 학포사(鶴浦社)이다〉

파천(派川)〈읍치에서 동남쪽으로 95리에 있다. 본래 신라의 기연(岐淵)이다. 경덕왕 16년(751)에 파천으로 고쳐 금양군의 영현으로 삼았다. 고려 현종 9년(1018)에 내속하였다. 지금의 파천사(派川社)이다〉

유거(幽居)〈읍치에서 동북쪽으로 25리에 있다. 본래 신라의 동허(東墟), 혹은 가지근(加知斤)이라고 일컬었다. 경덕왕 16년(751)에 유거로 고쳐 정천군(井泉郡)의 영현으로 삼았다. 고려 현종 9년(1018)에 내속하였다. 지금의 낭성포폐진(浪城浦廢鎭)이다〉

문산(汶山)〈읍치에서 서남쪽으로 30리에 있다. 본래 신라의 가지달(加支達)이다. 경덕왕 16년(751)에 청산(菁山)으로 고쳐 삭정군(朔庭郡)이 영현으로 삼았다. 고려 태조 23년(940)에 문산으로 고쳤다. 지금의 지산사(支山社)이다〉

익곡(翼谷)〈읍치에서 남쪽으로 65리에 있다. 본래 신라의 어지탄(於支呑)이다. 경덕왕 16년(751)에 익계(翊谿)로 고쳐 삭정군의 영현으로 삼았다. 고려 태조 23년(940)에 익곡으로 고쳤다. 지금의 위익사(衛翼社)이다〉

서곡(瑞谷)〈읍치에서 서쪽으로 35리에 있다. 본래 신라의 수을탄(首乙呑)으로서, 혹은 원곡(原谷)이라 한다. 경덕왕 16년(751)에 서곡으로 고쳐 삭방군의 영현으로 삼았다. 지금의 서곡사(瑞谷社)이다〉

상음(霜陰)〈읍치에서 동쪽으로 30리에 있다. 본래 신라의 살한(薩寒)이다. 경덕왕 16년(751)에 상음으로 고쳐 삭정군의 영현으로 삼았다. 지금의 상도사(上道社)이다〉

위산(衛山)〈읍치에서 남쪽으로 52리에 있다. 본래는 신라 땅이다. 경덕왕 16년(751)에 위산으로 고쳐 삭정군의 영현으로 삼았다. 지금의 위익사(衛翼社)이다. 이상의 5현(縣)은 고려 현종 9년(751)에 이어서 예속하였다〉

영풍(永豊)〈읍치에서 서쪽으로 90리에 있다. 본래 견대이(甄大伊)이다. 고려 목종(穆宗) 4년(1001)에 성을 쌓고 진을 설치하여 동계에 예속시켰다. 뒤에 고쳐서 현으로 삼았다.〈조선 초에 안변도호부에 내속하였다〉

『방면』(坊面)

세청사(世淸社)〈읍안에 있다. 동쪽으로 10리에서 끝난다〉

영춘사(永春社)〈읍치에서 시작하여 남쪽으로 10리에서 끝난다〉

신리사(新里社)〈읍치에서 시작하여 남쪽으로 25리에서 끝난다〉

모지사(毛只社)〈읍치에서 시작하여 남쪽으로 60리에서 끝난다〉

위익사(衛翼社)〈읍치의 50리에서 시작하여 100여 리의 남쪽에서 끝난다〉

문산사(文山社)〈읍치에서 남쪽으로 13리에 있다〉

방하산사(方下山社)〈읍치에서 서쪽으로 20리에 있다〉

서곡사(瑞谷社)〈읍치에서 서쪽으로 50리에 있다〉

영풍사(永豊社)〈읍치에서 서쪽으로 80리에서 시작하여 200리에서 끝난다〉

사동사(蛇洞社)〈읍치에서 서쪽으로 25리에 있다〉

상도사(上道社)〈읍치에서 동쪽으로 20리에 있다〉

하도사(下道社)〈읍치에서 동북쪽으로 30리에 있다〉

학포사(鶴浦社)〈읍치에서 동쪽으로 90리에 있다〉

파천사(派川社)〈읍치에서 동쪽으로 100리에 있다〉

『산수』(山水)

학성산(鶴城山)〈읍치에서 동쪽으로 5리에 있다. 산의 모양이 학과 닮았다〉

검봉산(劒峰山)〈읍치에서 서쪽으로 35리에 있다. 본래의 이름은 설봉산(雪峯山)이다. 절벽이 가파르고 산봉우리가 겹쳐 있어, 칼을 뽑아들 듯, 창을 들고 서 있는 듯 하다. 5개의 봉우리가 특히 빼어나며, 골짜기는 깊고도 그윽하다. ○석왕사(釋王寺)가 산 서쪽에 있다. 조선 태조가 왕이 되기 전, 곧 잠저(潛邸)에 있을 때 세웠다. 웅장하고 화려함이 도에서 제일이다. 태조와 숙종(肅宗)의 글씨인 어필(御筆)이 용비루(龍飛樓)에 있다〉

황룡산(黃龍山)〈읍치에서 동남쪽으로 60리에 있다. 폭포[용추(龍湫)]가 있으며, 산수의 경치가 매우 빼어나다. ○보현사(普賢寺)가 신라 효성왕(孝成王) 때 건립되었다〉

오압산(烏鴨山)〈읍치에서 동남쪽으로 50리에 있다. 황룡산의 서쪽 갈래이다. 매우 높고 위험하다. 산꼭대기에는 못이 있다. 골짜기 속에 구룡연(九龍淵)이 깎아지른 듯한 낭떠러지는 무릇 9층인데 모두 못[추(楸)]이 있다. 산이 험하고 검푸른 기운이 돌며, 절벽이 깎아지르면서도 기세가 힘차다. 긴 골짜기가 점점 좁아져서 겨우 물길이 생길 수 있을 정도이다. 골짜기가 다하는 곳에서 산이 도는 듯 하며 절벽의 형세가 손바닥을 마주한 듯 하여, 물이 흘러 가는 것을 볼

수가 없다. 지름길이 모두 반석(盤石)으로 사람의 자취가 드물다〉

백운산(白雲山)〈읍치에서 동쪽으로 20리에 있다. ○안심사(安心寺)가 있다〉

풍류산(風流山)〈읍치에서 서남쪽으로 90리에 있다. 위에는 못이 있다. 동쪽으로는 철령(鐵嶺)과 닿아 있으며, 서쪽으로는 청하산(靑霞山)과 접해 있다〉

청하산(靑霞山)〈읍치에서 서남쪽으로 110리에 있다. 회양(淮陽)과 경계를 이룬다. 삼방(三防)의 물이 그 서쪽을 우회해서 흐른다〉

화산(花山)〈읍치에서 서쪽으로 15리에 있다〉

법수산(法水山)〈읍치에서 남쪽으로 10리에 있다〉

기죽산(騎竹山)〈읍치에서 동남쪽으로 70리에 있다. 철령의 동쪽 갈래이다〉

군산(君山)〈오압산의 북쪽 갈래이다. 여러 개의 봉우리가 늘어서 있어 학포(鶴浦)를 품고 있다〉 사봉(沙峯)〈읍치에서 동쪽으로 45리에 있다. 해안가의 하얀 모래가 바람을 따라 흘러 옮기면서 스스로 기괴한 봉우리를 이루고, 그 반은 호수로 들어간다〉

백학산(白鶴山)〈읍치에서 서쪽으로 60리의 이천(伊川) 고미탄(古未呑)의 끝나는 경계에 있다. 동쪽에는 학익동(鶴翼洞)이 있다〉

【가사산(加沙山)은 읍치에서 서쪽으로 120리에 있으며, 원적암(圓寂庵)이 있다】

「영로」(嶺路)

철령(鐵嶺)〈읍치에서 남쪽으로 85리에 있다. 청하산(靑霞山) 동쪽 갈래이다. 강원도와 함경도 2도가 나눠지는 경계이다. 거대한 봉우리가 잇따라 높이 솟아 있고, 자연의 형세가 가로막아 끊겨 있고, 길이 매우 구불구불하여, 험하기가 비길 데 없다. 영(嶺)의 한 줄기는 동쪽 바다 위로 뻗쳐 층층이 전개되어, 마치 높고 낮은 병풍과 장막을 펼쳐 놓은 것 같다〉

판기령(板機嶺)〈읍치에서 남쪽으로 60리에 있는데, 철령의 동쪽이다〉

법소령(法所嶺)〈판기령의 동쪽에 있다〉

평개령(平介嶺)〈법소령의 동쪽 갈래이다〉

돈합령(頓合嶺)〈평개령의 동쪽 갈래이다. 이상의 5곳은 회양의 경계로 철령(鐵嶺)으로 가는 대로이고, 그 나머지는 소로이다〉

흑치(黑峙)〈협곡(頰谷)의 동쪽 갈래이다〉

길치(吉峙)〈읍치에서 동남쪽으로 90리에 있다. 흑치의 동쪽 갈래이다〉

유고치(游古峙)〈읍치에서 동남쪽으로 100리의 대로에 있다. 이상의 3곳은 흡곡(歙谷)과

경계를 이룬다〉

노인치(老人峙)〈읍치에서 서쪽으로 50리에 있고, 길이 매우 높다. 영풍사(永豊社)로 통한다. 보성암(寶城庵)이 있다〉

박달령(朴達嶺)〈읍치에서 서쪽으로 60리에 있다〉

봉수령(烽燧嶺)〈읍치에서 서남쪽으로 80리에 있다. 이상의 2곳은 이천(伊川) 고미탄(古未呑)으로 통한다〉

설운령(泄雲嶺)〈읍치에서 서남쪽으로 80리에 있다. 이천 유율(楡律)로 통한다〉

구곡령(九曲嶺)〈읍치에서 서쪽으로 120리에 있다. 양덕(陽德)으로 통한다〉

갑곶령(甲串嶺)〈구곡령의 남쪽 갈래이다〉

차유령(車踰嶺)〈읍치에서 서쪽으로 180리에 있다. 갑곶령의 남쪽 갈래이다〉

우령(牛嶺)〈차유령의 줄기이다〉

미재령(美哉嶺)〈읍치에서 서쪽으로 180리에 있다. 이상의 4곳은 곡산(谷山)과 경계를 이룬다〉

방장치(防墻峙)〈읍치에서 서남쪽으로 170리에 있다. 이천(伊川)과 경계를 이룬다. 영풍으로부터 이천으로 통한다〉

탄령(炭嶺)〈구곡령(九曲嶺)의 남쪽 갈래이다. 영풍사 서쪽에 있다〉

법수현(法水峴)〈읍치에서 동남쪽으로 20리에 있다〉

비운령(飛雲嶺)〈읍치에서 동쪽으로 30리에 있다. 학포와 통한다. 곧 비홀령(比忽嶺)이 바뀐 것이다〉

안점(鞍岾)〈서곡현(瑞谷縣)의 남쪽에 있다〉

○해(海)〈읍치에서 동북쪽으로 25리에 있다. 유거사(幽居社)·상음사(霜陰社)·학포사(鶴浦社)·파천사(派川社)가 모두 연해에 있다〉

남대천(南大川)〈수분령(水分嶺)에서 발원하여 동북쪽으로 흘러 청하(青霞)·풍류(風流)·지음(之陰)을 경유하여 삼방(三防)의 험한 곳이 된다. 고산(高山)에 이르고 철령의 물을 지나 부평(富平)에 이른다. 왼쪽으로 설운령(泄雲嶺)의 물을 지나고, 용지원(龍池院)을 경유하여 심천(深川)이 된다. 오른쪽으로는 모지천(毛只川)을 지난다. 왼쪽으로 석왕천(釋王川)을 지나서 부의 서쪽 5리에 이르러 관도(官渡)가 되고, 동북쪽으로 흐른다. 왼쪽으로 해천(蟹川)을 지나 검봉포(劒鋒浦)가 되어 바다로 들어간다〉

【제언(堤堰)이 3곳 있다】

익곡천(翼谷川)〈읍치에서 서남쪽으로 60리에 있다. 봉수령과 설류령의 두 영(嶺)에서 발원하여 동쪽으로 흘러 진연(眞淵)의 물에서 합쳐져 익곡고현(翼谷古縣)을 경유하여, 부평(富平)에 이르러 남대천으로 들어간다〉

모지천(毛只川)〈오압산(烏押山)과 기죽산(騎竹山)의 2곳의 산에서 발원한다. 또 여러 영(嶺)의 물과 만나 북쪽으로 흘러 남대천으로 들어간다〉

석왕천(釋王川)〈읍치에서 서쪽으로 30리에 있다. 백학산(白鶴山)에서 발원하여 동쪽으로 흘러 검봉산의 물과 만나고 또 문산사(文山社)의 물과 만나 동쪽으로 흘러 남대천으로 들어간다〉

해천(蟹川)〈백학산(白鶴山)의 북쪽 갈래에서 발원하여 동쪽으로 흘러 대야(大野)를 경유하여 검봉포(劒峯浦)로 들어간다〉

심천(深川)〈부평(富平)에 있다〉

파천(派川)〈속칭 패천(沛川)이라 일컫는다. 읍치에서 동남쪽으로 90리에 있다. 황룡산에서 발원하여 동쪽으로 흘러 바다로 들어간다〉

한천(漢川)〈읍치에서 서쪽으로 20리에 있다. 노인치(老人峙)에서 발원하여 동북쪽으로 흘러 서곡고현(瑞谷古縣) 및 봉용역(奉龍驛)을 경유하고 덕원(德源) 경계에 이르러 현천(縣川)을 이루어 바다로 들어간다〉

영풍천(永豊川)〈문천(文川) 호동령(芦洞嶺)에서 발원하여 서남쪽으로 흘러 여러 영(嶺)과 골짜기의 물과 만나 영풍고현(永豊古縣) 및 하창(下倉)·상창(上倉)을 경유하여, 이천(伊川) 방장(防墻)의 입구로 나와 임진강(臨津江)의 발원지가 된다〉

검봉포(劒峯浦)〈읍치에서 동북쪽으로 20리에 있다. 남대천의 하류이다〉

낭성포(浪城浦)〈검봉포에서 북쪽으로 5리의 바다 입구에 있다. 동쪽에 2개의 작은 섬이 있다〉

학포(鶴浦)〈읍치에서 동쪽으로 55리에 있다. 둘레가 30여 리이다. 물이 깊고, 속이 빈 듯이 맑고 투명하다. 4면이 모두 하얀 모래인데, 모래 속에서 해당화가 환하게 피어나 화려하기가 구름 비단을 펼친 것 같다. 매번 어렴풋이 구름이 잠깐 스치며 미세한 모래가 불려 날리니, 작으면 모래더미를 이루고 크면 봉우리를 이룬다. 아침저녁으로 옮겨져서 하루 안에도 변화를 헤아릴 수가 없다. 뒤에는 빼어난 봉우리와 예쁜 언덕이 그윽하고 은근하여 먼 것도 같고 가까운 것도 같다. 앞에는 맑은 파도가 가늘게 일렁이며 물결이 햇살에 반짝이니, 평화롭고 느긋함이 움직이는 것 같기도 하고 고요한 것 같기도 하다. 호수 가운데는 작은 봉우리가 가파르게 생겨난 것이 훌륭한 경치이다. 이름을 원수대(元帥臺)라고 하였다〉

온정(溫井)〈읍치에서 서남쪽으로 157리에 있다. 방장치(防墻峙)의 북쪽이다〉

「도서」(島嶼)

국도(國島)〈압융현(押戎縣)의 동쪽에 있고, 해안과의 거리는 10여 리이며, 둘레는 5리이다. 물가의 하얀 모래는 하얗게 누인 명주 같고, 4면에는 석벽이 깎아질러 서 있다. 뒤에는 돌기둥이 버텨 일어나 빽빽이 서 있고, 아래는 폭포[용추(龍湫)]가 있다. 해안가의 돌은 평평하고 둥글게 늘어서 있는데, 한 면에 한 사람이 앉을 만 하다. 돌은 하얀 색인데, 네모나고 곧은 것, 길고 짧은 것이 마치 한결같으며, 암석 한 개마다 그 꼭대기에 각각 한 개의 돌을 이고 있어, 얼굴을 들고 보면 두렵고 놀랍다. 하나의 조그마한 굴이 있는데 배를 저어 들어가노라면 점점 작아져서 배를 들일 수 없게 되고, 매우 날카로운 바위들이 사람의 마음을 두렵게 한다. 그 둥근 돌이 배열되어 있는 것이 1,000명이나 앉을 만한 것으로, 놀러온 유람객들이 반드시 이곳에서 쉰다고 한다. 또한 물에 깎인 조금 둥근 돌이 있는데, 길이가 50~60자가 된다. 이상은 이곡(李穀)의 『기(記)』에 나와 있다〉

여도(女島)〈국도의 북쪽, 낭성포(浪城浦)의 동쪽에 있다〉

『형승』(形勝)

동북쪽은 푸른 바다로 둘러 쌓여 있고, 서남쪽은 커다란 영(嶺)이 막고 있다. 온 내(川)에서 물이 바삐 흐르고, 온 산 줄기가 길게 이어져 뻗어 있어, 1도(道)의 수륙의 요충지가 되었다.

『성지』(城池)

읍성(邑城)〈둘레가 10,358자이다〉

학성(鶴城)〈둘레가 3,930자이다. ○신라 효소왕(孝昭王) 때 비열홀성(比列忽城)을 쌓았는데, 둘레가 1,160보이다. ○고려 목종(穆宗) 11년(1008)에 등주(登州)에 성을 쌓았는데, 602칸이고, 문이 14곳, 수구(水口)가 2곳이다〉

상음현성(霜陰縣城)〈고려 현종(顯宗) 16년(1025)에 쌓았다〉

파천현성(派川縣城)〈고려 덕종(德宗) 원년(1032)에 쌓았다〉

영풍현성(永豊縣城)〈고려 목종(穆宗) 4년(1001)에 쌓았다〉

황룡산고성(黃龍山古城)

노인치고장성(老人峙古長城)〈영(嶺) 위에 쌓았다. 고연대(古烟臺)가 있다〉

군영고지(軍營古址)〈석왕사(釋王寺)의 남쪽에 있다. 옛날 동계 행영(行營)이 있다〉

삼방(三防)〈상·중·하 3방(三防)이 있다. 사잇길로 장곡(長谷)을 경유하여 곧장 분수령(分水嶺)으로 통한다. 옛날에 3곳의 방(防)을 설치한 땅에는 골짜기의 형세가 칼로 깎아지른 듯 손가락 같이 벌여 있고, 또 물이 깊어서 낭떠러지를 따라 겨우 서울에 이르는 지름길만이 소통된다〉

『진보』(鎭堡)

「혁폐」(革廢)

낭성포진(浪城浦鎭)〈본래는 유거현(幽居縣)의 옛 터로서, 조선에 들어와서 진을 설치하고, 수군만호(水軍萬戶)를 두었다. 중종(中宗) 4년(1509)에 혁파하였다〉

익곡현응천공소(翼谷縣凝川貢所)

학포현압융수(鶴浦縣押戎戍)〈지금은 압융곶(押戎串)으로 일컫는다〉

상음현복녕향(霜陰縣福寧鄕)〈지금의 부평(富平)이다. 이상의 3곳은 교위·대정 좌군우군녕새(校尉隊正左軍右軍寧塞)를 두었다〉

철원수(鐵垣戍)〈파천사(派川社) 바다 어귀에 있다. 흡곡(歙谷)과 경계를 이룬다. 작은 석성이 있다〉

향등수(香燈戍)〈읍치에서 동쪽으로 40리에 있다. 상음현으로 일컫는다. 이상의 4곳은 고려 때의 방수(防守)이다〉

『봉수』(烽燧)

사현(沙峴)〈읍치에서 남쪽으로 40리에 있다〉

학성산(鶴城山)

사동(蛇洞)〈북쪽으로 25리에 있다〉

『창고』(倉庫)

부창(府倉)·군향창(軍餉倉)〈모두 읍내에 있다〉

모지사창(毛只社倉)〈읍치에서 남쪽으로 20리에 있다〉

고산창(高山倉)〈읍치에서 남쪽으로 70리에 있다〉

고산창(高山倉)〈읍치에서 남쪽으로 70리의 위익사(衛翼社)에 있다〉

봉룡창(奉龍倉)〈읍치에서 서쪽으로 30리의 서곡사(瑞谷社)에 있다〉

남산창(南山倉)〈남산역(南山驛)에 있다〉

낭성창(浪城倉)〈읍치에서 동북쪽으로 30리의 하도사(下道社)에 있다〉

서곡창(瑞谷倉)〈서곡사(瑞谷社)에 있다〉

학포창(鶴浦倉)〈학포의 남쪽 가에 있다〉

영풍하창(永豊下倉)〈읍치에서 서쪽으로 150리에 있다〉

영풍상창(永豊上倉)〈읍치에서 서쪽으로 115리에 있다〉

『역참』(驛站)

고산도(高山道)〈읍치에서 남쪽으로 60리에 있다. 찰방(察訪) 1명을 두었는데, 정평(定平)의 초원역(草原驛)으로 옮겼다〉

남산역(南山驛)〈읍치에서 서남쪽으로 25리에 있다〉

봉룡역(奉龍驛)〈읍치에서 서북쪽으로 30리에 있다〉

삭안역(朔安驛)〈읍치에서 동쪽으로 20리에 있다〉

화등역(火燈驛)〈읍치에서 동쪽으로 50리에 있다〉

「보발」(步撥)

고산참(高山站)·인두문참(引豆門站)·방하산참(方下山站)이 있다.

【심원역(深源驛)은 파천(波川)에 있고, 요지역(瑤地驛)은 학포(鶴浦)에, 추풍역(追風驛)은 상음(霜陰)에 있다】

『진도』(津渡)

낭성진(浪城津)〈낭성포(浪城浦)에 있다〉

합진(蛤津)〈상음현(霜陰縣) 북쪽에 있다〉

마차진(磨差津)〈파천(派川) 하류에 있다〉

『교량』(橋梁)

남대천교(南大川橋)〈읍치에서 서쪽으로 5리에 있다. 삼방(三防)의 물이 여기에 이르러 빙빙돌면서 도도히 흘러간다. 동쪽 낭떠러지가 우뚝 일어난 것이 거북 모양 같으므로 속칭 용당

(龍塘)이라 한다. 그 앞에는 하얀 모래가 평평하게 펼쳐져 있는데, 사람들이 관도(官渡)라 일컫는다〉 남산교(南山橋)〈역 앞에 있다〉

용지원교(龍池院橋)〈읍치에서 남쪽으로 50리에 있다〉

심천교(深川橋)

고산교(高山橋)〈오른쪽으로는 회양대로(淮陽大路)로 통한다〉

해천교(蟹川橋)

한천교(漢川橋)〈이상은 북쪽으로 통하는 대로에 있다〉

『토산』(土產)

전죽(箭竹)〈압융곶(壓戎串)의 국도(國島)에서 난다〉 오미자·자초(紫草)·송이버섯[송심(松蕈)]·벌꿀[봉밀(蜂蜜)]·배·전복·해삼·홍합, 이 밖에 어물 20종과 소금·잣[해송자(海松子)]가 난다.

『장시』(場市)

읍내 장날은 3일과 8일이다.

『누정』(樓亭)

가학루(駕鶴樓)〈부의 동쪽에 있다〉

화산정(花山亭)〈부의 남쪽에 있다〉

용당정(龍堂亭)〈읍치에서 남쪽으로 3리에 있다〉

표표연정(飄飄然亭)〈읍치에서 서쪽으로 5리에 있다〉

『능침』(陵寢)

지릉(智陵)〈봉룡역(奉龍驛)에서 북쪽으로 5리에 있다. 부까지의 거리는 38리이다. 익조대왕(翼祖大王)의 능이다. 제삿날은 9월 10일이다. ○직장(直長)·참봉(參奉) 각 1명을 두었다〉

○태봉주(泰封主) 궁예묘(弓裔墓)〈읍치에서 서남쪽으로 120리의 삼방로(三防路) 왼쪽에 있다. 석축(石築)이 수 길[장(丈)]이 되고 높이 치솟은 것이 마치 연대(烟臺) 같은데, 지금은 반쯤 허물어졌다〉

『단유』(壇壝)

웅곡악(熊谷岳)〈『삼국사기(三國史記)』에 이르기를, "웅곡악은 비열홀군(比列忽郡)에 있는데, 신라에서는 북진(北鎭)을 중사(中祀)로 제사한다"고 하였다. 고려 때 폐지하였다〉

『사원』(祠院)

옥동서원(玉洞書院)〈명종(明宗) 정묘년(1567)에 세웠으며, 숙종(肅宗) 임오년(1702)에 사액하였다〉

이계손(李繼孫)〈함흥(咸興) 조에 나와 있다〉

김상용(金尙容)〈강화(江華) 조에 나와 있다〉

조석윤(趙錫胤)〈개성(開城) 조에 나와 있다〉

『전고』(典故)

신라 문무왕(文武王) 21년(681)에 사찬(沙湌) 무선(武仙)이 정예 병사 3,000명을 거느리고, 비열홀(比列忽)에 방수하였다. 경명왕(景明王) 5년(921)에 말갈의 별부(別部)인 달고(達姑)가 북쪽 변방의 길을 침략하면서 등주(登州)를 경유할 때, 고려의 장수인 견권(堅權)이 삭주(朔州)에 진(鎭)을 두고 날랜 기병을 거느리고 그들을 크게 격파하고서, 필마(匹馬)를 돌려보내지 않았다. 왕은 기뻐하여 사자를 보내 고려에 사례하였다.

○고려 목종(穆宗) 8년(1005)에 동여진(東女眞)이 등주진(登州鎭)과 소주진(燒州鎭)의 부락 30여 곳을 노략질하였다. 덕종(德宗) 1년(1032)에 파천현(派川縣)에 성을 쌓고 거란에 대비하였다. 정종(靖宗) 9년(1043)에 동번적(東蕃賊)이 배 8척으로 서곡현(瑞谷縣)을 노략질하고 40여 인을 포로로 잡았다. 문종(文宗) 4년(1050)에 동번적이 파천현을 노략질하였다. 선종(宣宗) 8년(1091)에 병마사(兵馬使)가 아뢰어, 안변도호부의 지경 안에 상음현(霜陰縣)이 가장 변방의 땅으로서 군사상 중요한 곳이므로, 성루(城壘)를 쌓아 외적의 노략질을 방비할 것을 청하여, 허락을 받았다. 고려 명종(明宗) 6년(1176)〈금(金) 나라 세종(世宗) 16년인 병신년이다〉에 금나라 사람이 병선 10여 척으로 동해(東海) 상음현을 침략하였다. 고려 고종(高宗) 4년(1217)에 우군(右軍)이 거란병과 더불어 등주(登州)에서 전투를 벌였으나 패전하고 진주(陣主) 오수정(吳守楨)이 사망했다. 고종 22년(1235)에 몽고군이 안변도호부를 침략하였고, 같은 왕 40년에 동여진(東女眞) 군사 300기(騎)가 등주를 포위하였다.〈작년 동진 병사 2,000명이 북

쪽 경계로 침입했다〉 고종 42년(1255)에 몽고병이 철령(鐵嶺)에 머물자, 등주의 별초(別抄)가 전후좌우에서 공격하여 섬멸하였고, 같은 왕 44년에 동진(東眞)의 군사 3,000여 기(騎)가 등주로 들어오자, 분사어사(分司御史) 안희(安禧)가 영풍산(永豊山) 골짜기에 매복하였다가, 협격(挾擊)하여 목베고 사로잡은 수가 매우 많았다. 공민왕(恭愍王) 10년(1361)에 홍건적(紅巾賊) 29명이 안변에 이르자, 고을 사람들이 거짓으로 항복하고 그들을 환영하는 채 하면서 술 취한 틈을 타서 살해하였고, 같은 왕 21년에는 왜구가 동계, 안변 등의 지역을 노략질하여, 창고의 쌀 10,000여 석을 약탈하였다. 우왕(禑王) 9년(1383)에 왜구가 안변부를 노략질하였다.

○조선 인조(仁祖) 15년(1637) 2월에 남병사(南兵使) 서우갑(徐祐甲)이 군사를 남한(南漢: 南漢山城을 말함/역자주)으로 진출시키려고 했으나, 심기원(沈器遠)이 허락하지 않았다. 뒤에 군사를 물리고 본도로 돌아갈 때, 몽고군(청 나라 군대임, 병자호란 후에 조선과 청 나라 사이에 화의를 성립하고 철군하는 청 나라 군대를 잘못 서술한 것임/역자주) 30,000명이 군사를 돌려 영서(嶺西)로부터 북도(北道)로 향하면서, 약탈하는 것이 직접 쳐들어가 노략질하는 것과 다름이 없었다. 서우갑이 철령 위에서 만나 공격하여 죽인 숫자가 매우 많았다. 몽고 군사(청 나라 군대이다/역자주)는 거짓으로 패한 체하면서, 먼저 안변을 점거하고 병사를 골짜기 사이에 숨겼다. 남도의 병사가 어둠에 전진하다 몽고군(청 나라 군대이다/역자주)의 공격을 받아 거의 다 무너지고 덕원부사(德源府使) 배명순(裵命純), 남우후(南虞候) 한진영(韓震英), 홍원현감(洪原縣監) 송심구(宋沈俱)가 살해당했다.〈곧 옛 남산 검동작현(劒洞鵲峴)의 아래를 말한다. 속칭으로 검동전장(劒洞戰場)이라 한다〉

6. 덕원도호부(德源都護府)

『연혁』(沿革)

본래 신라의 천정(泉井)이다.〈혹은 어을매(於乙買)라고 한다〉【교하(交河)는 본래 천정구(泉井口)인데, 혹은 어을매라고 한다】 진흥왕(眞興王) 때 정천(井泉)으로 고쳤다.〈『삼국사기(三國史記)』에 이르기를, "문무왕(文武王) 21년(681)에 취하였다. 경덕왕(景德王) 때 이름을 고치고, 탄항관문(炭項關門)을 쌓았다"고 하였다. 주(註)에 이르기를, "지금의 용주(湧州)이다"라고 하였다〉 경덕왕(景德王) 16년(757)에 정천군(井泉郡)을 그대로 삭주(朔州)에 예속하였다.〈영현

(領縣)은 3곳으로, 송산(松山)·산산(蒜山)·유거(幽居)이다〉 고려 태조(太祖) 23년(940)에 용주(湧州)로 고쳤다. 고려 성종(成宗) 14년(995)에 의주(宜州)로 고치고, 방어사(防禦使)를 두어 동계에 예속하였다. 뒤에 지의주사(知宜州事)로 고쳤다. 조선 태종(太宗) 13년(1413)에 의천(宜川)으로 고쳤다. 세종(世宗) 19년(1437)에 덕원군(德源郡)으로 고쳤고, 같은 왕 27년에는 도호부(都護府)로 승격하였다.〈4대(代) 어향(御鄕)이다: 4代는 목조(穆祖)·익조(翼祖)·도조(度祖)·환조(桓祖)이다/역자주〉

「읍호」(邑號)

동모(東牟)〈고려 성종이 정하였다〉 덕주(德州)·의춘(宜春)·의성(宜城)·춘성(春城)이다.

「관원」(官員)

도호부사(都護府使)〈안변진관병마동첨절제사(安邊鎭管兵馬同僉節制使)·후영장(後營將)·토포사(討捕使)를 겸하였다〉 1명을 두었다.

『고읍』(古邑)

산산(蒜山)〈읍치에서 남쪽으로 25리에 있다. 본래는 신라 매시달(買尸達)이었다. 경덕왕(景德王) 16년(757)에 산산으로 고쳐서 정천군(井泉郡)의 영현(領縣)으로 삼았다. 고려에서 진명현(鎭溟縣)을 두었다. 아래에 나와 있다〉

송산(松山)〈읍치에서 동북쪽으로 25리에 있다. 본래 신라 부사달(夫斯達)이다. 경덕왕 16년(757)에 송산으로 고치고 정천군 영현으로 삼았다. 고려에서 용진진(龍津鎭)을 두었다. 아래에 나와 있다〉

○진명(鎭溟)〈고려에서 산산(蒜山)을 고쳐서 진명현으로 하여 동계(東界)에 예속시키도록 하였다. 또 원산현(圓山縣)으로 불렀다. 또 수강(水江)으로도 일컬었다. 원산(圓山)은 지금 원산(元山)이라 일컫고, 산산은 지금 견산(見山)으로 부른다. 조선 초에 덕원도호부에 내속하였다〉

용진(龍津)〈고려에서 송산(松山)을 고쳐서 용진진(龍津鎭)으로 삼아 동계에 예속하였다. 공민왕(恭愍王) 5년(1356)에 문천(文川)에 예속하였다. 우왕(禑王) 5년(1379)에 떼어내서 현령(縣令)을 두었다. 조선 세조(世祖) 4년(1458)에 덕원도호부에 내속하였다. 현(縣)의 북쪽을 나누어 귀산사(龜山社)·명효사(明孝社) 2사(社)를 문천에 예속하였다〉

『방면』(坊面)

현사(縣社)〈진명현(鎭溟縣) 땅에 있다〉

부내사(府內社)〈읍치에서 동서쪽으로 각 10리에 있다〉

북면사(北面社)〈읍치에서 북쪽으로 35리에 있다〉

장림사(長林社)〈읍치에서 서남쪽으로 30리에 있다〉

적전사(赤田社)〈읍치에서 남쪽으로 25리에 있다〉

용주사(湧州社)〈읍치에서 시작하여 남쪽으로 15리에서 끝난다. 용주는 한때 옛 읍치이며, 부(府)와의 거리는 10리이다〉

용성사(龍城社)〈읍치에서 동북쪽의 용진현(龍津縣) 땅이다〉

○용주리(湧珠里)〈읍치에서 남쪽으로 10리의 적전사(赤田社)에 있다. 우리 목조(穆祖)가 삼척(三陟)에서 이곳으로 옮겨 거주하면서, 고려에서 벼슬하였는데 의주병마사(宜州兵馬使)가 되었을 때 고원에 진(鎭)을 두고 원나라 군사를 방어하였다. 익조(翼祖)가 이곳에서 탄생하였다. 뒤에 경흥(慶興)으로 옮겼다가, 또 함흥의 송두등리(松頭等里)로 옮겼다. 도조(度祖)도 이곳에서 탄생하였다. 얼마 안되어 적전사로 돌아와 거주하였다. 정조(正祖) 정미년(1787)에 공적을 기념하는 비를 세웠다. ○목조(穆祖)가 덕원(德源)에서 간동(幹東)으로 옮겨 거주하였다. 익조(翼祖)가 이어서 천호(千戶)가 되었다. 『선원보(璿源譜)』에 대략 이르기를, "목조가 원나라 조정에 들어가 벼슬하였는데, 남경오천호소(南京五千戶所) 다루하치[달로화적(達魯花赤)]가 되었다"고 하였고, 또 『지지(地志)』에 이르기를, "익조가 적도(赤島)에서 화를 피하였는데, 드디어 함흥(咸興)으로 옮겼다"라고 하였다. 경흥부(慶興府) 조에 상세히 나와 있다〉

『산수』(山水)

반룡산(盤龍山)〈읍치에서 서쪽으로 30리에 있고, 문천(文川)과 경계를 이룬다. ○조계사(曺溪寺)는 읍치에서 서남쪽 30리에 있고, 운석사(雲石寺)·명적사(明寂寺)는 모두 서쪽으로 20리에 있다〉

장림산(長林山)〈읍치에서 서북쪽으로 5리에 있다. 산의 서쪽 갈래에 안양사(安養寺)가 있다. 부(府)와의 거리는 10리이다. 조선 태조(太祖)가 어렸을 때 이곳에서 독서를 하였다〉

원산(元山)〈읍치에서 동남쪽으로 15리에 있다〉

속고산(束高山)〈읍치에서 북쪽으로 27리에 있다. 여기암(女妓岩)이 있다. ○만경대(萬景

臺)가 산 위에 있다. 높이가 하늘을 뚫을 듯 하다. 위에는 만경암동(萬景庵洞)이 있는데, 남북의 산천을 볼 수 있다. 또한 동해를 바라보며 일출을 본다〉

비파산(琵琶山)〈읍치에서 북쪽으로 17리에 들 가운데 있다〉

견산(見山)〈읍치에서 남쪽으로 22리에 있다〉

발산(拔山)〈읍치에서 북쪽으로 7리에 있다〉

송산(松山)〈읍치에서 동북쪽으로 25리에 있다〉

유왕봉(留王峯)〈읍치에서 남쪽으로 17리에 있다〉

「영로」(嶺路)

마수령(馬樹嶺)〈혹은 마식령(馬息嶺)이라 하였다. 읍치에서 서쪽으로 30리에 있다. 양덕(陽德) 및 안변(安邊)·영풍(永豊)으로 통한다〉

진석령(眞石嶺)〈읍치에서 남쪽으로 20리에 있다. 안변 봉룡(奉龍)으로 통하는 대로이다〉

【유현(楡峴)은 읍치에서 북쪽으로 35리에 있다. 봉룡현(奉龍峴)이 있다. 폭포령(瀑布嶺)은 세로(細路)이다】

○해(海)〈용성사(龍城社)에서 원산포(元山浦)까지 부(府)의 동쪽 경계를 두르고 있다. 혹 7리라고도 하고, 10리, 혹은 15리라고도 한다〉

부내천(府內川)〈반룡산(盤龍山)에서 발원하여 동쪽으로 흘러 부의 남쪽을 경유하여 바다로 들어간다〉

북면천(北面川)〈마수령에서 발원하여 동쪽으로 흘러 부의 북쪽으로 5리를 경유하여 바다로 들어간다〉

용진천(龍津川)〈읍치에서 북쪽으로 25리에 있다. 문천(文川)의 원기천(院岐川) 하류이다. 용창(龍倉)을 경유하여 바다로 들어간다. 옛날에는 이하(泥河)로 일컬었고, 일명 이천(泥川)이라고 한다. "신라 북계(北界)가 이하(泥河)에서 멈춘다"고 한 것이 이것이다〉

적전천(赤田川)〈읍치에서 동쪽으로 10리에 있다. 마수령(馬樹嶺) 남쪽 줄기에서 발원하여 바다로 들어간다〉

현천(縣川)〈읍치에서 남쪽으로 20리에 있다. 안변의 한천(漢川) 하류이다. 원산의 남쪽을 경유하여 바다로 들어간다〉

원산포(元山浦)〈읍치에서 동남쪽으로 20리에 있다. 하나의 산마루가 3면의 바다를 둘러싼 고여 있는 물이 호수와 같다. 서남쪽으로는 대로와 통한다. 여염집이 즐비하고 큰배는 미로에

빠질만한 나루이다. 거주하는 백성들은 고기잡이로 생업을 삼는다. 북쪽으로는 6진(鎭) 및 연해의 여러 고을들과 통한다. 바다를 끼고 있기 때문에 화물을 맡기고 쌓을 수 있어서 관북(關北) 제일의 도회지(都會地)이다〉

진명포(鎭溟浦)〈진명고현(鎭溟古縣)에서 동남쪽으로 4리에 있다. 현천(縣川)이 바다로 들어가는 곳이다〉

【제언(堤堰)이 3곳 있다】

「도서」(島嶼)

죽도(竹島)〈읍치에서 동쪽으로 15리에 있다. 고려 고종(高宗) 45년(1258)에 용진현(龍津縣) 사람 조휘(趙暉)가 화주(和州)에서 반란을 일으키자, 정주(定州)의 남쪽 15성(城)의 인민들이 모두 이 섬으로 들어가서 몽고의 병사를 피하였다. 지금도 관사(館舍)와 백성들이 거주했던 옛 터가 남아있다〉

신도(薪島)〈양을 기른다〉

초도(草島)〈양을 기른다〉

연도(連島)〈혹은 "이도"(李島)라 하였다. 육지와 연결되어 있다〉

장덕도(長德島)·소리도(所里島)·웅도(熊島)·두도(豆島)·월노도(月老島)·북도(北島)·여도(女島)〈이상의 섬들은 덕원도호부 동쪽 바다 가운데 있다〉

『성지』(城池)

고읍성(古邑城)〈읍치에서 남쪽으로 10리에 있다. 고려 예종(睿宗) 3년(1108) 3월에 쌓았다. 둘레는 4,322자이다. 이는 곧 윤관(尹瓘)이 9성(城)을 둘 때 축조한 것이다. 호수(戶數)는 7,000호이다. ○고려 현종(顯宗) 7년(1016)에 의주(宜州)에 성을 쌓았는데, 652칸이고 문이 5곳이다. 이는 덕원을 용주(湧州)로 부를 때의 성(城)이다〉

진명고성(鎭溟古城)〈둘레가 2,287자이다. 샘이 2곳 있다. ○고려 목종(穆宗) 8년(1005)에 진명현에 성을 쌓았는데, 510칸이고 문이 5곳이다〉

용진고성(龍津古城)〈혹은 곧 문산성(門山城)이라 하였다. 3면이 바닷가이다. 둘레가 3,004자이고, 우물이 1곳 있다. 목종 9년(1006)에 용진진에 성을 쌓았는데, 501칸이고 문이 6곳이다. 고려 현종(顯宗) 19년(1028)에 용진진성(龍津鎭城)을 수리하였다〉

철관성(鐵關城)〈읍치에서 북쪽으로 15리에 있다. 둘레는 1,403자이다. 신라 문무왕(文武

王) 15년(675)에 철관성을 쌓았다. 『삼국사기(三國史記)』에 이르기를, "자비왕(慈悲王) 11년(468)에 하슬나주(何瑟羅州)의 사람을 징발하여 니하(泥河), 일명 이천(泥川)에 성을 쌓았다. 지금의 용진천(龍津川)이다"고 하였다. 『동사강목(東史綱目)』에 이르기를, "신라의 북쪽 경계는 정천군(井泉郡)에서 그친다"라고 하였다. 경덕왕(景德王) 때 탄항관문(炭項關門)을 쌓았는데, 지금의 덕원철관(德源鐵關)의 땅이 아닌가 한다. 『고려사(高麗史)』에 이르기를, "고종(高宗) 9년(1222)에 의주(宜州)와 화주(和州)에 성을 쌓았는데, 40일 만에 마쳤다."라고 하였는데, 철관(鐵關)이라고 부르는 것은 이곳이 아니다.

『영아』(營衙)

후영(後營)〈인조(仁祖) 조에 설치하였다. ○후영장(後營將)은 본 부사(府使)가 겸하였다. ○속읍은 안변(安邊)·덕원(德源)·문천(文川)·고원(高原)이다〉

『봉수』(烽燧)

장덕산(長德山)〈읍치에서 동남쪽으로 10리에 있다〉

소달산(所達山)〈읍치에서 북쪽으로 20리에 있다〉

『창고』(倉庫)

부창(府倉)·군창(軍倉)〈부(府) 안에 있다〉

원창(元倉)·교제창(交濟倉)〈모두 원산포(元山浦) 가에 있다〉

용창(龍倉)〈용진(龍津) 해변에 있다〉

『역참』(驛站)

철관역(鐵關驛)〈읍치에서 북쪽으로 6리, 혹은 10리에 있다〉

「혁폐」(革廢)

장부역(長富驛)〈용진(龍津)에 있다〉·조동역(朝東驛)이 있다.

「보발」(步撥)

관문참(官門站)이 있다.

『교량』(橋梁)

우교(牛橋)〈읍치에서 북쪽으로 15리에 있다〉

방하산교(方下山橋)〈읍치에서 북쪽으로 5리의 북면천(北面川)에 있다〉

남천교(南川橋)〈읍치에서 남쪽으로 5리의 부내천(府內川)에 있다〉

적전천교(赤田川橋)〈읍치에서 남쪽으로 10리에 있다〉

견산교(見山橋)〈읍치에서 남쪽으로 20리에 있다. 이상은 모두 대로에 있다〉

『토산』(土産)

오미자·벌꿀[봉밀(蜂蜜)]·댓살[전죽(箭竹)]〈죽도(竹島)에서 난다〉·잣[해송자(海松子)]·배·자초(紫草)·고리마(古里麻)·가갯살[강요주(江瑤柱)]·해삼·홍합, 이 밖에 어물 20종과 소금이 난다.

『장시』(場市)

원산상 (元山上) 장은 5일·15일·25일 3번 열리고, 원산하(元山下) 장은 10일·20일·30일 3번 열린다. 야태(野汰) 장날은 3일과 8일이다〉

『단유』(壇壝)

소달산단(所達山壇)〈봄과 가을에 덕원부에서 제사를 지낸다〉

『사원』(祠院)

용진서원(龍津書院)〈숙종(肅宗) 을해년(1695)에 건립하였고, 병자년(1696)에 사액받았다〉 송시열(宋時烈)〈문묘(文廟) 조에 나와 있다〉

『전고』(典故)

고려 현종(顯宗) 즉위년(1009)에 과선(戈船) 75척을 만들어 진명현(鎭溟縣)의 입구에 정박하고서 동북쪽의 해적을 막았다. 현종 19년(1028)에 동여진(東女眞)이 적선(賊船) 15척으로 용진진(龍津鎭)을 침략하여 중랑장(中郎將) 박흥산(朴興産) 등 70여 명을 포로로 잡아갔다. 고려 문종(文宗) 즉위년(1046)에 병부낭중(兵部郎中) 김경(金瓊)을 파견하여 동해(東海)에서 남해(南海)에 이르기까지 연변(沿邊)에 성보(城堡)와 농장을 축조하여서 해적의 날뜀을 누르려고 하였다. 문종 3년(1049)에는 해적이 진명(鎭溟)의 병선 2척을 빼앗아 가자, 병마녹사(兵馬錄事) 문양열(文揚烈)이 병선 23척을 거느리고 추격하여 추자도(楸子島)〈자세하지 않다〉에 이르러서 그들을 크게 패배시키고 9명의 목을 베고서, 그 부락의 가옥 30여 곳을 불지르고 20명을 목베어 돌아왔다. 문종 4년(1050)에 진명도부서부사(鎭溟都部署副使) 김경응(金敬應)이 수군을 거느리고 열도(烈島)에서 해적선 3척을 공격하여〈자세하지 않다〉 수십 명을 목베었다. 고려 숙종(肅宗) 원년(1096)에 진명도부서사(鎭溟都部署使) 및 문천방어판관(文川防禦判官) 이순혜(李順蹊) 등이 해적과 전투를 벌여 패배시키고 17명을 목베었다. 숙종 2년에 동여진(東女眞)의 적선 10척이 진명현(鎭溟縣)을 노략질하자, 동북면병마사(東北面兵馬使) 김한충(金漢忠)이 판관(判官) 강극(姜極)을 파견하였는데, 전투를 벌여 그들을 물리치고 배 3척을 획득하고, 48명을 목베었다. 고려 명종(明宗) 4년(1174)에 장군 두경승(杜景升)이 조위총(趙位寵)〈서경(西京)의 적이다〉을 공격하여 의주(宜州)에 이르자, 적의 군사는 수레를 성문에 나란히 늘어놓아 막고자 하니, 두경승이 공격하여 그 성을 빼앗았다. 고려 고종(高宗) 6년(1219)에 몽고는 동진(東眞)과 함께 군사를 파견해 와서 진명성(鎭溟城) 밖에 주둔하여 세공(歲貢)을 바칠 것을 독촉하였다. 고려 고종 14년(1227)에 동진이 정주(定州)와 장주(長州) 2주를 노략질하자, 여러 장수를 파견하여 3군(軍)을 거느리고 방어하게 하였고, 안변부(安邊府)로부터 곧바로 적이 주둔하는 곳을 공격하였다. 지병마사(知兵馬使) 김인경(金仁鏡)이 의주(宜州)에서 전투를 벌였으나 우리 군대가 패전하였다. 고려 고종 21년(1234)에 몽고 군대가 동진의 군대를 데리고 용진성(龍津城)을 공격하여 함락시켰고, 같은 왕 22년에 동진의 군대가 진명성을 함락시켰다. 공민왕(恭愍王) 21년(1372)에 왜구가 진명창(鎭溟倉)을 약탈하자, 그 뒤에 비로소 병선을 만들었고, 뒤에 진명창을 안변부의 낭성포(浪城浦)로 옮겼다.

7. 문천군(文川郡)

『연혁』(沿革)

옛날 이름은 주성(姝城)이다.〈혹은 이균성(伊均城)이라 한다〉 고려 성종(成宗) 8년(989)에 성을 쌓고,〈『고려사(高麗史)』 병지(兵志)에 이르기를, "성종 3년에 문주(文州)에 성을 쌓았는데, 573칸이고 문이 6곳이다"라고 하였다〉 문주방어사(文州防禦使)로 삼아서 동계에 예속시켰다. 뒤에 의주(宜州)에 합쳤다. 충목왕(忠穆王) 원년(1345)에 쪼개서 지문주사(知文州事)로 고쳐서 두었다. 조선 태종(太宗) 13년(1413)에 문천군(文川郡)으로 고쳤다.〈아미산(峩眉山) 아래로 치소(治所)를 옮겼다. 옛 치소는 읍치에서 동쪽으로 5리에 있다〉

「관원」(官員)

군수(郡守)〈안변진관병마동첨절제사(安邊鎭管兵馬同僉節制使)를 겸하였다〉 1명을 두었다.

『고읍』(古邑)

운림(雲林)〈읍치에서 서쪽으로 30리에 있다. 고려 현종(顯宗) 6년(1015)에 운림진(雲林鎭)을 설치하고 성을 쌓았다. 둘레는 1,213자이다. 뒤에 방어소(防禦所)로 삼았다. 조선 초에 폐지하고 문천군에 내속하였다. 지금은 진사(鎭司)라고 일컫는다〉

『방면』(坊面)

군내사(郡內社)〈읍치에서 시작하여 10리에서 끝난다〉

초한사(草閑社)〈읍치에서 남쪽으로 10리에 있다〉

운림사(雲林社)〈읍치에서 서쪽으로 20리에서 시작하여 60리에서 끝난다〉

도지랑사(都之郞社)〈읍치에서 북쪽으로 30리에 있다〉

명효사(明孝社)〈읍치에서 동쪽으로 30리에 있다〉

귀산사(龜山社)〈읍치에서 동북쪽으로 40리에 있다. 이상의 2개의 사(社)는 덕원현(德源縣)·용성현사(龍城縣社)에서 쪼개서 문천군에 붙였다〉

『산수』(山水)

아미산(峩眉山)〈읍치에서 동쪽으로 1리에 있다〉

반룡산(盤龍山)〈읍치에서 서남쪽으로 25리에 있다. 덕원(德源)과의 경계이다. ○운흥사(雲興寺)가 있다〉

천불산(千佛山)〈읍치에서 북쪽으로 25리에 있다. 산 북쪽에는 청련사(青蓮寺)가 있다. 군과의 거리는 40리이다〉

천보산(天寶山)〈천불산의 동쪽 갈래이다. 읍치에서 북쪽으로 30리에 있다〉

보현산(普賢山)〈읍치에서 서쪽으로 15리에 있다〉

오산(鰲山)〈읍치에서 북쪽으로 40리의 광야(廣野) 가운데 있다〉

두류산(頭流山)〈읍치에서 서쪽으로 50리에 있다. 양덕(陽德)과의 경계이다. 웅장하게 서려 있고 중첩하여 있다〉

속고산(束高山)〈읍치에서 남쪽으로 15리에 있다. 덕원과 경계이다. ○도창사(道昌寺)가 있다〉

옥녀봉(玉女峯)〈읍치에서 동쪽으로 5리에 있다. 봉우리 위에는 우물이 있다〉

연대봉(蓮臺峯)〈읍치에서 북쪽으로 13리에 있다〉

이성봉(利城峯)〈읍치에서 서북쪽으로 20리에 있다〉

옹동(瓮洞)〈읍치에서 서북쪽으로 50리에 있다〉

문포동(文浦洞)〈두류산 동북쪽 갈래에 있다〉

「영로」(嶺路)

차파령(車破嶺)〈읍치에서 동북쪽으로 5리에 있다〉

화여령(花餘嶺〈읍치에서 서쪽으로 55리에 있다. 고원·양덕과 경계이다〉

노동령(蘆洞嶺)〈읍치에서 서남쪽으로 40리에 있다. 안변·영풍과 경계이다〉

안령(鞍嶺)〈보현산(普賢山) 남쪽 갈래이다〉

회현(灰峴)

니현(泥峴)〈두류산(頭流山) 북쪽 갈래에 있다. 고원과 경계이다〉

거문현(巨文峴)·뉴현(杻峴)〈모두 운림사(雲林社)에 있다〉

마흘내령(亇訖乃嶺)〈읍치에서 서쪽으로 65리에 있다. 양덕으로 통한다〉

【황석재(黃石岾)가 있다】

○해(海)〈읍치에서 동쪽으로 30리에 있다. 남쪽에서 북쪽에 이르기까지 50리를 둘러 있다〉

배기천(配岐川)〈읍치에서 서북쪽으로 30리에 있다. 두류산에서 발원하여 동북쪽으로 흘러 덕평(德平)에 이르러 마흘내령(亇訖乃嶺)의 송어연천(松魚淵川)과 만나서 배기천이 된다. 동쪽으로 흘러 군(郡)의 북쪽 30리에 이르러 전탄(箭灘)이 된다. 왼쪽으로 고원·구녕포(仇寧浦)를 지나고 오산(鰲山)을 경유하여 읍치에서 동북쪽으로 50리에 이르러 문주포(文州浦)가 된다. 고원의 덕지탄(德之灘)과 합쳐져 영흥의 용흥강(龍興江)으로 들어간다. 바다로 들어가는 입구는 조진포(漕進浦)가 된다〉

원기천(院岐川)〈혹은 석천(石川)이라 한다. 삼국시대 때는 이하(泥河)로 일컬었다. 반룡산(盤龍山)·노동령·문포동(文浦洞)에서 발원하여 동쪽으로 흘러 군의 남쪽 및 덕원의 용성사(龍城社)를 경유하여 바다로 들어간다〉

전탄(箭灘)·문천포·조진포가 있다.

「도서」(島嶼)

사눌도(四訥島)〈읍치에서 동쪽으로 40리에 있다. 둘레는 80리이다〉

마도(馬島)〈읍치에서 동북쪽으로 40리에 있다. 조진포 바다 입구에 있다. 대나무를 심었는데, 바다를 두르고 있다. 4방에서 구운 소금이 나는 곳이다〉

『성지』(城池)

고읍성(古邑城)〈읍치에서 동쪽으로 5리에 있다. 이균성(伊均城)으로 일컫는다. 고려 성종(成宗) 때 쌓았다〉

할미성(割尾城)〈읍치에서 북쪽으로 25리에 있다〉

금장성(金場城)〈읍치에서 북쪽으로 30리에 있다. 모두 옛터가 남아 있다〉

○조지포수(漕至浦戍)〈지금의 조진포(漕進浦)로, 영흥(永興)과 고원(高原)의 선졸(船卒)들이 그곳을 지켰다. 조선 성종(成宗) 20년(1489)에 혁파하였다〉

『봉수』(烽燧)

천달산(天達山)〈읍치에서 북쪽으로 20리에 있다〉

『창고』(倉庫)

사창(司倉)·군자창(軍資倉)〈군 안에 있다〉

명효창(明孝倉)〈읍치에서 동쪽으로 30리에 있다〉

귀산창(龜山倉)〈읍치에서 동북쪽으로 40리에 있다. 모두 해변가이다〉

도지랑창(都之郎倉)〈읍치에서 북쪽으로 30리에 있다〉

운림창(雲林創)〈읍치에서 서쪽으로 30리에 있다〉

『역참』(驛站)

양기역(良驥驛)〈옛 이름은 덕녕(德寧)이다. 읍치에서 동쪽으로 5리에 있다〉

「보발」(步撥)

관문참(官門站)이 있다.

『교량』(橋梁)

원기천교(院岐川橋)〈군 남쪽에 있다〉

배기천교(配岐川橋)〈모두 남북으로 6개의 다리가 있다〉

『토산』(土産)

철(鐵)·댓살[전죽(箭竹)]·잣[해송자(海松子)]·자초(紫草)·오미자·벌꿀[봉밀(蜂蜜)]·홍합·고리마(高里麻)·소금·숫돌[여석(礪石)]·해삼·게·조개, 이 밖에 어물 18종이 난다.

『장시』(場市)

전탄(箭灘) 장날은 2일과 7일이다.

『목장』(牧場)

사눌도장(四訥島場)〈함흥 감목관(監牧官)이 이곳으로 옮겼다〉

마도장(馬島場)이 있다.

『능침』(陵寢)

숙릉(淑陵)〈읍치에서 동쪽으로 15리의 초한사(草閑社)에 있다. 익조(翼祖)의 비(妃)인 정숙왕후(貞淑王后) 최씨(崔氏)의 능이다. 제삿날은 9월 20일이다. ○봉사(奉事)와 참봉(參奉) 각 1명이 있다〉

【절문루(節文樓)가 있다】

『전고』(典故)

고려 고종(高宗) 46년(1259)에 임금이 낭장(郎將) 김기성(金器成)을 시켜, 나라에서 주는 하사품인 국신(國贐)을 내려주면서, 몽고군이 주둔하고 있는 곳에 가서 전달하고 그들을 위로하도록 하였다. 김기성이 지주(支州)에 이르렀을 때 조휘(趙暉)의 무리들이 보룡역(寶龍

驛)〈지금의 奉龍驛)이다〉에 있으면서 몽고 병사 30여 명과 함께 김기성을 살해하고 국신을 약탈하였다.

8. 북청도호부(北青都護府)

『연혁』(沿革)

고려 초에 여진(女眞)에게 빼앗겼다.〈발해(渤海)가 망하고 여진이 점거하여 함흥에 이르렀다〉 고려 예종(睿宗) 2년(1107)에 여진을 공격하여 물리치고, 이듬해(1108)에 읍을 두었다.〈읍호는 자세하지 않다〉 예종 4년(1109)에 다시 여진에 돌려주었다가, 뒤에 원 나라의 수중에 들어갔다. 삼살(三撒)이라고 일컬었다. 공민왕(恭愍王) 5년(1356)에 다시 찾고 안북천호방어소(安北千戶防禦所)를 두었고, 같은 왕 21년에 북청주 만호부(北青州萬戶府)로 고치고, 안무사를 두어 만호를 겸하게 하였다. 조선 태조(太祖) 7년(1398)에 청주부(青州府)로 고쳤다. 태종(太宗) 17년(1417)에 다시 북청(北青)으로 일컬었다.〈충청도 청주(淸州)와 발음이 같기 때문에 고쳤다〉 세종(世宗) 9년(1427)에 도호부로 승격하였다. 세조(世祖) 11년(1465)에 진을 두고서〈단천(端川)·이원(利原)·홍원(洪原)을 관장하였다. ○단천은 지금 독진(獨鎭)이 되었다〉 병마절도부사 겸 도호부사(兵馬節度副使 兼 都護府使)로 일컬고, 또 판관(判官)을 두었다. 얼마 안 있어 부사(副使)를 없앴다. 세조 12년(1466)에 남도병마절도사(南道兵馬節度使)를 두고 부사(府使)를 겸하게 하였다. 경종(景宗) 1년(1721)에 별도로 부사를 두고 판관을 없앴다.

「읍호」(邑號)

청해(青海)이다.

「관원」(官員)

도호부사(都護府使)〈북청진병마첨절제사(北青鎭兵馬僉節制使)·수성장(守城將)·교양관(教養官)〉 1명을 두었다.

『방면』(坊面)

노덕사(老德社)〈곧 부의 안쪽에서 시작하여 10리에서 끝난다〉

덕성사(德城社)〈읍치에서 북쪽으로 30리에 있다〉

성대사(聖代社)〈읍치에서 북쪽으로 90리에서 시작하여 190리에서 끝난다〉

이곡사(泥谷社)〈읍치에서 북쪽으로 100리에 있다〉

차서사(車書社)〈읍치에서 서북쪽으로 100리에 있다〉

가회사(佳會社)〈읍치에서 서쪽으로 30리에 있다〉

평포사(平浦社)〈읍치에서 서북쪽으로 90리에 있다〉

대양화사(大陽化社)·대속후사(大俗厚社)·해안사(海岸社)〈모두 읍치에서 남쪽으로 40리에 있다〉

인후사(仁厚社)·양가사(良家社)·중산사(中山社)〈모두 읍치에서 남쪽으로 25리에 있다〉

소양화사(小陽化社)〈읍치에서 남쪽으로 60리에 있다〉

소속후사(小俗厚社)〈읍치에서 남쪽으로 45리에 있다〉

종산사(鍾山社)〈읍치에서 남쪽으로 35리에 있다〉

양천사(梁川社)〈읍치에서 동쪽으로 30리에 있다〉

중평사(中坪社)〈읍치에서 동쪽으로 35리에 있다〉

거산사(居山社)〈읍치에서 동쪽으로 70리에 있다〉

보청사(甫青社)〈읍치에서 동쪽으로 45리에 있다〉

파산사(坡山社)〈읍치에서 북쪽으로 140리에 있다〉

【우행사(亐行社)〈원적사(圓寂寺)는 이곡사(泥谷社)에 있다. 만경사(萬景寺)는 차서사(車書社)에 있다. 문암사(門岩寺)는 읍치에서 동쪽으로 18리의 거산사(居山社)에 있고, 골짜기 입구에는 푸른 바위가 있는데 문과 같다. 동해사(東海寺)는 동쪽으로 15리의 노덕사(老德社)에 있다. 대동사(大洞寺)는 북쪽으로 25리의 노덕사에 있다. 상암사(上庵寺)는 동쪽으로 80리의 거산사(居山社)에 있다. 승방사(僧房寺)는 서쪽으로 30리의 가회사(佳會社)에 있다. 사동사(蛇洞寺)는 북쪽으로 80리의 이곡사에 있다. 후지암(厚地庵)은 북쪽으로 80리의 차서사에 있다. 백암사(白岩寺)는 서쪽으로 60리의 평포사(平浦社)에 있다〉】

『산수』(山水)

연덕산(連德山)〈혹은 영덕산(靈德山)이라고 한다. 읍치에서 서북쪽으로 2리에 있다〉

대덕산(大德山)〈읍치에서 북쪽으로 30리에 있다〉

입석산(立石山)〈읍치에서 동쪽으로 60리에 있다. 산 위에 서 있는 돌, 즉 입석이 있다. 북쪽 기슭에는 또 서 있는 돌이 있는데, 높이가 36자이고 너비가 12자로 마치 비석을 세워놓은 것 같다. 또 작은 암자가 있다〉

성대산(聖大山)〈읍치에서 북쪽으로 155리에 있다. 단천과의 경계이다. 뻗쳐 있는 것이 매우 넓고 갈래의 기슭이 중첩되어 있다〉

죽파산(竹坡山)〈읍치에서 서북쪽으로 90리에 있다〉

중산(中山)〈읍치에서 동쪽으로 35리에 있다〉

태백산(太白山)〈읍치에서 북쪽으로 100리에 있다. 함흥·홍원·갑산과 교차한다. 웅장하게 서려 있는데, 높고도 크다〉

청량산(淸凉山)〈읍치에서 서쪽으로 45리에 있다. 승방동사(僧房洞寺)가 있다〉

대동산(大洞山)〈읍치에서 북쪽으로 20리에 있다〉

망덕산(望德山)〈읍치에서 북쪽으로 55리에 있다〉

천봉산(天鳳山)〈읍치에서 남쪽으로 20리에 있다〉

죽암산(竹岩山)〈읍치에서 동쪽으로 35리에 있다〉

관산(冠山)〈읍치에서 동쪽으로 10리에 있다〉

장진산(長津山)〈읍치에서 남쪽으로 50리에 있다. 구불구불 아홉 구비이며, 앞에는 큰 바다가 임해 있다〉

엄주산(嚴主山)〈읍치에서 서쪽으로 55리에 있다〉

오산(鰲山)〈읍치에서 남쪽으로 25리에 있다〉

하천산(賀天山)〈읍치에서 남쪽으로 45리에 있다. 독립평(獨立坪)의 가운데이며, 왼쪽에는 들판이 있고 오른쪽에는 호수가 있다〉

정양산(正陽山)〈읍치에서 남쪽으로 45리에 있다〉

증봉(甑峯)〈읍치에서 동쪽으로 30리에 있다〉

관음굴(觀音窟)〈읍치에서 서북쪽으로 82리에 있다. 굴 가운데는 물이 있다. 북쪽으로 흘러 갑산(甲山) 파산천(坡山川)이 된다〉

광석대(廣石臺)〈읍치에서 북쪽으로 10리의 중산동(中山洞)에 있다. 반석 위에는 가히 수십 명을 받아들일 만 하다〉

시중대(侍中臺)〈읍치에서 동쪽으로 68리의 언덕에 있다〉

해립석(海立石)〈읍치에서 북쪽으로 45리에 있다〉

「영로」(嶺路)

쌍가령(雙加嶺)〈읍치에서 서남쪽으로 30리에 있다. 홍원(洪原)으로 통하는 대로이다〉

만령(蔓嶺)〈동쪽으로 60리에 있다. 홍원 경계에 있다. 그 사이에는 대현령(大峴嶺)이 있다〉

건자개현(乾者介峴)〈만령과 거리가 8리이다〉

후치령(厚致嶺)〈읍치에서 북쪽으로 100리에 있는 대로이다. 영(嶺) 아래는 관음사(觀音寺)가 있고, 굴이 있다〉

허화이령(虛火耳嶺)〈읍치에서 북쪽으로 140리에 있다. 남쪽에는 황수역(黃水驛)이 있다〉

마저령(馬底嶺)〈읍치에서 북쪽으로 160리에 있다. 갑산과 경계이다. 이상의 3영(嶺)은 갑산으로 통하는 대로이다〉

장석령(長石嶺)〈읍치에서 서쪽으로 30리에 있다〉

소현(小峴)〈읍치에서 서쪽으로 45리에 있다. 홍원의 평포(平浦)로 통한다〉

도직령(盜直嶺)〈장모노(長毛老)에서 도직령을 넘어 평포원동(平浦院洞)과 통한다. 읍치에서 40리 떨어져 있다〉

궐파령(蕨坡嶺)〈동북쪽으로 이원(利原)과 경계를 이루고 있다. 자항(慈航)에서 궐파령을 넘어 이원의 원동(院洞)으로 통한다. 읍치에서 30리 떨어져 있다〉

태백산령(太白山嶺)〈차서사(車書社)의 내산(內山)에서 이 영(嶺)을 넘어 함흥 원천(元川) 경계 정동(井洞)으로 통한다. 읍치에서 40리 떨어져 있다〉

금창령(金昌嶺)〈읍치에서 북쪽으로 110리에 있고, 단천과 경계를 이룬다〉

향령(香嶺)〈읍치에서 북쪽으로 130리에 있다. 갑산 서남쪽 경계로 통한다〉

용림령(龍林嶺)〈읍치에서 서쪽으로 80리에 있다. 함흥 고천사(高遷社)로 통한다〉

돌장령(乭長嶺)〈읍치에서 서쪽으로 90리에 있다. 함흥 원천사(元川社)로 통한다〉

○해(海)〈읍치에서 동쪽으로 60리에 있고, 남쪽으로는 50리에 있다〉

남대천(南大川)〈금창령(金昌嶺)에서 발원하여 서남쪽으로 흘러 제인역(濟仁驛)에 이르러 후치령(厚致嶺) 향령(香嶺)의 물과 만나서 자항역(慈航驛)에 이른다. 남쪽으로 흘러 왼쪽으로는 이동천(梨洞川)을 지나 덕성사(德成社)에 이르고, 오른쪽으로는 태백산을 통과한 물이 어정탄(於汀灘)이 되어 광석대(廣石臺) 이른다. 오른쪽으로 죽파(竹坡) 청량산(淸涼山)을 통과한 물이 부(府)의 남쪽 5리를 경유하여, 왼쪽으로 용의동(龍義洞) 허천평(虛川坪)의 물을 통과하고, 오른쪽으로는 차서사(車書社)를 지난 물이 남대천이 되어 신진(薪津)에 이르러 바다로

들어간다〉

오정탄(於汀灘)〈읍치에서 북쪽으로 35리에 있다〉

【제언(堤堰)이 1곳 있다】

이동천(梨洞川)〈읍치에서 북쪽으로 45리에 있다. 마아령(馬兒嶺)에서 발원하여 서남쪽으로 흘러 남대천으로 들어간다〉

파산천(坡山川)〈읍치에서 북쪽으로 120리에 있다. 후치령(厚致嶺)에서 발원하여 북쪽으로 흘러 벌성포천(伐成浦川)에서 만나서, 황수천(黃水川)에서 모인다〉

황수천(黃水川)〈읍치에서 북쪽으로 125리에 있다. 향동(香洞)에서 발원하여 북쪽으로 흘러 파산천에서 합쳐진다〉

독산천(禿山川)〈읍치에서 북쪽으로 155리에 있다. 태백산에서 발원하여 동북쪽으로 흘러 황수천에서 합쳐진다〉

벌성포천(伐成浦川)〈읍치에서 북쪽으로 110리에 있다. 후치령의 서쪽 갈래에서 발원하여 파산천에서 합쳐진다. 이상의 4곳의 내[천(川)]는 갑산부 허천강(虛川江)의 상류이다〉

오산호(鰲山湖)〈읍치에서 남쪽으로 35리에 있고, 둘레가 20리이다〉

토라호(吐羅湖)〈읍치에서 남쪽으로 36리에 있고, 둘레가 15리이다〉

장진호(長津湖)〈읍치에서 남쪽으로 50리에 있고, 둘레가 10리이다〉

호만포(湖滿浦)〈읍치에서 남쪽으로 50리에 있고, 둘레가 10리이다〉

순연(蓴淵)〈읍치에서 서남쪽으로 50리에 있다. 둘레는 10리이고, 순채(蓴菜)가 있다〉

구룡지(九龍池)〈읍치에서 북쪽으로 95리의 관음굴(觀音窟) 서쪽에 있다. 돌들 사이에서 비스듬히 생겨난 9개의 굴에서 물이 돌아나가며 못이 되었다. 앞에는 명령암(螟蛉岩)이 있는데 매우 기괴하다〉

「도서」(島嶼)

송도(松島)〈읍치에서 남쪽으로 60리에 있다〉

육도(陸島)〈읍치에서 남쪽으로 90리의 홍원현(洪原縣) 용원사(龍原社) 남쪽 너머에 있다. 육지와 연결되어 높이 솟아 바다쪽으로 들어가 있다. 매가 나는데 매우 아름답다〉

『형승』(形勝)

뒤쪽으로는 거듭되는 골짜기를 이고 앞에는 푸른 바다가 임해 있으며, 북쪽으로는 후치령

(厚致嶺)이 막고 있고, 동쪽으로는 마천령(摩天嶺)을 한계로 하고 있다. 거대한 산악들이 종횡으로 있고 온갖 내가 굽이돌아 동북 15읍의 요충지가 되었다.

『성지』(城池)

읍성(邑城)〈조선 중종(中宗) 12년(1517)에 축조하였다가 뒤에 또 수리하여 쌓았다. 둘레는 11,304자이다. 도랑이 성밖을 두르고 있고, 성문은 4곳인데 서남쪽에 2문이 있다. 옹성(甕城) 포루(砲樓)가 13곳, 참호와 못이 4곳, 우물과 샘이 9곳이다. 쌍간정(雙澗亭)·한수정(閑睡亭)·영벽정(映碧亭)·침과정(枕戈亭)이 있다〉

홍도동성(弘道洞城)〈세속에서 부르는 이름은 성치(城峙)이다. 읍치에서 북쪽으로 25리에 있고, 둘레는 6,780자이다〉

이망성(泥望城)〈읍치에서 북쪽으로 19리에 있고, 둘레가 4,975자이다〉

다탄대성(多灘臺城)〈읍치에서 남쪽으로 20리에 있고, 둘레가 1,621자이다〉

허천평성(虛靑坪城)〈읍치에서 동쪽으로 34리에 있고, 둘레가 3,497자이다. 성 안에는 사람이 사는 집들이 오밀조밀하다. 세상에 전해오기를 숙신(肅愼)의 옛 도읍이라고 한다〉

별안대성(別安臺城)〈읍치에서 동쪽으로 20리에 있고, 둘레가 970자이다〉

용의동성(龍義洞城)〈읍치에서 북쪽으로 20리에 있고, 둘레가 1,120자이다〉

창창동성(蒼蒼洞城)〈읍치에서 북쪽으로 10리에 있고, 둘레가 1,389자이다〉

『영아』(營衙)

남병영(南兵營)〈조선 세조(世祖) 12년(1466)에 이시애(李施愛)의 난을 평정하고 나서, 남도(南道)에서 북도(北道)까지의 거리가 매우 멀기 때문에 이곳에 영(營)을 설치하였다〉

「관원」(官員)

함경남도병마절제사(咸鏡南道兵馬節制使)〈수군절도사(水軍節度使)를 겸한다. 중종(中宗) 4년(1509)에 수사(水使)를 겸하는 것을 없앴다가 다시 겸하게 하였다〉

중군(中軍)〈곧 병마우후(兵馬虞侯)이다〉

심약(審藥) 각 1명을 두었다.

【병마평사(兵馬評事)는 중종(中宗) 7년(1512)에 혁파하였다】

속영(屬營)〈전영(前營)은 홍원(洪原)에 있고, 좌영(左營)은 갑산(甲山)에 있으며, 중영(中

營)은 영흥(永興), 별중영(別中營)은 단천(端川), 우영(右營)은 삼수(三水), 후영(後營)은 덕원(德原)에 있다. ○진보(鎭堡) 11곳이 있다.

○장진포수(長津浦戍)〈읍치에서 남쪽으로 47리에 있다. 옛날에는 북청부의 선졸(船卒)들이 방수하였다〉

『봉수』(烽燧)

육도(陸島)

불당(佛堂)〈읍치에서 남쪽으로 50리에 있다〉

산성(山城)〈중산사(中山社)에 있다〉

석이(石耳)〈보음사(甫音社)에 있다〉

자라이(者羅耳)〈읍치에서 북쪽으로 25리에 있다〉

사을이(沙乙耳)〈읍치에서 북쪽으로 40리에 있다〉

이동(梨洞)〈읍치에서 북쪽으로 70리에 있다〉

후치령(厚致嶺)

허화이령(虛火耳嶺)

마저령(馬底嶺)이 있다.

『창고』(倉庫)

창(倉)이 6곳이고, 고(庫)가 6곳이다.〈모두 성 안에 있다〉

거산창(居山倉)

적진창(赤津倉)〈침해대(沈海臺)에 있다〉

해창(海倉)〈장진(長津)에 있다〉

이진창(耳津倉)

양화창(陽化倉)〈소양화(小陽化)에 있다〉

육도창(陸島倉)〈이상 6곳의 창고는 해변에 있다〉

평포창(平浦倉)

차서창(車書倉)

성대창(聖代倉)

삼기창(三岐倉)〈이곡(泥谷)에 있다〉

제인창(濟仁倉)

파산창(坡山倉)이 있다.

『역참』(驛站)

거산도(居山道)〈읍치에서 동쪽으로 55리에 있다. ○찰방(察訪) 겸 별중사(別中司) 1명을 이원현(利原縣)의 시리역(施利驛)으로 옮겨 두었다〉

오천역(五川驛)〈읍치에서 남쪽으로 2리에 있다〉

자항역(慈航驛)〈읍치에서 북쪽으로 45리에 있다〉

제인역(濟仁驛)〈읍치에서 북쪽으로 75리에 있다〉

황수역(黃水驛)〈읍치에서 북쪽으로 140리에 있다〉

「보발」(步撥)

구원기참(舊院基站)·오천참(五川站)·대현참(大峴站)·제인참(濟仁站)·황수참(黃水站)이 있다.

『교량』(橋梁)

남대천교(南大川橋)〈읍치에서 서남쪽으로 5리에 있다〉

어은탄교(魚隱灘橋)〈읍치에서 북쪽으로 30리에 있다〉

장항교(獐項橋)〈읍치에서 북쪽으로 40리에 있다〉

『토산』(土産)

석이버섯[석심(石蕈)]·송이버섯[송심(松蕈)]·참버섯[진심(眞蕈)]·오미자·벌꿀[봉밀(蜂蜜)]·잣[해송자[(海松子)]·자초(紫草)·옷[칠(漆)]·철·노랑가슴담비[초서(貂鼠)]·수달·미역·소금·살조개·전복·소라·해삼·홍합, 어물 26종이 난다.

『사원』(祠院)

노덕서원(老德書院)〈인조(仁祖) 정묘년(1627)에 건립하였고, 숙종(肅宗) 정묘년(1687)에 사액받았다〉

이항복(李恒福)〈포천(抱川) 조에 나와 있다〉

김덕함(金德諴)〈사천(泗川) 조에 나와 있다〉

정홍익(鄭弘翼)〈자는 익지(翼之)이고, 호는 휴헌(休軒)으로, 동래(東萊) 사람이다. 벼슬은 부제학(副提學)을 지냈고, 이조판서(吏曹判書)로 추증되었다. 시호는 충정(忠貞)이다〉

민정중(閔鼎重)〈양주(楊州) 조에 나와 있다〉

오두인(吳斗寅)〈파주(坡州) 조에 나와 있다〉

이상진(李尙眞)〈자는 천득(天得)이고 호는 만암(晩菴)으로, 금의(金義) 사람이다. 벼슬은 우의정(右議政)을 지냈고 시호는 충정(忠貞)이다〉

오도일(吳道一)〈자는 관지(貫之)이고 호는 서파(西坡)로, 해주(海州) 사람이다. 벼슬은 병조판서(兵曹判書)를 지냈고 문형(文衡)을 맡았으며, 좌찬성(左贊成)으로 추증되었다〉

『누정』(樓亭)

장북루(壯北樓)가 있다.

『전고』(典故)

고려 공민왕(恭愍王) 11년(1362)에 원나라 행성 승상(行省丞相) 납합출(納哈出)이 심양(審陽)에 살고 있을 때에 조소생(趙小生)이 납합출을 유인하여 삼살홀면(三撒忽面)의 땅으로 들어가 노략질하므로, 동북면도지휘사(東北面都指揮使) 정휘(鄭暉)가 여러 차례 싸웠으나 패전하자 우리 태조(太祖)를 파견하여 그들을 막았다.〈함흥(咸興) 조에 나와 있다〉 왜적이 북청(北靑)을 노략질하였다. 우왕(禑王) 10년(1384)에 요동도사(遼東都司)가 여진의 천호(千戶)인 백파파산(白把把山)을 파견하니, 70여 기(騎)를 거느리고 급히 북청주(北靑州)에 이르렀다. 만호(萬戶) 김득경(金得卿)이 밤을 틈타 그 영(營)에 불지르고 공격하여 40명을 목베었다. 파파산은 도망쳐 돌아갔다.

○조선 세조(世祖) 12년(1466)에 전 회령부사(會寧府使) 이시애(李施愛)가 군사 반란을 일으키자, 4도도총사(四道都摠使) 구성군(龜城君) 준(浚) 및 어유소(魚有沼)·강순(康純) 등이 홍원(洪原)에서 크게 싸우고 또 북청에서 전투하고 또 만령(蔓嶺)에서 전투하여, 이시애가 패하여 달아나 포로 속으로 들어가려 하였는데, 길주(吉州) 사람 허유례(許惟禮)가 적도들을 유인하여 결박해서 군막 앞으로 보내 목을 베었다.〈명천(明川) 조에 나와 있다〉

9. 홍원현(洪原縣)

『연혁』(沿革)

옛날에는 홍긍(洪肯)이라 일컬었다. 고려 공민왕(恭愍王) 5년(1279)에 수복하였다. 뒤에 비로소 홍헌현 감무(洪獻縣監務)를 두었다. 조선 태조(太祖) 7년(1398)에 홍원(洪原)으로 고치고 함흥부에 소속시켰다. 태종(太宗) 2년(1402)에 쪼개어 현령(縣令)을 두었다. 얼마 안 있어 함흥에 환속하였다. 세종(世宗) 15년(1433)에 다시 현감을 두고, 신익사(新翼社)에 읍을 두었다가, 같은 왕 20년에 지금의 읍치로 옮겼다.

「관원」(官員)

현감(縣監)〈북청진관병마절제도위(北靑鎭管兵馬節制都尉)·전영장(前營將)·토포사(討捕使)를 겸한다〉

『방면』(坊面)

신익사(新翼社)〈읍치에서 시작하여 남쪽으로 10리에서 끝난다〉

노동사(蘆洞社)〈읍치에서 서쪽으로 30리에 있다〉

부민사(富民社)〈읍치에서 서북쪽으로 30리에 있다〉

호현사(好賢社)〈읍치에서 북쪽으로 90리에 있다〉

경포사(景浦社)〈읍치에서 동쪽으로 20리에 있다〉

용원사(龍原社)〈동쪽으로 40리에 있다〉

『산수』(山水)

학산(鶴山)〈읍치에서 동쪽으로 7리에 있다〉

두무산(豆無山)〈읍치에서 북쪽으로 70리에 있고, 함흥과 경계를 이룬다. 은적사(隱寂寺)·사자항(獅子項)·수각교(水閣橋)·용진교(龍津橋)가 있는데 꽤 그윽하여 유람하고 완상할만한 곳이다〉

황가라산(黃加羅山)〈읍치에서 동쪽으로 30리의 해변에 있다〉

향파산(香坡山)〈옛날에는 묘봉(妙峯)으로 일컬었다. 읍치에서 북쪽으로 90리에 있고, 북청과 경계를 이룬다. 두솔사(兜率寺)·광흥사(廣興寺)가 있다. 높이가 하늘로 치솟았고 굽어보

면, 푸른 바다에 임해 있다〉

조포산(照浦山)〈혹은 용와산(龍臥山)이라 한다. 읍치에서 동쪽으로 20리에 있다〉

영각산(靈覺山)〈읍치에서 동쪽으로 40리에 있다. 보문암(普門庵)·화장암(華藏庵)이 있다〉 중봉(中峯)〈읍치에서 북쪽으로 50리에 있다〉

윤소덕(尹所德)〈읍치에서 동쪽으로 20리에 있다〉

달단동(韃靼洞)〈읍치에서 서남쪽으로 30리에 있다. 깊은 계곡 가운데에 흥복암(興福庵)이 있다〉

직동(直洞)〈읍치에서 북쪽으로 40리에 있다〉

「영로」(嶺路)

함관령(咸關嶺)〈읍치에서 서쪽으로 30리에 있다. 고개길은 가파르며 암반과 계곡이 깊고 위험하다. 영(嶺) 밑의 서쪽 계곡 가운데는 영천암(靈泉庵)·은선암(隱仙庵)의 2개의 암자가 있다. 태조(太祖)가 이곳에서 납합출(納哈出)을 크게 격파하였는데, 함흥 조에 상세히 나와 있다〉

차유령(車踰嶺)〈읍치에서 서쪽으로 40리에 있다. 함흥 덕산동(德山洞)으로 통하는데, 지금은 폐지되었다〉

곱돌령(古邑乭嶺)〈읍치에서 서쪽으로 45리에 있다〉

중대암령(中臺岩嶺)〈읍치에서 서쪽으로 30리에 있다〉

용림령(龍林嶺)〈읍치에서 서북쪽으로 50리에 있다. 이상의 3곳의 영(嶺)은 좁은 길이다. 또 북청(北青) 조에 나와 있다〉

송동령(松洞嶺)〈읍치에서 서남쪽으로 50리에 있다〉

나흘내령(羅屹乃嶺)〈읍치에서 서남쪽으로 60리에 있다〉

창령(倉嶺)〈읍치에서 서남쪽으로 45리에 있다. 함흥의 퇴조사(退潮社)로 통한다〉

탄현(炭峴)〈읍치에서 서남쪽으로 70리에 있다. 함흥의 운전사(雲田社)로 통한다. 이상의 9곳의 영(嶺)은 함흥 조에 상세히 나와 있다〉

대문령(大門嶺)〈읍치에서 동쪽으로 30리에 있고, 북청으로 통하는 대로이다. 고려 우왕(禑王) 때 심덕부(沈德符)가 왜와 더불어 영(嶺)의 북쪽에서 전투를 벌여 패전하였다〉

무수령(茂樹嶺)〈읍치에서 동쪽으로 40리에 있고 북청과 경계를 이룬다〉

송현(松峴)〈읍치에서 동쪽으로 10리에 있는 대로이다〉

○해(海)〈읍치에서 남쪽으로 4리에 있다〉

서대천(西大川)〈혹은 신익천(新翼川)이라 한다. 두무산(豆蕪山)에서 발원하여 남쪽으로 흘러 오른쪽으로 차유령(車踰嶺)·용림령(龍林嶺)을 통과한 물이 현의 서쪽 5리를 경유하여 문암(門岩)에 이르러 바다로 들어간다. ○문암 남쪽 10리의 해안에 석벽이 서 있는 모습이 문과 같다〉

동대천(東大川)〈혹은 요원수(要原水)라 하고, 혹은 용원천(龍原川)이라 한다. 읍치에서 동쪽으로 35리에 있다. 향파산(香坡山)에서 발원하여 남쪽으로 흘러 북청(北靑)의 차서사(車書社)·주회사(住會社)의 2사(社)를 경유하여 이포(耳浦)에 이른다. 오른쪽으로 조포산(照浦山) 회곡(回谷)의 물을 지나 황가라산(黃加羅山)을 경유하여 바다로 들어가는데, 북청과 홍원 2읍의 교차하는 곳이 된다〉

번포(翻浦)〈읍치에서 남쪽으로 40리의 저택(瀦澤)에 있다. 둘레는 60리이다. 용굴(龍窟)이 있다〉

회곡수(回谷水)〈조포산(照浦山)에서 발원하여 돌면서 흐르고 동쪽으로 흘러 동대천(東大川)으로 들어간다〉

「도서」(島嶼)

마양도(馬養島)〈혹은 마랑이도(馬郎耳島)라고 한다. 읍치에서 동쪽으로 60리 떨어져 있다. 북청(北靑)의 육도(陸島) 동쪽이다. 둘레는 90리이다. 거주민들은 부유하고 번화롭다. 오로지 어업과 염업에 종사한다〉

천도(穿島)〈혹은 천곶(穿串)이라 한다. 읍치에서 남쪽으로 5리에 있다. 그 구멍이 서로 통한다. 그 위는 과녁을 세워놓고 활을 쏠 수 있겠다〉

【제언(堤堰)이 2곳 있다】

『성지』(城池)

읍성(邑城)〈둘레는 861보이다. 동남쪽에 2개의 문이 있고, 우물이 2곳 있다〉

요원고성(要原古城)〈읍치에서 동쪽으로 30리에 있다. 둘레는 984자이다〉

대문관(大門關)〈조포산의 한 갈래가 서쪽에서 동쪽으로 뻗어 있고 또 남쪽으로 구불구불 뻗어 바다에 이르러 멈춰 숨는다. 영(嶺)에는 성이 있고, 성에는 3개의 문이 있어 통행로로 쓰이는데, 서쪽의 것을 대문(大門)이라 하고, 가운데 것을 중문(中門)이라 하며, 남쪽의 것을 석문(石門)이라 한다. 석문은 바닷가에 있다. 3문의 서로간의 거리는 모두 3리이다〉

『영아』(營衙)

전영(前營)〈숙종(肅宗) 6년(1680)에 설치하였다. ○전영장(前營將)은 본부사(本府使)가 겸하였다. ○속읍은 북청·홍원·이원이다〉

『봉수』(烽燧)

남산(南山)〈읍치에서 남쪽으로 3리에 있다〉

『창고』(倉庫)

읍창(邑倉)〈읍 안에 있다〉

부민창(富民倉)〈읍치에서 서북쪽으로 20리에 있다〉

산창(山倉)〈읍치에서 북쪽으로 50리에 있다〉

해창(海倉)〈읍치에서 동쪽으로 20리에 있다〉

요진창(要津倉)〈읍치에서 동쪽으로 35리에 있다〉

교제창(交濟倉)〈읍치에서 동쪽으로 5리에 있다〉

호현창(好賢倉)〈호현사(好賢社)에 있다〉

『역참』(驛站)

함원역(咸原驛)〈읍치에서 서쪽으로 25리에 있다〉

신은역(新恩驛)〈읍치에서 서쪽으로 4리에 있다〉

평포역(平浦驛)〈읍치에서 동쪽으로 40리에 있다〉

「보발」(步撥)

신은참(新恩站)·대문참(大門站)이 있다.

『목장』(牧場)

마양도장(馬養島場)〈함흥감목(咸興監牧)에 속해 있다〉

『진도』(津渡)

방어진(魴魚津)〈읍치에서 동쪽으로 5리에 있다〉

우간진(右看津)〈읍치에서 동쪽으로 20리에 있다〉

요진(要津)〈읍치에서 동쪽으로 30리에 있다. 이상은 연해에 있는 작은 진(津)이다〉

『교량』(橋梁)

서수교(西水橋)〈서대천(西大川)에 있다〉

몽상교(夢尙橋)〈읍치에서 동쪽으로 10리에 있다〉

차수교(車水橋)〈동대천(東大川)에 있다〉

낙민교(樂民橋)〈읍치에서 동쪽으로 60리의 해변에 있다. 마양도(馬養島)에 들어가려면 이곳을 지나야 한다〉

『토산』(土産)

잣[해송자(海松子)]·오미자·자초(紫草)·솟돌[정석(鼎石)]〈차유령(車踰嶺)에서 난다〉·노랑가슴담비[초서(貂鼠)]·수달·미역·소금·살조개·전복·홍합·해삼·문어·고리마(古里馬), 이밖에 어물 18종이 난다〉

『장시』(場市)

읍내 장날은 5일과 10일이고, 영공대(靈公臺) 장날은 1일과 6일이다.

『전고』(典故)

고려 공민왕(恭愍王) 11년(1362)에 납합출(納哈出)이 침략하여 노략질하자, 우리 태조가 달단동(韃靼洞)에서 납합출을 크게 격파하였다.〈함흥 조에 상세히 나와 있다〉 우왕(禑王) 11년(1385)에 왜구가 홍원(洪原)을 노략질하였다.

10. 이원현(利原縣)

『연혁』(沿革)

옛날에는 시리(時利)로 일컬었다. 고려 공민왕(恭愍王) 때 복주(福州)〈지금의 단천(端川)

이다〉에 소속되었다. 조선 세종(世宗) 18년(1436)에 단천의 마운령(摩雲嶺) 이남의 시간사(時間社)와 시리사(施利社)의 2사 및 북청의 동쪽 경계인 다보사(多寶社) 이북 등의 땅을 분할하여 이성현(利城縣)을 두었다. 정조(正祖) 조에 이원(利原)으로 고쳤다〉

「읍호」(邑號)

아사(阿沙)〈『용비어천가(龍飛御天歌)』에 나와 있다〉·관성(觀城)이다.

「관원」(官員)

현감(縣監)〈북청진관병마절제도위(北青鎭管兵馬節制都尉)를 겸하였다〉 1명을 두었다.

『방면』(坊面)

다보사(多寶社)〈읍치에서 시작하여 서남쪽으로 30리에서 끝난다〉

시간사(時間社)〈읍치에서 시작하여 동쪽으로 4리에서 끝난다〉

시리사(施利社)〈읍치에서 시작하여 서쪽으로 40리에서 끝난다〉

『산수』(山水)

성산(城山)〈읍치에서 서쪽으로 8리에 있다〉

진산(鎭山)〈읍치에서 서쪽으로 20리에 있다〉

영취산(靈鷲山)〈읍치에서 서쪽으로 15리에 있다. 암반과 절벽이 가파르다〉

회산(檜山)〈읍치에서 서쪽으로 40리에 있고, 북청과 경계를 이룬다〉

오봉산(五峯山)〈읍치에서 북쪽으로 15리에 있다〉

운달산(雲達山)〈읍치에서 북쪽으로 16리에 있다〉

다보산(多寶山)〈읍치에서 서남쪽으로 25리에 있는데, 기암이 치솟아 있다. ○다보암(多寶庵)이 있다〉

만덕산(萬德山)〈읍치에서 동쪽으로 20리에 있다. ○복흥사(福興寺) 칠성암(七星岩)이 있다. 또 다보탑(多寶塔)과 비(碑)가 있다〉

문성암(文星岩)〈읍치에서 동쪽으로 30리의 해변에 있다. 돌의 형세가 중첩되어 있다〉

시중대(侍中臺)〈읍치에서 서남쪽으로 30리의 해변 자외포(者外浦)의 서쪽에 있다. 북청 조에 자세히 나와 있다〉

【소덕(蔬德)은 읍치에서 북쪽으로 15리에 있다】

「영로」(嶺路)

만령(蔓嶺)〈읍치에서 서남쪽으로 35리에 있다〉

화항령(火項嶺)〈읍치에서 서쪽으로 20리에 있다〉

궐파령(蕨坡嶺)〈읍치에서 서북쪽으로 35리에 있다. 갑산으로 통한다. 이상은 북청과의 경계이다〉

마운령(摩雲嶺)〈읍치에서 동북쪽으로 35리에 있고, 단천(端川)과 경계를 이루는 대로이다〉

장진현(長津峴)〈읍치에서 마운령 남쪽 갈래이다. 읍치에서 동쪽으로 30리에 있다. 단천의 농소동(農所洞)으로 통하는 소로이다〉

성현(城峴)〈읍치에서 동쪽으로 35리에 있다. 단천 박가엄동(朴可奄洞)으로 통한다. 평탄하여 높지 않은 중로(中路)이다〉

좌역령(左驛嶺)〈읍치에서 동북쪽으로 35리에 있다. 단천으로 통하는 중로(中路)이다〉

송추령(松楸嶺)〈읍치에서 북쪽으로 25리에 있다〉

하전령(下田嶺)〈읍치에서 북쪽으로 25리에 있다〉

범색령(凡色嶺)〈읍치에서 서북쪽으로 30리에 있다. 이상의 3영(嶺)은 지금은 폐지되었고, 이상 7영은 단천에 있다〉

이덕령(梨德嶺)〈읍치에서 서북쪽으로 40리에 있다〉

○해(海)〈읍치에서 남쪽으로 5리에 있다〉

남대천(南大川)〈읍치에서 남쪽으로 3리에 있다. 회산(檜山)과 궐파령(蕨坡嶺)·범색령(凡色嶺)·화항령(火項嶺) 등에서 나와 동남쪽으로 흘러 바다로 들어간다〉

동대천(東大川)〈읍치에서 동쪽에서 30리에 있다. 이덕령(梨德嶺)에서 발원하여 동쪽으로 흘러 좌역(佐驛) 곡구(谷口)의 평야를 지나 남쪽으로 흘러 바다로 들어간다〉

자외포(者外浦)〈읍치에서 서남쪽으로 30리에 있다〉

용포호(龍浦湖)〈읍치에서 동쪽으로 8리에 있다. 동쪽에는 쌍석대(雙石臺)가 있고, 앞에는 넓은 바다와 임하고 있다〉

군선연(群仙淵)〈읍치에서 동쪽으로 13리에 있다〉

와룡담(臥龍潭)〈읍치에서 서쪽으로 20리에 있다〉

연지(蓮池)〈읍치에서 동쪽으로 15리에 있다〉

천곶(穿串)〈읍치에서 서남쪽으로 30리의 해변에 있다. 혹은 굴곶(窟串)이라 한다. 암반의

모습이 무지개문[홍문(虹門)]과 같다〉

【제언(堤堰)이 4곳 있다】

「도서」(島嶼)

가차도(加次島)〈읍치에서 동쪽으로 30리의 바다 가운데 있다. 단천의 난도(卵島)와 더불어 마주하고 있다〉

천초도(川椒島)〈읍치에서 남쪽으로 30리의 바다 가운데 있다. 천초(川椒)와 전복이 난다〉

형제암(兄弟岩)〈읍치에서 동쪽으로 23리에 있는 바다 섬이다. 크고 작은 것들이 마주하고 있다〉

진루암(蜃樓岩)〈읍치에서 동쪽으로 20리의 바다 가운데 있다〉

오갈암(烏曷岩)〈읍치에서 동쪽으로 20리의 바다 가운데 있다〉

『성지』(城池)

읍성(邑城)〈둘레는 3,026자이고, 우물이 3곳 있다〉

고성(古城)〈성산(城山)에 있다. 둘레는 995자이다〉

시간성(時間城)〈읍치에서 동쪽으로 25리에 있고, 둘레는 912자이다〉

마운령관(摩雲嶺關)〈옛날에 긴 성을 쌓았는데, 그 꼬리가 바다까지 이어졌다. 또한 문현(門峴)이라 이름지었는데, 그 다음에는 차례로 성현(城峴)과 장진현(長津峴)이라 하였다. 지금은 문이 있던 터만 남아 있다〉

『봉수』(烽燧)

성문(城門)〈성현(城峴) 위에 있다〉

진조봉(眞鳥峯)〈읍치에서 남쪽으로 10리에 바다와 임해 있다〉

『창고』(倉庫)

읍창(邑倉)〈읍 안에 있다〉

곡구창(谷口倉)〈역 옆에 있다〉

남창(南倉)〈읍치에서 남쪽으로 10리의 해변에 있다〉

서창(西倉)〈읍치에서 서쪽으로 10리에 있다〉

교제창(交濟倉)〈자외포(者外浦)에 있다. 영조(英祖) 임술년(1742)에 설치하였다〉

『역참』(驛站)

시리역(施利驛)〈읍치에서 남쪽으로 5리에 있다. ○거산 찰방(居山察訪)이 이곳으로 이주하였다〉

곡구역(谷口驛)〈읍치에서 동쪽으로 30리에 있다〉

「보발」(步撥)

나하동참(羅下洞站)〈읍치에서 서남쪽으로 30리에 있다〉

시리참(施利站)

곡구참(谷口站)

『교량』(橋梁)

남천교(南川橋)〈읍치에서 남쪽으로 4리에 있다〉

우계교(牛溪橋)〈읍치에서 동쪽으로 7리에 있다〉

동천교(東川橋)〈읍치에서 동쪽으로 30리에 있다〉

원교(院橋)〈읍치에서 남쪽으로 17리에 있다〉

『토산』(土產)

철·옻[칠(漆)]·오미자·자초(紫草)·노랑가슴담비[초서(貂鼠)]·수달·미역[곽(藿)]·소금[염(鹽)]·다시마[다사마(多士麻)]·석이버섯[석심(石蕈)]·벌꿀[봉밀(蜂蜜)]·살조개[강요주(江瑤柱)]·홍합·문어(文魚)·전복·해삼, 이 밖에 어물 15종이 난다.

『누정』(樓亭)

호호정(浩浩亭)〈동쪽으로 넓은 바다를 바라보고, 앞에는 평야가 임해 있다〉

월파정(月波亭)〈시리사(施利社)에 있다〉

사무루(使無樓)

동송정(東松亭)

남송정(南松亭)〈읍치에서 동남쪽으로 6~7리에 있다. 소나무 숲이 3~4리를 뻗어 있다. 바

다가 소나무 두둑과 붙어 있다〉

11. 단천도호부(端川都護府)

여진의 오림금촌(吳林金村)이었다. 고려 예종(睿宗) 2년(1107)에 여진을 공격하여 물리쳤고,〈성랑(城廊) 774칸을 쌓았다〉 같은 왕 3년(1108)에 복주방어사(福州防禦使)를 두어, 〈7,000호를 두었다〉 동계에 예속시켰으며, 같은 왕 4년(1109)에 성을 철폐하고, 여진에 돌려주었다. 얼마 안 있어 금(金)나라(1115년 건국하여 1234년에 망했다/역자주)의 전 강토가 되었다. 고려 고종(高宗) 때 원나라의 수중에 들어갔는데, 독로올(禿魯兀)이라 일컬었다. 공민왕(恭愍王) 5년(1356)에 수복하였다. 우왕(禑王) 8년(1382)에 단주안무사(端州按撫使)로 고쳐 두었다. 조선 태조 7년(1398)에 지단주사(知端州使)로 고쳤다. 태종(太宗) 13년(1413)에 단천군수(端川郡守)로 고쳤다. 숙종(肅宗) 46년(1720)에 도호부(都護附)로 승격하여 독진(獨鎭)으로 삼았다.〈옛날의 단주(端州)는 읍치에서 서쪽으로 13리의 하다리(何多里)였다〉

「읍호」(邑號)

증산(甑山)이다.

「관원」(官員)

도호부사(都護府使)〈단천진병마첨절제사(端川鎭兵馬僉節制使)·별중영장(別中營將)·협수장(協守將)·감목관(監牧官)을 겸하였다〉 1명을 두었다〉

『방면』(坊面)

이상사(利上社)〈읍치에서 동쪽으로 30리에 있다〉

이하사(利下社)〈읍치에서 동쪽으로 50리에 있다〉

두일사(斗日社)〈읍치에서 북쪽으로 180리에 있다〉

하다사(何多社)〈읍치에서 서쪽으로 20리에 있다〉

마암사(馬岩社)〈읍치에서 서쪽으로 40리에 있다〉

파도사(波道社)〈읍치에서 북쪽으로 200리에 있다〉

복귀사(福貴社)〈읍치에서 서쪽으로 100리에 있다〉

수상사(水上社)〈읍치에서 서북쪽으로 230리에 있다〉

수하사(水下社)〈읍치에서 서북쪽으로 100리에 있다〉

고만사(高滿社)〈읍치에서 동쪽으로 70리에 있다〉

광천사(廣川社)

신안사(新安社)〈읍치에서 서북쪽으로 110리에 있다〉

신만사(新滿社)

『산수』(山水)

도덕산(道德山)〈읍치에서 서쪽으로 23리에 있다〉

천봉산(天鳳山)〈읍치에서 서쪽으로 26리에 있다〉

오봉산(五峯山)〈읍치에서 서남쪽으로 30리에 있다〉

회산(廻山)〈읍치에서 남쪽으로 15리에 있다〉

덕응주산(德應州山)〈읍치에서 북쪽으로 20리에 있다〉

운주산(雲住山)〈혹은 도라화산(都羅和山)이라고 한다. 읍치에서 북쪽으로 10리에 있다〉

토라산(吐羅山)〈한쪽은 읍치에서 북쪽으로 190리의 올족창(乭足倉)의 북서쪽에 있어, 검의덕(檢義德) 30리에 이르며, 한쪽은 읍치에서 서북쪽으로 100리의 가퇴산(加堆山) 북쪽에 있다〉

개화산(開花山)〈읍치에서 북쪽으로 100리에 있다〉

연화산(蓮華山)〈북쪽으로 30리에 있다〉

오봉산(五峯山)〈읍치에서 동쪽으로 30리에 있다. ○화장사(華藏寺)가 있다〉

가퇴산(加堆山)〈읍치에서 서북쪽으로 100리에 있다〉

봉학산(鳳鶴山)〈읍치에서 동쪽으로 60리에 있다〉

현덕산(懸德山)〈읍치에서 북쪽으로 40리에 있다. 산꼭대기는 평평하고 넓어 대(臺)를 설치해 놓은 것 같다. 4면이 높고 가파라서 성(城)과 같다. 한쪽 모퉁이는 겨우 사람이 지나다닐 수 있을 정도이다. ○은선사(隱仙寺)가 있다〉

천추산(天樞山)〈읍치에서 서북쪽으로 90리에 있다〉

백련산(白蓮山)〈읍치에서 서쪽으로 60리에 있다〉

두리산(豆里山)〈읍치에서 북쪽으로 200여 리에 있다. 길주(吉州)와 경계를 이룬다〉

성대산(聖代山)〈읍치에서 서쪽으로 150리에 있다. 북청(北靑)과 경계를 이룬다〉

증산(甑山)〈한쪽은 읍치에서 서쪽으로 2리에 있고, 한쪽은 읍치에서 북쪽으로 100리, 한쪽은 읍치에서 북쪽으로 200리에 있다〉

응봉(鷹峯)〈읍치에서 북쪽으로 200여 리에 있다〉

고소봉(姑蘇峯)·삼봉(杉峯)〈모두 읍치에서 서북쪽으로 80리에 있다〉

허항장곡(虛項長谷)〈읍치에서 서쪽으로 55리에 있다〉

신동장곡(新洞長谷)〈읍치에서 서쪽으로 80리에 있다〉

검의덕(檢義德)〈읍치에서 북쪽으로 115리에 있다. 올족(乶足)에서 서쪽으로 20리이다〉

가덕(加德)〈읍치에서 북쪽으로 110리에 있다〉

조룡덕(祖龍德)〈읍치에서 서쪽으로 100리에 있다〉

추덕(楸德)〈읍치에서 서쪽으로 60리에 있다〉

오덕(鰲德)〈읍치에서 북쪽으로 15리에 있다〉

여리덕(汝利德)〈읍치에서 북쪽으로 45리에 있다〉

금부이덕(金富已德)〈읍치에서 북쪽으로 60리에 있다〉

소덕동(蔬德洞)〈읍치에서 북쪽으로 140리에 있다〉

어배동(魚背洞)〈읍치에서 북쪽으로 87리에 있다〉

이동(梨洞)〈읍치에서 북쪽으로 60리에 있다〉

강상동(降祥洞)〈읍치에서 서쪽으로 90리에 있다. 은이 난다〉

은룡덕(隱龍德)〈읍치에서 북쪽으로 160리에 있다〉

홍군파(紅軍坡)〈읍치에서 북쪽으로 130리에 있다〉

여기평(女妓坪)〈읍치에서 북쪽으로 180리에 있다〉

쌍룡평(雙龍坪)〈읍치에서 서쪽으로 30리에 있다〉

두언태평(豆彦台坪)〈읍치에서 남쪽으로 15리에 있다〉

유선대(遊仙臺)〈읍치에서 남쪽으로 30리의 해변에 있다. 한 봉우리는 툭 튀어나온 것이 높고 가파르다〉

해망대(海望臺)〈읍치에서 동쪽으로 60리에 있고, 길주(吉州)와 경계를 이룬다. 바다와 임하여 높이 솟아 있다. 봉우리의 목덜미 쪽은 높고 평평하여 수백 명이 앉자 계곡을 내려다 볼 수 있다〉

백사정(白沙汀)〈읍치에서 남쪽으로 15리의 해변에 있다. 하얀 모래가 바람에 휩쓸려 봉우리를 이룬다〉

송전(松田)〈읍치에서 남쪽으로 10리의 해변에 있다. 길이가 5리이다〉

【송전(松田)이 있다】

「영로」(嶺路)

마운령(摩雲嶺)〈읍치에서 서남쪽으로 30리의 대로에 있다〉

【마운령의 옛날 이름은 둘외령(乭外嶺)이다. 깎아지른 낭떠러지가 굽이굽이다】

장진현(長津峴)〈읍치에서 서남쪽으로 40리에 있다. 마운령 아래쪽 7리이다. 이원(利原)의 정동리(貞洞里)로 통한다〉

좌역령(佐驛嶺)〈읍치에서 서쪽으로 40리에 있다. 마운령 위쪽 20리이다. 이원의 정동리(貞洞里)로 통한다〉

성현(城峴)〈읍치에서 서쪽으로 60리에 있다. 좌역령 위쪽 20리이다. 정동리로 통한다〉

송추령(松楸嶺)〈읍치에서 서쪽으로 70리에 있다. 성현 위쪽 15리이다. 이원의 화동리(禾洞里)로 통한다〉

하전령(下田嶺)〈읍치에서 서쪽으로 90리에 있다. 송추(松楸) 위쪽 20리이다. 이원의 이덕리(梨德里)로 통한다〉

범색령(凡色嶺)〈읍치에서 서쪽으로 110리에 있다. 하전령 위쪽 20리이다. 이덕리로 통한다. 이상의 2곳은 지금은 폐지되었다〉

이덕령(梨德嶺)〈읍치에서 서쪽으로 120리이다. 범색령 위쪽 15리이다. 이상 8곳은 이원과의 경계이다. 이원 조에 상세히 나와 있다〉

마아령(馬兒嶺)〈읍치에서 서쪽으로 120리에 있다. 이덕령(梨德嶺) 위쪽 20리이다〉

조룡덕령(祖龍德嶺)

금창령(金昌嶺)〈읍치에서 서쪽으로 190리에 있다. 영(嶺)을 넘어 합쳐져서 한 길이 된다. 이상의 3곳은 북청(北青)의 성대사(聖代社)로 통한다〉

신동령(新洞嶺)〈읍치에서 북쪽으로 65리에 있다. 사리덕령(沙里德嶺)을 경유하여 황토기보(黃土岐堡)에 다다르고, 황토령(黃土嶺)을 거쳐 갑산(甲山)으로 통한다〉

복귀령(福貴嶺)〈읍치에서 남쪽으로 20리에 있다. 마운령에 이르는 대로이다〉

황토령(黃土嶺)〈읍치에서 서북쪽으로 250리에 있다. 갑산으로 통한다〉

조가령(趙哥嶺)〈읍치에서 서북쪽으로 200리에 있다〉

천수령(天水嶺)〈읍치에서 서북쪽으로 260리에 있다〉

괘산령(掛山嶺)〈읍치에서 서북쪽으로 280리에 있다〉

마등령(馬騰嶺)〈읍치에서 북쪽으로 285리에 있다. 이상의 5곳은 갑산과의 경계이다〉

구운령(驅雲嶺)〈읍치에서 북쪽으로 150리에 있다〉

전항령(箭項嶺)〈읍치에서 북쪽으로 140리에 있고, 매우 험하다. 이상의 2곳은 숭의폐보(崇義廢堡)의 남쪽이다〉

【응봉령(鷹峯嶺)은 읍치에서 북쪽으로 270리에 있다. 참도령(斬刀嶺)이 북쪽에 있다. 사발령(沙鉢嶺)이 북쪽에 있다】

곽령(藿嶺)〈읍치에서 북쪽으로 130리에 있다. 아래에는 돌구멍이 있고, 종유(鐘乳)가 난다. 구멍 입구에는 사람이 통행할 수 있도록 확보되어 있다. 80여 보를 가면 석벽을 잘 깎아서 집의 창틀을 만들어 놓은 것 같은데, 그 완연한 모습이 사람의 솜씨 같다. 모두 종유가 응결된 것이다〉

올족령(乯足嶺)〈읍치에서 북쪽으로 110리에 있다〉

사발령(沙鉢嶺)〈읍치에서 북쪽으로 100여 리에 있다. 서쪽으로 검의덕령(檢義德嶺) 너머 20리, 올족령(乯足嶺)에서 20리이다. 갑산(甲山)으로 통한다〉

검의덕령(檢義德嶺)〈읍치에서 북쪽으로 100여 리에 있다. 올족령(乯足嶺)의 동쪽에서 숭의보(崇義堡)까지는 50리인데, 그 사이에 이 영(嶺) 있다〉

갈파령(葛坡嶺)〈읍치에서 북쪽으로 120리에 있다. 판막령(板幕嶺) 위쪽 30리이다. 서쪽으로는 이동(梨洞)과 접하고 있으며, 길주(吉州)의 양자평(陽子坪)으로 통하는 중로(中路)이다〉

판막령(板幕嶺)〈읍치에서 북쪽으로 85리에 있다. 파령(坡嶺) 위쪽 10리이다〉

파령(坡嶺)〈읍치에서 동북쪽으로 80리에 있다. 소미령(昭美嶺) 위쪽 5리이다〉

소미령(昭美嶺)〈읍치에서 동북쪽으로 75리에 있다. 사각령(蛇角嶺) 위쪽 10리이다〉

사각령(蛇角嶺)〈읍치에서 동북쪽으로 75리에 있다. 방아령(防阿嶺) 위쪽 15리이다〉

방아령(防阿嶺)〈읍치에서 동북쪽으로 70리에 있다. 마천령(摩天嶺) 위쪽 25리이다. 이상의 5곳은 길주의 옥천동(玉泉洞)으로 통한다〉

마천령(摩天嶺)〈읍치에서 동북쪽으로 70리에 있다. 옛날에는 이르기를 이판령(伊板嶺)이라 하였는데, 장방령(長防嶺) 위쪽 25리이다. 길주로 통하는 대로이다. 마천령의 한 갈래는 매우 높고 한결같이 가파르며, 하늘이 천하의 요새인 금성(金城)을 내어 남북의 한계를 삼은 것 같다. 수목이 숲을 이루어 긴 골짜기를 막아 누르고 있어, 가히 매복하여 막아내고 지킬 수 있겠다〉

장방령(長防嶺)〈읍치에서 동북쪽으로 50리에 있다. 우지령(牛脂嶺) 위쪽 500리이다(오자인 듯함/역자주). 지금은 폐지되었다〉

우지령(牛脂嶺)〈읍치에서 동북쪽으로 45리에 있다. 롱덕령(籠德嶺) 위쪽 15리이다〉

롱덕령(籠德嶺)〈읍치에서 동쪽으로 40리에 있다. 사기령(沙器嶺) 위쪽 15리이다〉

사기령(沙器嶺)〈읍치에서 동쪽으로 45리에 있다. 동쪽으로 호타령(胡打嶺) 15리에 이르는 중로이다. 이상의 4곳은 길주 만춘동(晩春洞)으로 통한다〉

벌장포령(伐長浦嶺)〈읍치에서 동쪽으로 60리에 있다. 우지령의 아래쪽으로 30리의 요로(要路)이다. 영(嶺)의 남쪽으로부터 바다에 이르는 3리, 호타보(胡打堡) 동쪽으로부터 성진(城津)에 이르는 50리, 그 사이에 이 영이 있다. 이상의 12곳은 길주와 경계를 이룬다〉

○해(海)〈읍치에서 남쪽으로 15리에 있다〉

남대천(南大川)〈읍치에서 남쪽으로 2리에 있다. 두리산(豆里山)과 말금동(抹金洞)에서 발원하여 서쪽으로 흘러 쌍청동(雙淸洞)에 이르러 동쪽으로 꺾어지고, 슬고개(瑟古介)를 경유하여 남쪽으로 흘러 가덕천(加德川)을 지나 서쪽으로 꺾어지고, 증산(甑山)과 어배동(魚背洞)을 경유하고 또 동쪽으로 흘러 고성창(古城倉) 고소봉(姑蘇峯)을 경유하고 동남쪽으로 흘러서 부치(府治)의 남쪽을 경유하여, 오른쪽으로 복대천(福大川)을 통과하여 오갈암(烏曷岩)에 이르러 바다로 들어간다〉

복대천(福大川)〈읍치에서 서남쪽으로 10리에 있다. 가퇴산(加堆山)에서 발원하여 동남쪽으로 흘러 쌍용평(雙龍坪)을 경유하여 천추산(天樞山)과 백련산(白蓮山) 2곳의 산의 물과 만나서 남대천으로 들어간다〉

북대천(北大川)〈읍치에서 동북쪽으로 20리에 있다. 두리산과 참도령(斬刀嶺)·마등령(馬騰嶺) 두 곳의 영에서 발원하여 남쪽으로 흘러 쌍용평 구보(舊堡)의 왼쪽으로 갈파령(葛坡嶺)을 통과한다. 이하 7곳의 영(嶺)의 물이 서쪽으로 덕응주산(德應州山)의 남쪽을 경유하여 바다로 들어간다〉

용연(龍淵)〈읍치에서 남쪽으로 20리에 있다. 둘레는 15리이고, 깊이는 5~6장이며, 물의 색은 매우 검다. 곁에는 봉우리가 솟아나 있고, 평평한 모래는 명주 같이 희다〉

문연(門淵)〈읍치에서 동쪽으로 5리에 있다. 둘레는 10리이다〉

감탕구미진(甘湯仇未津)〈읍치에서 동쪽으로 7리에 있다〉

여해곶진(汝海串津)〈읍치에서 동쪽으로 15리에 있다〉

쌍성진(雙城津)〈읍치에서 동쪽으로 30리에 있다〉

이포진(梨浦津)〈읍치에서 동쪽으로 35리에 있다〉

장항진(獐項津)〈혹은 사포진(射浦津)이라 하였다. 읍치에서 동쪽으로 40리에 있다〉

오라퇴진(吾羅堆津)〈읍치에서 동쪽으로 50리에 있다〉

호례진(胡禮津)〈읍치에서 동쪽으로 56리에 있다〉

호타리진(胡打里津)〈읍치에서 동쪽으로 60리에 있다〉

사비대진(沙飛大津)〈읍치에서 남쪽으로 15리에 있다〉

농소동진(農所洞津)〈읍치에서 서동쪽으로 40리에 있다. 이원(利原)과 경계를 이룬다〉

「도서」(島嶼)

난도(卵島)〈읍치에서 동남쪽으로 20리에 있다. 물새가 이곳에 들어가 알을 기른다〉

오갈암(烏葛岩)〈읍치에서 남쪽으로 13리의 남대천이 바다로 들어가는 입구에 있는데, 그 모습이 돛과 같다. 물 짐승들이 그 위에 떼를 지어 모여든다〉

【제언(堤堰)이 4곳 있다】

『형승』(形勝)

동쪽으로는 큰 영(嶺)이 막고 있고, 남쪽으로는 물결치는 바다를 두르고 있어, 영(嶺) 북쪽 10곳의 진(鎭)이 모이는 길이 되었다. 천산(千山)이 뻗쳐 있고 삼천(三川)이 바삐 흐르며, 땅에는 거친 모래 섬이 많고 깊고 험한 계곡이 바다에 연해 있으며 사이에는 들판이 있다.

『성지』(城池)

읍성(邑城)〈조선 세종(世宗) 31년(1449)에 쌓았고, 영조(英祖) 9년(1733)에 고쳐 쌓았다. 둘레는 1,948길 9자이고, 문이 3곳 있으며, 포루가 6곳, 우물이 8곳 있다〉

도덕산고성(道德山古城)〈둘레가 3,928자이다〉

덕응주산고성(德應州山古城)〈둘레가 2,071자이다. 큰 못이 있다〉

인연현고성(因緣峴古城)〈읍치에서 서쪽으로 40리에 있고, 둘레가 2,098자이다〉

고영회산성(古營回山城)〈읍치에서 남쪽으로 7리에 있고, 둘레가 2,098자이다〉

보이현고성(甫耳峴古城)〈읍치에서 남쪽으로 15리에 있고, 둘레가 968자이다〉

노동고성(路洞古城)〈읍치에서 남쪽으로 35리에 있고, 둘레가 737자이다. ○노동 소첩(小疊)은 읍치에서 남쪽으로 30리에 있다〉

마곡참소루(麻谷站小壘)〈읍치에서 동북쪽으로 50리에 있다. 이상의 2루는 세조(世祖) 정해년(1467)에 이시애(李施愛)를 정벌할 때 쌓은 것이다〉

『영아』(營衙)

별중영(別中營)〈숙종(肅宗) 조 때 설치하였다. ○별중영장(別中營將)은 본 부사가 겸하였다. ○속읍은 단천이고, 속진은 이동진(梨洞鎭)·별중진(別中鎭)·사거진(司居鎭)·산도진(山道鎭)이다〉

『진보』(鎭堡)

이동진(梨洞鎭)〈읍치에서 북쪽으로 90리에 있다. 선조(宣祖) 41년(1608)에 숭의보(崇義堡)를 이동으로 옮겼기 때문에 이동진으로 일컬었다. 영조 21년(1745)에 호타리보(胡打里堡)를 혁파하여 합쳤다. 성의 둘레는 467자이다. ○병마만호(兵馬萬戶) 1명을 두었다〉

「혁폐」(革廢)

올족보(乭足堡)〈읍치에서 북쪽으로 100리에 있다. 성의 둘레는 860자이다. 홍원(洪原)의 군졸을 시켜 지키도록 하였다. 중종(中宗) 24년(1529)에 구보(舊堡)에서 북쪽으로 60리 지점으로 옮겼다. 성의 둘레는 1,800자이다. 병마만호를 두었다. 경종(景宗) 3년(1723)에 호타리(胡打里)로 옮겨 설치하였다〉

쌍청보(雙靑堡)〈읍치에서 서북쪽으로 106리에 있다. 성종(成宗) 19년(1488)에 성을 쌓았다. 둘레가 1,382자이다. 홍원의 군졸을 시켜 지키도록 하였다. 연산군(燕山君) 8년(1502)에 구보 서쪽 90리로 옮겨 성을 쌓았는데, 둘레는 843자이다. 권관(權管)을 두었다. 뒤에 또 갑산(甲山) 지경으로 옮겼다. 동남쪽으로 부치(府治)와의 거리는 230리이고, 동쪽으로 올족(乭足)과의 거리는 100리이다〉

증산보(甑山堡)〈읍치에서 서북쪽으로 190리에 있다. 중종(中宗) 23년(1528)에 권관을 두었다가 뒤에 혁파하였다〉

호타리보(胡打里堡)〈읍치에서 동쪽으로 60리에 있다. 경종(景宗) 3년(1723)에 올족보(乭

足堡)를 이곳으로 옮겼다. 성의 둘레는 1,040자이다. 영조(英祖) 21년(1745)에 혁파하고 이동진(梨洞鎭)에 소속시켰다. ○은룡덕(隱龍德) 화저(火底)는 구보(舊堡) 30리로부터 서쪽으로 마등령(馬騰嶺)까지는 40리, 검의령(檢義嶺)까지는 30리이다〉

숭의보(崇義堡)〈구운령(驅雲嶺) 북쪽의 은룡덕 대판(大阪)의 위에 있다. 권관을 두었다. 선조(宣祖) 41년(1613)에 혁파하여 이동(梨洞)에 소속시켰다. ○이동으로부터 동북쪽으로 갈파령까지 이르는 길이 30리이다. ○이동으로부터 서쪽으로 고성(古城)까지 이르는 길이 10리이고, 여석현(厲石峴)까지가 5리, 허항덕현(虛項德峴)까지가 3리, 송현(松峴)까지가 3리이다. 또한 증산창(甑山倉)을 경유하는데 5리이고, 증산현(甑山峴) 위는 20리, 구운령(驅雲嶺)은 25리, 시장현(市場峴)은 10리, 올족보(乭足堡)는 10리이다〉

『봉수』(烽燧)

증산(甑山)〈읍치에서 서남쪽으로 15리에 있다〉

마흘내(亇屹乃)〈읍치에서 동쪽으로 15리에 있다〉

오라퇴(吾羅堆)〈읍치에서 동쪽으로 45리에 있다〉

호타리(胡打里)〈읍치에서 동쪽으로 65리에 있다〉

『창고』(倉庫)

읍창(邑倉)·이신동창(二新洞倉)·유전창(杻田倉)〈모두 읍치에서 서쪽으로 40리에 있다〉

고성창(古城倉)〈읍치에서 서북쪽으로 120리에 있다〉

진창(津倉)·교제창(交濟倉)〈모두 읍치에서 동쪽으로 30리의 해변의 한 곳에 있다〉

이동창(梨洞倉)〈진(鎭)에 있다〉

마곡창(麻谷倉)〈역에 있다〉

『역참』(驛站)

기원역(基原驛)〈읍치에서 남쪽으로 5리에 있다〉

마곡역(麻谷驛)〈읍치에서 동북쪽으로 45리에 있다〉

「보발」(步撥)

충신원(忠信院)〈읍치에서 서남쪽으로 30리에 있다〉

기원참(基原站)

마곡참(麻谷站)

○부의 서쪽으로부터 쌍룡평(雙龍坪)까지 30리이고, 신동령(新洞嶺)까지는 30리, 국사령(國師嶺)까지는 35리, 고성창(古城倉)까지는 10리, 신리동(新里洞)까지는 70리이다. 황토기폐보(黃土岐廢堡)까지는 20리, 황토령(黃土嶺)까지는 20리이고, 갑산으로 통한다.

○부의 동북쪽에서 마곡(麻谷)까지 45리이고, 서북쪽으로 국사령(國師嶺)까지는 30리이고, 이동(梨洞)까지는 30리이다. 갈파령 너머 길주로 통한다〉

『목장』(牧場)

두언태장(豆彦台場)〈둘레는 35리이다. ○감목관(監牧官) 1명을 두었는데, 단천 부사가 겸하였다〉

『교량』(橋梁)

남대천교(南大川橋)〈읍치에서 남쪽으로 5리에 있다〉

복대천교(福大川橋)〈읍치에서 서남쪽으로 10리에 있다〉

북대천교(北大川橋)〈읍치에서 동북쪽으로 20리에 있다〉

『토산』(土産)

철·은·금·동·아연·옥(玉)〈청·황·백·오색(烏色)의 4가지 색이다. 모두 이동(梨洞)에서 난다. 나라에서 오직 청색만을 쓴다〉·연석(硯石)·활석(滑石)·석화석(石火石)·석이버섯[석심(石蕈)]·봉밀(蜂蜜)·다시마[다사마(多士麻)]·곤포(昆布)·미역·소금·전복·문어·홍합·해삼·노랑가슴담비[초서(貂鼠)]·수달·자초(紫草)·오미자, 이 밖에 어물 14종이 난다.

『장시』(場市)

읍내 장날은 1일과 6일이다.

『누정』(樓亭)

읍호정(挹灝亭)〈읍치에서 남쪽으로 2리에 있다. 남대천 위쪽이다. 대야천(大野川)을 포함

하고 평야를 분할하고 있다〉

공민루(共民樓)·첨운루(瞻雲樓)〈모두 부 안에 있다〉

『전고』(典故)

고려 공민왕(恭愍王) 5년(1356)에 천호(千戶) 정신주(丁臣柱)가 군사를 거느리고 이판령(伊板嶺)을 지나서 여진과 전투를 벌여 그들을 패배시키고 그 수괴를 사로잡아 목을 베어 서울로 보냈다. 우왕(禑王) 9년(1383)에 요동(遼東) 심양(瀋陽)의 초적 40여 기(騎)가 단주(端州)를 침략하여 노략질하자, 단주 만호(端州萬戶) 육려(陸麗)와 청주 만호(靑州萬戶) 황희석(黃希碩), 천호(千戶) 이두란(李豆蘭)이 추격하여 서주(西州) 위해양(衛海陽) 등지에 이르러 적의 괴수 6명을 목베니, 나머지는 모두 도망갔다. 호발도(胡拔都)가 단주를 노략질하자, 상부 만호(上副萬戶)가 여러 차례 전투를 벌였으나 모두 패하였다. 이두란이 호발도와 길주평(吉州坪)에서 만나 전투를 벌여 크게 패배시켰다. 우리 태조가 또 이르러 군사를 이끌고 크게 물리쳤고, 호발도는 겨우 몸만 내빼었다. 우왕 11년(1385)에 왜구가 단주를 노략질하자, 동북면 상원수(東北面上元帥) 심덕부(沈德符)가 전투를 벌였으나 패배하였다.

○조선 선조(宣祖) 25년(1592)에 평사(平事) 정문부(鄭文孚)가 단천(端川)에서 왜구와 전투를 벌였는데, 3번 싸워 3번 모두 이겼다.

12. 갑산도호부(甲山都護府)

『연혁』(沿革)

본래는 고구려의 땅이었다. 발해 때 솔빈부(率賓府)의 땅이 되었고, 금(金)나라 때 도통소(都統所)로 삼아 휼품로(恤品路)에 예속하였다. 뒤에 여러 차례 병화(兵火)를 겪게 되어 거주하는 사람이 없었다. 고려 공양왕(恭讓王) 3년(1391)에 비로소 갑주 만호부(甲州萬戶府)를 두었다. 조선 태조(太祖) 조 때 허주현(虛州縣)을 두었다. 태종(太宗) 13년(1413)에 갑산군(甲山郡)으로 고쳤다. 세종(世宗) 2년(1420)에 지군사(知郡事)로 승격하였고, 같은 왕 19년(1437)에 진을 설치하여 군사(郡事)에게 병마절제사를 겸하도록 했다. 단종(端宗) 2년(1454)에 다시 만호로 삼았다. 세조(世祖) 6년(1460)에 다시 진을 설치하고 도호부(都護府)로 승격하였다.

「읍호」(邑號)

허주(虛州)·이산(夷山)이다.

「관원」(官員)

도호부사(都護府使)〈갑산진병마첨절제사(甲山鎭兵馬僉節制使)·좌영장(左營將)을 겸했다〉 1명을 두었다.

『방면』(坊面)

읍사(邑社)〈부 안에 있다〉

별해사(別害社)〈읍치에서 서남쪽으로 60리에 있다〉

진동사(鎭東社)〈읍치에서 동쪽으로 30리에 있다〉

허린사(虛麟社)〈읍치에서 서쪽으로 45리에 있다〉

허천사(虛川社)〈읍치에서 남쪽으로 15리에 있다〉

혜산사(惠山社)〈읍치에서 북쪽으로 90리에 있다〉

이리사(二里社)〈읍치에서 동남쪽으로 35리에 있다〉

운총사(雲寵社)〈읍치에서 북쪽으로 80리에 있다〉

동인사(同仁社)〈읍치에서 북쪽으로 35리에 있다〉

호린사(呼麟社)〈읍치에서 남쪽으로 50리에 있다〉

회리사(會里社)〈읍치에서 북쪽으로 15리에 있다〉

웅이사(熊耳社)〈읍치에서 남쪽으로 80리에 있다〉

종포사(終浦社)〈읍치에서 남쪽으로 120리에 있다〉

별사(別社)〈읍치에서 북쪽으로 70리에 있다〉

이가마사(利加亇社)〈이원현(利原縣)에서 남쪽으로 15리에 있다. 중종(中宗) 3년(1508)에 쪼개어 갑산도호부에 소속시켰다〉

『산수』(山水)

천봉산(天鳳山)〈읍치에서 동쪽으로 8리에 있다. ○자복사(資福寺)가 있다〉

장평산(長平山)〈읍치에서 동쪽으로 15리에 있다〉

백두산(白頭山)〈읍치에서 북쪽으로 350리에 있다. 무산(茂山) 조에 자세히 나와 있다. ○『산

해경(山海經)』에는 "불함산"(不咸山)이라 일컬었다. 『당서(唐書)』에서는 "장백산"(長白山)이라 일컬었다. 『일통지(一統志)』에서 이르기를, "옛날에 회령부(會寧府) 남쪽 60리에 있다"라고 하였다. 『요사(遼史)』 지지(地志)에서 이르기를, "냉산(冷山) 동남쪽 1,000여 리에 있다. 흑수(黑水)가 이곳에서 발원하므로 곧 혼동강(混同江)이다. 큰 나무를 갈라서 배를 만들었는데, 그 모양이 종려나무 같다"라고 하였으니, 곧 종려나무 배라 하겠다. 『개국방략(開國方略)』에 이르기를, "장백산은 높이가 200여 리이고, 뻗쳐 이어진 것이 1,000여 리나 된다. 산 위에는 못이 있는데, 달문(闥門)이라 한다. 둘레는 80리이다. 수원이 깊고 흐르는 폭이 넓다. 압록강(鴨綠江)·혼동강(混同江)·애호강(愛滹江)의 3강의 물이 나온다. 압록강은 산 남서쪽으로부터 흘러 요동(遼東)의 남쪽 바다로 들어간다. 혼동강은 산 북쪽으로부터 흘러 북쪽 바다로 들어간다. 애호강은 동쪽으로 흘러 동해로 들어간다"라고 하였다. ○갑산 이북은 높은 산과 높은 고개가 층층첩첩이 둘러싸고 있어 여러 날을 노숙한 이후에야 비로소 정상에 이르렀다. 말하기 좋아하는 자들은 자부심에 넘쳐 이르기를, "높이가 200리로, 백두산의 길은 큰 나무가 산을 드리우고 있는 게 하늘에 닿아 해를 가리고 있고, 때때로 쓰러져 있는 나무가 길을 가로막고 있어서, 반드시 멀리 돌아서 피해가야 하므로 이 100리의 행차가 200리나 되는 것이다"라고 하였다. ○장백산을 살펴보면 둘인데, 하나는 이르기를, "백두산"라고 하고, 하나는 이르기를, "경성(鏡城) 소재의 장백산"이라 하였다. 태백산(太白山)은 둘이 있는데, 하나는 이르기를, "백두산"이라 했고, 하나는 이르기를, "함흥 소재 태백산"이라 하였다. 혹은 백두산을 한나라의 개마산(蓋馬山)이라 한 것은 잘못이다〉

보다회산(甫多會山)〈읍치에서 북쪽으로 190리에 있고 무산과 경계를 이룬다. 백두산의 큰 줄기, 즉 정간(正幹)이다〉

망덕산(望德山)〈읍치에서 북쪽으로 80리에 있다〉

두리산(豆里山)〈읍치에서 동쪽으로 200리에 있다〉

비봉산(飛鳳山)〈읍치에서 북쪽으로 80리에 있다. ○봉서사(鳳棲寺)가 있다〉

백덕산(白德山)〈읍치에서 0000(결자 인듯함/역자주) 10리에 있다. 큰 돌이 4면에 있는데, 깎아 놓은 것 같다. 높이가 30여 길이나 된다〉

봉천대(奉天臺)〈혜산(惠山)의 동쪽에 있다〉

서수라덕(西水羅德)〈혜산으로부터 북쪽으로 오시천(吾時川)·비비수(飛非水)를 건너서 물의 북쪽에 이른다〉

한덕지당(韓德支當)〈서수라덕으로부터 북쪽으로 검천(劒川)·자개수(自介水)·임련수(臨漣水)를 건너서 이곳에 이른다. 북쪽으로 백두산에 오르려는 자들은 모두 지나가야 한다〉

마산(馬山)〈읍치에서 서쪽으로 25리에 있다〉

남산(南山)〈읍치에서 남쪽으로 4리에 있다〉

연암(輦岩)〈보다회산(寶多會山)의 서쪽 갈래이다. 들판 가운데 있다〉

감평(甘坪)〈읍치에서 동북쪽으로 90리에 있다. 들판을 개간하여서 경작지로 만들었다. 숙종(肅宗) 조 때 관찰사 남구만(南九萬)이 건의하여 진보(鎭堡)를 설치하였다〉

건자퇴(乾者堆)〈감평의 남쪽에 있다〉

향동(香洞)〈읍치에서 서남쪽으로 110리에 있다〉

용동(龍洞)〈읍치에서 남쪽으로 85리에 있다〉

탑동(塔洞)〈혜산(惠山)의 동쪽에 있다〉

「영로」(嶺路)

마저령(馬底嶺)〈읍치에서 남쪽으로 120리에 있고, 북청(北青)과 경계를 이루고 있다〉

웅이령(熊耳嶺)〈읍치에서 남쪽으로 75리에 있다〉

우두령(牛頭嶺)〈읍치에서 남쪽으로 50리에 있다. 모두 북청과 통하는 대로이다〉

아간령(阿間嶺)〈읍치에서 북쪽으로 50리에 있다〉

혜산령(惠山嶺)〈읍치에서 북쪽으로 80리에 있다. ○혜산진으로부터 동북쪽으로 검천(劒川) 거리(巨里)까지는 45리이고, 자개수(自介水)에 이르는 거리는 45리, 임연수(臨漣水)에 이르는 거리도 45리, 허항령(虛項嶺)에 이르는 거리는 5리, 백두산에 이르는 거리는 120리, 정계비(定界碑)까지 이르는 거리는 80여 리이다〉

녹반현(綠礬峴)〈읍치에서 동북쪽으로 90리이다〉

마산령(馬山嶺)〈읍치에서 동북쪽으로 115리의 망산치(望山峙) 동쪽에 있다. 이곳으로부터 무산의 서북천으로 통한다〉

오로촌령(吾老村嶺)〈읍치에서 동남쪽으로 90리에 있다〉

황토령(黃土嶺)〈읍치에서 동남쪽으로 75리에 있다. 동쪽으로 쌍청(雙靑) 구보(舊堡)까지 이르는 데는 30리이다〉

응덕령(鷹德嶺)〈읍치에서 동남쪽으로 100리에 있다. 이상의 3곳은 단천과 경계를 이루고 있다〉

유피현(楡皮峴)〈읍치에서 남쪽으로 55리에 있다〉

우라한령(亐羅漢嶺)〈혜산에서 동북쪽으로 70여 리에 있다〉

허항령(虛項嶺)〈읍치에서 북쪽으로 230리에 있다. 영(嶺) 위에는 3곳의 못이 있다〉

완항령(緩項嶺)〈마산령의 다음에 있다〉

어은령(漁隱嶺)〈혹은 설령(雪嶺)이라 한다. 읍치에서 동쪽으로 140리에 있다. 이상의 3영(嶺)은 무산과의 경계이다〉

회덕령(灰德嶺)〈읍치에서 서쪽으로 25리에 있다. 삼수(三水)로 통한다〉

분토령(分土嶺)〈읍치에서 서북쪽으로 100리의 삼수에 있다〉

광생천(廣生遷)〈읍치에서 북쪽으로 90리에 있다〉

【백덕령(柏德嶺)·장령(長嶺)이 있다】

○방학수소(方鶴水所)로부터〈장평산(長坪山)까지 거리는 40리이고, 호은동산(芦隱洞山)까지의 거리는 40리, 풍파덕(豊坡德)까지는 40리, 광릉(廣陵)까지는 45리, 무산(茂山) 읍치까지는 45리이다〉

갑산도호부로부터〈길주에 이르는 거리는 불과 200여 리이다. 그 사이에 2곳의 영(嶺)이 있는데 모두 매우 높고 가파르지는 않다. 관찰사 남구만(南九萬)이 장계를 올려 길을 뚫고자 하였으나 결과는 없었다〉

○압록강(鴨綠江)〈곧 혜산강(惠山江)으로부터 북쪽으로 90리에 있다. 백두산 천지[대지(大池)]에서 발원하여 땅 속으로 흘러 남쪽으로 나온다. 왼쪽으로 임연수(臨漣水)·자개수(自介水)·검천(劒川)·비비수(飛非水)·오시천(吾時川)을 통과하고, 혜산진(惠山鎭)과 허천강(虛川江)을 경유하여, 남쪽으로부터 흘러와서 모이고는 꺾어져서 서북쪽으로 흘러 삼수(三水) 경계로 들어간다〉

허천강〈북청(北青) 후치령(厚致嶺)의 관음굴(觀音窟)에서 발원하여 북쪽으로 흐르고 이곡사(泥谷社)를 경유하여 황수천(黃水川)이 된다. 왼쪽으로 종포사(終浦社)를 지난 물이 응덕령(鷹德嶺)의 북쪽에 이르러, 왼쪽으로 웅이천(熊耳川)을 지나서 운허원(雲虛院)에 이르고, 왼쪽으로 호린천(呼麟川)을 지나 갑산부 남쪽 15리에 이르고, 오른쪽으로 이리사천(二里社川)을 지나서 갑산부 서쪽을 경유하고, 오른쪽으로 진동천(鎭東川)을 지나서 북쪽으로 흐른다. 오른쪽으로 동인천(同仁川)을 지나서 서쪽으로 꺾어져 허린역(虛麟驛)을 경유하여 물이 돌면서 또 북쪽으로 흐른다. 오른쪽으로 운총천(雲寵川)을 지나 혜산강(惠山江)으로 들어간다〉

웅이천(熊耳川)〈읍치에서 남쪽으로 80리에 있다. 북청 태백산 등지에서 발원하여 북쪽으로 흘러 동서 여러 골짜기의 물과 만나서 향동(香洞)·웅이역(熊耳驛)·용동(龍洞) 등지를 경유하여 허천강으로 들어간다〉

호린천(呼麟川)〈별해사(別害社)에서 발원하여 동쪽으로 흐르고 호린역(呼麟驛)을 경유하여 허천강으로 들어간다〉

이리사천(二里社川)〈읍치에서 동남쪽으로 20리에 있다. 두리산(豆里山)에서 발원하여 서쪽으로 흘러 허천강으로 들어간다〉

진동천(鎭東川)〈혹은 가마천(加亇川)이라 한다. 어은령(漁隱嶺)에서 발원하여 서쪽으로 흘러 진동보(鎭東堡)의 앞쪽과 갑산부 북쪽으로 2리 지점을 경유하여 허천강으로 들어간다〉

동인천(同仁川)〈완항령(緩項嶺)에서 발원하여 서쪽으로 흘러 동인보(同仁堡)의 북쪽을 경유하여 허천강으로 들어간다〉

운총천(雲寵川)〈보다회산(寶多會山)에서 발원하여 서남쪽으로 흘러 감평(甘坪) 및 비봉산(飛鳳山)의 북쪽과 운총진(雲寵鎭)의 북쪽을 경유하여 허천강으로 들어간다〉

시린포(時麟浦)〈읍치에서 북쪽으로 70리에 있다〉

용연(龍淵)〈읍치에서 남쪽으로 55리에 있다〉

『형승』(形勝)

북쪽으로는 장백산을 지키고 압록강을 한계로 하고 있으며, 남쪽으로는 태백산을 제어하며 마령(馬嶺)을 경계로 하고 있다. 모든 산이 남쪽으로 내려 뻗어오고 온갖 물이 북쪽으로 쏟아져 나온다. 산수가 얽혀 있어 별천지를 이루고 있다.

『성지』(城池)

읍성(邑城)〈둘레가 3,300자이다. 옹성(甕城)이 6곳이고, 포루가 15곳, 문이 4곳, 우물이 3곳 있다. 내성(內城)은 북쪽의 체성(體城)으로부터 동쪽의 성까지 이르는데, 둘레는 2,000자이다. 동북쪽은 높은 언덕이 있고, 서북쪽으로는 강에 이른다. 우물이 1곳 있다. 남쪽에는 넓은 들이 있다. 외성(外城)은 체성 서쪽을 연결하여 쌓은 것이 허천강에 이르기까지 525자이다. 강가에는 영보대(永保臺)가 있다〉

장평산고성(長坪山古城)〈읍치에서 동쪽으로 13리에 있고, 둘레가 2,600자이다〉

허천강구행성(虛川江口行城)〈길이가 2,800자이다〉

『영아』(營衙)

좌영(左營)〈효종(孝宗) 조에 설치하였다. ○좌영장(左營將)은 본 부사(本府使)가 겸한다. ○속읍은 갑산이고, 속진은 혜산(惠山)·운총(雲寵)·동인(洞仁)·진동(鎭東)이다〉

『진보』(鎭堡)

혜산진(惠山鎭)〈읍치에서 북쪽으로 90리에 있다. 성의 둘레는 2,320자이다. 우물이 1곳 있다. ○병마첨절사제(兵馬僉節使制: 兵馬僉節制使의 오류임/역자주) 1명을 두었다. ○괘궁정(掛弓亭)과 복융대(服戎臺)가 있다〉

운총진(雲寵鎭)〈읍치에서 북쪽으로 65리에 있다. 성종(成宗) 19년(1488)에 쌓았다. 성의 둘레는 1,467자이다. ○병마만호(兵馬萬戶) 1명을 두었다〉

진동보(鎭東堡)〈읍치에서 동쪽으로 15리에 있다. 성의 둘레는 1,495자이다. 중종(中宗) 7년(1512)에 권관(權管)을 두었고, 뒤에 만호로 승격하였다. ○병마만호 1명을 두었다〉

동인보(同仁堡)〈읍치에서 북쪽으로 35리에 있다. 성의 둘레는 1,351자이다. 중종 7년(1512)에 설치하였다. ○권관 1명을 두었다〉

【동인보(同仁堡)로부터 운파관설령(雲坡舘雪嶺)을 경유하여 길주(吉州)의 서북진(西北鎭)으로 통한다】

「혁폐」(革廢)

쌍청보(雙靑堡)〈읍치에서 동남쪽으로 120리에 있다. 권관을 두었다. 단천(端川) 조에 자세히 나와 있다〉

황토기보(黃土岐堡)〈읍치에서 동남쪽으로 90리에 있다. 남쪽으로 단천과의 거리는 230리이다. 성의 둘레는 1,301자이다. 권관을 두었다. 이상의 2보(堡)는 단천으로부터 내속하였다. 철종(哲宗) 1년(1850) 경술년에 영의정 정원용(鄭元容)이 상주하여 혁파하였다〉

가마보(加亇堡)〈읍치에서 북쪽으로 10리에 있다. 성의 둘레는 1,292자이다. 세조(世祖) 6년(1460)에 진동보(鎭東堡)로 옮겨 설치하였다〉

영파보(寧坡堡)〈세조 26년(1480)에 설치하였다. ◯조(◯祖: 한 음절 결자/역자주) 6년에 운룡진(雲龍鎭)에 옮겨 설치하였다〉

진지달보(榛遲達堡)〈읍치에서 북쪽으로 126리이다. 세조 초년에 합쳐서 혜산진에 소속시켰다〉

유원보(柔遠堡)〈세조 5년(1459)에 혁파하였다〉

안정보(安定堡)〈세조 3년(1457)에 혁파하였다〉

신안보(新安堡)〈읍치에서 북쪽으로 110리에 있다. 혁파하여 혜산진에 소속시켰다. 이상의 5보는 옛터이다. 지금은 강 밖에 있는데, 본래 우리 나라 땅과 관계가 있다〉

『봉수』(烽燧)

석이(石耳)〈읍치에서 남쪽으로 80리에 있다〉

우두령(牛頭嶺)〈읍치에서 남쪽으로 50리에 있다〉

남봉(南峯)〈읍치에서 남쪽으로 15리에 있다〉

이간(伊間)〈읍치에서 북쪽으로 25리에 있다〉

아간(阿間)〈읍치에서 북쪽으로 50리에 있다〉

소리덕(所里德)〈읍치에서 북쪽으로 70리에 있다〉

하방금덕(何方金德)〈읍치에서 북쪽으로 80리에 있다〉

『창고』(倉庫)

읍창(邑倉)〈갑산부 안에 있다〉

별해창(別害倉)〈읍치에서 서남쪽으로 70리에 있다〉

이리창(二里倉)〈읍치에서 동남쪽으로 35리에 있다〉

진창(鎭倉) 4곳〈혜산진(惠山鎭)·운총진(雲寵鎭)·동인진(同仁鎭)의 진동진(鎭東鎭)이다〉

역창(驛倉) 4곳〈허린역(虛獜驛)·호린역(呼獜驛)·웅이역(熊耳驛)·종포역(終浦驛)이다〉

『역참』(驛站)

종포역(終浦驛)〈읍치에서 남쪽으로 115리에 있다〉

웅이역(熊耳驛)〈읍치에서 남쪽으로 75리에 있다〉

호린역(呼獜驛)〈읍치에서 서쪽으로 55리에 있다〉

허천역(虛川驛)〈읍치에서 남쪽으로 5리에 있다〉

허린역(虛獜驛)〈읍치에서 서쪽으로 45리에 있다〉

혜산역(惠山驛)〈읍치에서 북쪽으로 95리에 있다〉

「보발」(步撥)

종포참(終浦站)·웅이참(熊耳站)·호린참(呼獜站)·허천참(虛川站)·허린참(虛獜站)이 있다.

『교량』(橋梁)

가마교(加亇橋)〈읍치에서 북쪽으로 5리에 있다〉

웅이교(熊耳橋)〈읍치에서 남쪽으로 70리에 있다〉

포항교(浦項橋)〈읍치에서 서쪽으로 30리에 있다〉

운총교(雲寵橋)〈읍치에서 북쪽으로 80리에 있다〉

진동교(鎭東橋)〈읍치에서 동쪽으로 7리에 있다〉

『토산』(土産)

동(銅)·벼룻돌[연석(硯石)]·수포석(水泡石)·숫돌[여석(礪石)]〈모두 운총(雲寵)에서 난다〉·오미자·석이버섯[석심(石蕈)]·봉밀(蜂蜜)·잣[해송자(海松子)]·노랑가슴담비[초서(貂鼠)]·수달·여항어(餘項魚)

『누정』(樓亭)

수강루(受降樓)·정원루(定遠樓)·이락정(二樂亭)〈모두 성 안에 있다〉

『단유』(壇壝)

백두산단(白頭山壇)〈영조(英祖) 43년(1767)에 망덕산(望德山)에 단을 설치하도록 명령하여 망제(望祭)를 지내게 하였는데, 중사(中祀)로 올렸다〉

『전고』(典故)

조선 중종(中宗) 13년(1518) 초에 야인(野人) 속고내(速古乃)가 여러 부(部)를 결속하여 잇따라 갑산부를 침범하여, 많은 사람과 가축을 잡아갔다. 이에 이지방(李之芳)을 방어사(防禦使)로 삼았으나 얼마 안 있어 파직되었으므로 파견되지 못하였다. 선조(宣祖) 25년(1592)에 왜구가 대규모로 남쪽에 이르자, 병사(兵使) 이혼(李渾)이 분주하게 갑산으로 들어갔다. 반란민이 병사를 살해하고 그 머리를 왜구에게 전해 주었다. 또 갑산부사의 목을 베고서 왜에 항복하였다.

13. 삼수도호부(三水都護府)

『연혁』(沿革)

옛날 발해의 현덕부(顯德府) 경계이다. 뒤에 여진이 점거하였다. 금나라 때 갈라로(曷懶路)에 속하였다가 뒤에 원나라의 소유가 되었다. 조선 초에 갑산부(甲山府)의 땅이 되었다. 세종(世宗) 23년(1441)에 삼수보 만호(三水堡萬戶)를 두어 적의 길을 막게 하였다가, 같은 왕 28년에 군(郡)으로 승격하였다. 단종(端宗) 2년(1454)에 다시 만호를 두었다. 세조(世祖) 6년(1460)에 다시 군을 두었다가, 같은 왕 7년에 도호부(都護府)로 승격하였다. 같은 왕 9년에 군으로 강등하였다. 숙종(肅宗) 22년(1696)에 만호로 강등하였다.〈모역죄인 이동량(李東樑)이 태어난 곳이기 때문이다〉 숙종 36년(1710)에 도호부로 승격하였다.〈삼수군은 북쪽으로 단절되어 치우쳐 있기 때문에 6진(鎭)과 다를 것이 없다〉

「읍호」(邑號)

삼강(三江)이다.

「관원」(官員)

도호부사(都護府使)〈삼수진병마첨절제사(三水鎭兵馬僉節制使)·우영장(右營將)을 겸한다〉 1명을 두었다.〈삼수부의 예전 치소(治所)는 처음에 구갈파지(舊乫坡知)에 두었다가, 세조(世祖) 8년(1462)에 지금의 치소로 옮겼다〉

『방면』(坊面)

읍사(邑社)〈읍 안에 있다〉

관동사(舘洞社)〈읍치에서 남쪽으로 10리에서 시작하여 100리에서 끝난다〉

호야동사(好野洞社)〈읍치에서 동쪽으로 20리에 있다〉

재전사(財田社)〈읍치에서 동쪽으로 10리에 있다〉

나난사(羅暖社)〈읍치에서 서북쪽으로 60리에 있다〉

인차외사(仁遮外社)〈읍치에서 동북쪽으로 30리에 있다〉

소농사(小農社)〈읍치에서 북쪽으로 60리에 있다〉

갈파지사(乫坡知社)〈읍치에서 서북쪽으로 90리에 있다〉

구갈파지사(舊乫坡知社)〈읍치에서 서북쪽으로 100리에 있다〉

자작구비사(自作仇非社)〈읍치에서 서쪽으로 90리에 있다〉

어면사(魚面社)〈읍치에서 서쪽으로 120리에 있다〉

【통기사(通氣社)가 있다】

『산수』(山水)

오봉산(五峯山)〈읍치에서 남쪽으로 8리에 있다〉

백계산(白階山)〈읍치에서 서쪽으로 30리에 있다. 크고 작은 2개의 산과 3개의 봉우리가 있는데, 기괴하면서도 빼어나다〉

은산(銀山)〈읍치에서 남쪽으로 15리에 있다〉

주암산(注岩山)〈읍치에서 동쪽으로 25리에 있다〉

소농산(小農山)〈소농보(小農堡) 서쪽에 있다〉

울향채덕(鬱香采德)〈읍치에서 서남쪽으로 60리에 있다. 동사동(東沙洞)·동동(東洞)·서동(西洞)이 그 가까운 곳에 있다〉

우주암(雨注岩)〈읍치에서 동쪽으로 20리에 있다. 이곳에 올라 백두산을 바라보면, 마치 매우 가까운 데서 있는 것 같다〉

입석(立石)〈갈파지사(乫坡知社)에 있다〉

융동(戎洞)〈읍치에서 남쪽으로 80리에 있다〉

사송평(四松坪)〈구갈파지(舊乫坡知) 서쪽에 있다. 후주(厚州)와 경계를 이루고 있다〉

「영로」(嶺路)

소라동령(所羅洞嶺)〈읍치에서 동남쪽으로 30리에 있다. 갑자(甲子)로 통한다〉

이방령(李方嶺)〈읍치에서 북쪽으로 20리에 있다〉

장령(長嶺)〈읍치에서 북쪽으로 30리에 있다〉

백산령(白山嶺)〈읍치에서 서쪽으로 60리에 있다. 자작구비사(自作仇非社)로 통한다〉

수영동(水永洞)〈읍치에서 동쪽으로 20리에 있다〉

동산령(東山嶺)〈읍치에서 서쪽으로 80리에 있다〉

이송령(李松嶺)〈읍치에서 서남쪽으로 150리에 있다. 장진(長津)과 경계를 이룬다. 어면강(魚面江) 입구와 사이는 60리이다. 사람이 없는 곳이다〉

영성령(令城嶺)〈읍치에서 서쪽으로 20리에 있다〉

운파령(雲坡嶺)〈나난사(羅暖社)에 있다〉

헌치(獻峙)〈운파령의 남쪽에 있다〉

사동령(蛇洞嶺)〈읍치에서 서남쪽으로 80리에 있다〉

신로령(新路嶺)〈읍치에서 서남쪽으로 90리에 있다〉

성파령(城坡嶺)〈읍치에서 서남쪽으로 10리에 있다〉

자지령(者之嶺)〈어면사(魚面社)에 있다. 이상의 3계(界)는 후주(厚州)와 경계를 이루고 있다〉

서을이령(鋤乙耳嶺)〈읍치에서 서남쪽으로 160리에 있고, 장진(長津)과 경계를 이룬다〉

두지구비(斗之仇非)·고은구비(古隱仇非)〈이상의 2곳은 나난(羅暖)과 소농(小農)의 사이에 있다〉

감장별로(甘長別路)〈갈파지진(乫坡知鎭)에 있다. 북쪽에 다른 길이 있는데, 천수애(遷水涯)라 하고, 돌길이다〉

면별로(免別路)〈구갈파지보(舊乫坡知堡)의 동쪽에 있다〉

사리고개(沙利古介)〈갈파지사(乫坡知社)에 있다〉

충천령(衝天嶺)〈구갈파지사(舊乫坡知社)에 있다〉

○압록강(鴨綠江)〈읍치에서 동북쪽으로 35리에 있다. 갑산의 혜산강(惠山江)이 서북쪽으로 흘러서 인차외진(仁遮外鎭) 남쪽에 이르러 왼쪽으로는 사수동(沙水洞)을 통과한 물이 나난(羅暖)과 소농(小農)을 경유하여 갈파지(乫坡知)에 이르고, 왼쪽으로 장진강(長津江)을 통과하고 토별로(兎別路)·구갈파지보(舊乫坡知堡)·사송평(四松坪)을 경유하여 서북쪽으로 흘러 후주(厚州) 경계로 들어간다〉

사수동수(沙水洞水)〈혹은 인차천(仁遮川)이라 한다. 삼수부의 남쪽 150여 리에서 발원하여 갑산과 장진 두 읍의 여러 골짜기와 시냇물이 북쪽으로 흘러 융동(戎洞)·사수동(沙水洞)·은산동(銀山洞)을 경유하고, 동동(東洞)과 서동(西洞) 및 대소 백계산(白階山)을 지난 물이 삼수부 앞을 경유하고, 인차외보(仁遮外堡) 앞에 이르러 압록강으로 들어간다〉

장진강(長津江)〈혹은 오매강(烏梅江)이라 한다. 장진 경계에서 북쪽으로 흘러 어면·자작구비를 경유하여 갈파지진 서쪽에서 압록강으로 들어간다〉

【박홍홍도(朴洪洪島)는 나난보(羅暖堡) 북쪽 강 가운데 있다】

삼수부는 모두 거친 산과 궁벽한 골짜기로 도로가 막혀 마치 이방동(李方洞)·적생동(積生洞)·신원절동(申元節洞)·오감덕(烏甘德)·을산덕(乙山德)·허공교(虛空橋)·검은지달(黔隱遲

達) 등의 곳으로 가면 1보의 평지도 없다.

『성지』(城池)

읍성(邑城)〈효종(孝宗) 7년(1656)에 쌓았다. 둘레는 5,735자이고, 포루가 8곳, 우물이 3곳 있다〉

압록강행성(鴨綠江行城)〈읍치에서 서북쪽으로 60리에 있다. 길이는 1,517자이다〉

『영아』(營衙)

우영(右營)〈숙종(肅宗) 19년(1693)에 설치하였다. ○우영장(右營將)은 본 부사가 겸하였다. ○속읍은 삼수이고, 속진은 갈파지·인차외·나난·소농·구갈파지이다〉

『진보』(鎭堡)

갈파지진(乫坡知鎭)〈읍치에서 서북쪽으로 100리에 있다. 중종(中宗) 6년(1511)에 구갈파지로부터 이곳으로 옮겼다. 성의 둘레는 3,500자이다. ○병마동첨절제사(兵馬同僉節制使) 1명을 두었다〉

인차외진(仁遮外鎭)〈읍치에서 동북쪽으로 30리에 있다. 인차외진 동쪽으로부터 혜산진까지의 거리는 30리이다. 성종(成宗) 20년(1489)에 권관(權管)을 두었다. 둘레는 1,005자이다. 연산군(燕山君) 8년(1502)에 갑산으로부터 삼수부로 옮겨 소속되었다. ○병마만호(兵馬萬戶) 1명을 두었다〉

나난진(羅暖鎭)〈읍치에서 북쪽으로 60리에 있다. 연산군 6년(1500)에 설치하였다. 성의 둘레는 3,360자이다. ○병마만호 1명을 두었다〉

소농보(小農堡)〈읍치에서 북쪽으로 80리에 있다. 연산군 6년(1500)에 설치하였다. 성의 둘레는 1,300자이다. ○권관 1명을 두었다〉

구갈파지보(舊乫坡知堡)〈읍치에서 서북쪽으로 120리에 있다. 연산군 6년(1500)에 설치하였다. 성의 둘레는 1,570자이다. ○처음에 권관을 두었다가 뒤에 첨사(僉使)로 승격하였다. 중종(中宗) 6년(1511)에 첨사를 신갈파지(新乫坡知)로 옮기고 환원하여 권관으로 내렸다. ○권관 1명을 두었다〉

「혁폐」(革廢)

어면진(魚面鎭)〈읍치에서 서쪽으로 120리의 오매강(烏梅江) 가에 있다. 성의 둘레는 1,915자이다. 만호를 두었다가 뒤에 권관으로 내렸다. 숙종(肅宗) 13년(1687)에 다시 만호로 올렸다〉

자작구비보(自作仇非堡)〈읍치에서 서쪽으로 90리에 있다. 성의 둘레는 760리이다. 【치(置)자 위에 1자가 빠진 것 같다】권관을 두었다. 이상의 2곳의 진은 순조(純祖) 계유년(1813)에 혁파하였다〉

소농구보(小農舊堡)〈읍치에서 서북쪽으로 35리에 있다. 벽(甓)을 쌓았던 옛터가 있다〉

감파농보(甘坡農堡)〈읍치에서 서남쪽으로 100리에 있다. 중종 13년(1518)에 쌓았다. 성의 둘레는 328자이다. 뒤에 폐지하였다〉

전원경보(田元京堡)〈자세하지 않다〉

『봉수』(烽燧)

수영동(水永洞)〈읍치에서 동쪽으로 15리에 있다〉

서봉(西峯)〈인차외진(仁遮外鎭)으로부터 서쪽으로 10리에 있다〉

가남봉(家南峯)〈나난진(羅暖鎭)으로부터 동쪽으로 20리에 있다〉

서봉(西峯)〈나난진으로부터 서쪽으로 5리에 있다〉

옹동(瓮洞)〈갈파지진으로부터 서쪽으로 5리에 있다〉

송봉(松峯)〈구갈파지보로부터 남쪽으로 10리에 있다〉

신봉(新峯)〈구갈파지진으로부터 서쪽으로 10리에 있다〉

『창고』(倉庫)

읍창고(邑倉庫)·향창(餉倉)〈모두 읍 안에 있다〉

진보창(鎭堡倉) 5곳〈각각 진보에 있는데 5곳이다〉

『역참』(驛站)

적생역(積生驛)〈읍치에서 남쪽으로 5리에 있다〉

「보발」(步撥)

적생참(積生站)이 있다.

『교량』(橋梁)

허공교(虛空橋)〈읍치에서 동쪽으로 1리에 있다〉

관교(館橋)〈읍치에서 남쪽으로 5리에 있다〉

농평교(農平橋)〈읍치에서 북쪽으로 20리에 있다〉

『토산』(土産)

철·오미자·잣[해송자(海松子)]·송이버섯[송심(松蕈)]·석이버섯[석심(石蕈)]·벌꿀[봉밀(蜂蜜)]·노랑가슴담비[초서(貂鼠)]·수달·여항어(餘項漁)가 난다.

『누정』(樓亭)

진융루(鎭戎樓)·관덕루(觀德樓)〈모두 부 안에 있다〉

무검정(撫劍亭)〈읍치에서 남쪽으로 5리에 있다〉

세검정(洗劍亭)〈인차외진의 동쪽에 있다. 강이 누각을 돌아내려 가고 북쪽으로 호수와 첩첩산중을 바라본다〉

읍취정(浥翠亭)〈나난진(羅暖鎭)의 동쪽에 있다. 산천이 수려하고 들이 10리나 트여 있다〉

14. 장진도호부(長津都護府)

『연혁』(沿革)

본래 함흥부의 한후구비사(漢厚仇非社)였다. 조선 현종(顯宗) 6년(1665)에 장진보를 설치하고 책(柵)을 세워 별장을 두었다.〈함흥부와의 거리는 280리이다. 한편에서 380리라고 하는 것은 오류이다〉 현종 8년(1667)에 다시 장진책(長津柵)을 설치하여 별장(別將)을 두었다가 예전에 설치한 것은 중간에 폐지하였다〉 정조(正祖) 9년(1785)에 진을 설치하고 병마첨절제사(兵馬僉節制使)로 올렸고, 같은 왕 11년에 도호부(都護府)로 올리고 삼수부의 별해진(別害鎭)

으로 치소를 옮겼다.〈남쪽으로 구보(舊堡)와의 거리는 90리이다〉 헌종(憲宗) 9년(1843)에 병마첨절제사로 환원하여 내리는 조치를 취하였다. 철종(哲宗) 10년(1859)에 다시 올렸다.

「관원」(官員)

도호부사(都護府使)〈장진진병마첨절제사(長津鎭兵馬僉節制使)·방수장(防守將)을 겸하였다〉 1명을 두었다.

『방면』(坊面)

별해사(別害社)〈부의 안에 있다〉

신방사(神方社)〈읍치에서 동북쪽으로 1리에 있다〉

강구사(江口社)〈읍치에서 동북쪽으로 130리에 있다〉

묘파사(廟坡社)〈읍치에서 동북쪽으로 60리에 있다〉

구진사(舊鎭社)〈읍치에서 남쪽으로 100리에 있다〉

『산수』(山水)

연화산(蓮華山)〈읍치에서 동남쪽으로 200여 리에 있고, 함흥과 경계를 이룬다. 겹겹이 높고 가파른 산이 면면이 이어져 있어, 웅장하고 위엄 있으며 걸출하고 빼어나며, 모든 골짜기는 분주한 듯한 모습이다. 산의 정상에는 수목은 없고 단지 가는 풀만 있다. 덩굴 향기가 여러 산들 가운데서 최고이다. 5월에 얼음이 녹기 시작하고, 7월에 다시 눈이 내린다〉

낭림산(狼林山)〈읍치에서 남쪽으로 200여 리에 있다. 함흥(咸興)·영원(寧遠)·강계(江界)의 3읍이 교차하는 곳에 뿌리박고 있다. 영원 조에 자세히 나와 있다〉

백역산(白亦山)〈크고 작은 2개의 산이다. 읍치에서 동남쪽으로 200여 리에 있고, 함흥과 경계를 이룬다〉

노탄덕(蘆灘德)〈읍치에서 북쪽으로 10리에 있다〉

신전덕(薪田德)〈읍치에서 북쪽으로 170리에 있다〉

함덕(咸德)〈읍치에서 동북쪽으로 150리에 있다〉

황철파(黃鐵坡)〈부전령(赴戰嶺)의 북쪽에 있다〉

병풍파(屛風坡)〈읍치에서 동쪽으로 140리에 있다〉

쌍계동(雙溪洞)〈읍치에서 동북쪽으로 30리에 있다〉

강계동(江界洞)〈신전덕(薪田德)의 남쪽에 있다〉

「영로」(嶺路)

오만령(五萬嶺)〈혹은 오매령(烏梅嶺)이라 한다. 읍치에서 북쪽으로 50리에 있다〉

십만령(十萬嶺)〈혹은 시만령(是蔓嶺)이라 한다. 읍치에서 북쪽으로 100여 리에 있다. 모두 후주와 경계를 이룬다〉

총전령(葱田嶺)〈읍치에서 서쪽으로 50리에 있다. 강계로 통한다〉

설한령(雪寒嶺)〈읍치에서 남쪽으로 100여 리에 있고, 영(嶺)의 서쪽은 강계 지경이 되었다. 영(嶺)의 동남쪽에서 함흥까지의 거리는 280리이다. 낭림산의 한 갈래가 북쪽으로 뻗어 설한령(雪寒嶺)·총전령(悤田嶺)·십만령(十萬嶺)·오만령(五萬嶺)·충천령(沖天嶺)·자지령(紫芝嶺) 등의 영(嶺)이 되었다. 『한서(漢書)』에서는 "단단대령"(單單大嶺)이라 일컬었고, 『고구본여기(高句本麗紀)』에서는 "죽령"(竹嶺)이라 하였고, 『동국여지승람(東國與地勝覽)』에는 "설열재령"(薛列宰嶺)·"단음선"(單音蟬)·"낭림산"(狼林山)이라 하였으니, 곧 『한서(漢書)』의 이른바 "개마대산"(蓋馬大山)이다〉

부전령(赴戰嶺)〈읍치에서 동남쪽으로 250리에 있다. 강 입구에서 함흥으로 통한다〉

황초령(黃草嶺)〈읍치에서 남쪽으로 220리에 있다. 함흥 태백산(太白山)의 한 갈래가 서쪽으로 뻗어 화피령(樺皮嶺)·부전(赴戰嶺)·대소(大小) 백역산(白亦山)이 되고, 또 이 영(嶺)이 되어, 여기에서 솟아나 낭림산(狼林山)이 되었다. 이상의 2곳의 영은 함흥으로 통한다〉

이송령(李松嶺)〈읍치에서 동북쪽으로 180리에 있고, 삼수와 경계를 이룬다. 태백산의 한 갈래가 북쪽으로 뻗어 서을이령(鋤乙耳嶺)이 되고 구불구불 뻗어 이곳에 이른다. 장진강(長津江)이 그 땅을 두르고 있다〉

보고개(保古介)〈읍치에서 동북쪽으로 50리에 있다〉

남협별로(南峽別路)〈읍치에서 동북쪽으로 80리에 있다. 이상의 3곳은 삼수로 가는 길이다〉

설관(雪關)〈읍치에서 남쪽으로 70리에 있다. 구장진(舊長津)으로 통하는 군사상 중요한 요지이다〉

○장진강(長津江)〈대소 백역산(白亦山)·황초령(黃草嶺)에서 발원하여 북쪽으로 흘러, 왼쪽으로는 마대천(馬岱川)·설한동천(雪寒洞川)을 지나고, 가모노(加毛老)를 경유하여 사개수(沙介水)가 된다. 구장진(舊長津)·한후비창(漢厚非倉)을 경유하여, 왼쪽으로 양거수(羊巨水)를 지나 설관(雪關)의 좁은 곳으로 나와서, 노림(蘆林)으로부터 왼쪽으로 덕실동천(德實洞

川)·오만령천(五萬嶺川)을 지나고 장진부의 동쪽을 둘러서 청담강(淸潭江)이 된다. 중강창(中江倉)·묘파구보(廟坡舊堡)를 경유하여 왼쪽으로 형제수(兄弟水)를 지나고 꺾어져서 동쪽으로 흘러서, 신방구비(神方仇非) 구보(舊堡)·부전강(赴戰江)의 물을 경유하여 남쪽으로부터 흘러와서 만난다. 강구구보(江口舊堡)를 경유하여 꺾어지고 북쪽으로 흘러, 함덕(咸德)을 경유하고, 이송령(李松嶺)으로부터 어면구진(魚面舊鎭)을 경유하여 어면강(魚面江)이 된다. 혹은 오매강(烏梅江)이라 한다. 자작구비구보(自作仇非舊堡)를 경유하여 을산덕(乙山德)에 이르고, 오른쪽으로 삼수부의 대동원수(大洞院水)를 지나 갈파지진(乫坡知鎭) 서쪽에 이르러 압록강(鴨綠江)으로 들어간다〉

부전령천(赴戰嶺川)〈부전령의 북쪽에서 발원하여 북쪽으로 흘러 황철파(黃鐵坡)·병풍파(屛風坡)를 경유하여 비목거리(枇木巨里)·판허소(板虛所)·상하 서을이(鋤乙耳)로부터 동서의 뭇 골짜기와 여러 계곡의 물과 만난다. 강구구보의 서쪽에 이르러 장진강으로 들어간다〉

마대천(馬岱川)〈낭림산에서 발원하여 장진강으로 들어간다〉

풍류동천(風流洞川)〈읍치에서 동쪽으로 20리에 있다. 병풍파(屛風坡)의 남쪽에서 나와 부전령천으로 들어간다〉

설한동천(雪寒洞川)〈읍치에서 서쪽으로 45리에 있다. 설한령(雪寒嶺)에서 나와 한태동천(閑台洞川)과 합쳐져서 장진강으로 흘러 들어간다〉

덕실동천(德實洞川)〈한 갈래는 설한령 북쪽에서 나오고, 한 갈래는 총전령 동쪽에서 나와서 장진강으로 들어간다〉

한태동천(閑台洞川)〈한태령(閑台嶺)에서 나와서 설한동천(雪寒洞川)으로 합쳐진다〉

오만령천(五萬嶺川)〈오만령에서 나와서 남쪽으로 흘러 장진강으로 들어간다〉

형제수(兄弟水)〈십만령에서 나와서 남쪽으로 흘러 장진강으로 들어간다〉

양거수(梁巨水)〈읍치에서 남쪽으로 50리에 있다〉

사개수(沙介水)〈읍치에서 남쪽으로 120리에 있다. 이상의 9곳의 물은 장진강 조에 나와 있다〉

『성지』(城池)

읍성(邑城)〈본래 별해진성(別害鎭城)이다. 연산군(燕山君) 7년(1501)에 쌓았다. 둘레는 1,305자이고, 우물이 2곳 있다〉

『진보』(鎭堡)

「혁폐」(革廢)

별해진(別害鎭)〈연산군(燕山君) 7년(1501)에 권관(權管)을 두었다. 중종(中宗) 15년(1520)에 만호(萬戶)로 올렸다. 선조(宣祖) 29년(1596)에 병마첨절제사(兵馬僉節制使)로 올렸다. 정조(正祖) 조 때 별해진으로 읍치를 옮겼다가 혁파하였다〉

신방구비진(神方仇非鎭)〈읍치에서 동북쪽으로 110리에 있다. 동북쪽으로 삼수와의 거리는 230리이다. 연산군(燕山君) 8년(1502)에 설치하였다. 성의 둘레는 1,357자이고, 우물이 1곳 있다. 중종(中宗) 15년(1520)에 권관을 만호로 올렸다〉

강구보(江口堡)〈읍치에서 동북쪽으로 140리에 있다. 삼수와의 거리는 200리이다. 권관이 있다. 목책을 설치했고, 둘레는 502자이다〉

묘파보(廟坡堡)〈읍치에서 북쪽으로 60리에 있다. 삼수와의 거리는 280리이다. 성의 둘레는 1,800자이다. 인조(仁祖) 15년(1637)에 권관을 두었다. 이상의 3곳은 순조(純祖) 계유년(1813)에 혁파하였다. ○이상의 3곳은 장진부에서 읍을 설치하였다가 뒤에 모두 내속되었고, 어면(魚面)·자작구비(自作仇非)를 삼수(三水)라 한다. 서쪽으로 육진(六鎭)이 있다〉

『창고』(倉庫)

읍창(邑倉)〈2곳이 있다〉

한후비창(漢厚非倉)〈읍치에서 남쪽으로 80리에 있다〉

병풍파창(屛風坡倉)〈읍치에서 동쪽으로 130리에 있다〉

중강창(中江倉)〈읍치에서 동북쪽으로 50리에 있다〉

『진도』(津渡)

서쪽 6진(六鎭)의 사이에 진도 5곳이 있다.

『토산』(土産)

철·아연·오미자·잣[해송자(海松子)]·송이버섯[송심(松蕈)]·석이버섯[석이(石耳)]·노랑가슴담비[초서(貂鼠)]·수달·여항어(餘項魚)가 난다.

『누정』(樓亭)

진북루(鎭北樓)〈골짜기 가운데 평교(平郊)가 이루어진 곳에 있는데, 대강(大江)의 중류(中流)이다〉

15. 후주도호부(厚州都護府)

『연혁』(沿革)

조선 세종(世宗) 조 때 후주보(厚州堡)를 설치하여 무창군(茂昌郡)에 소속하였다. 세조(世祖) 초년에 여러 부족의 오랑캐가 침략하여 그 땅을 비워 두었다. 영조(英祖) 7년(1731)에 함경도 관찰사 남구만(南九萬)이 청하여 후주에 진을 설치하였고, 같은 왕 10년에 어면 만호(魚面萬戶)를 후주로 옮기고 첨절제사(僉節制使)로 올렸다. 현종(顯宗) 6년(1665)에 혁파하고 되돌려 옮겨서 어면만호로 삼았다.(연대가 맞지 않음/역자주) 정조(正祖) 20년(1796)에 다시 진을 설치하고, 첨절제사를 두어서, 어면폐보(魚面廢堡)로 진소(鎭所)를 삼았다. 순조(純祖) 22년(1822)에 도호부로 올리고 후주보 옛터로 치소를 옮겼다. 무창의 버려진 상패평(祥覇坪)을 후주도호부에 예속시켰다.〈혹은 "후주의 옛터"라고 하는데, 옛날에 첨사(僉使)가 있었다. 연산군(燕山君) 11년(1505)에 국경 넘는 죄를 범한 일이 있어서 혁파하였다가 뒤에 파수(把守)를 설치하였다〉

「관원」(官員)

도호부사(都護府使)〈후주진병마첨절제사(厚州鎭兵馬僉節制使)·방수장(防守將)을 겸하였다〉 1명을 두었다.

『방면』(坊面)

읍사(邑社)

무창사(茂昌社)〈읍치에서 서쪽으로 옛 군까지 133리에 있다〉

【동구갈파(東舊乫坡)는 읍치에서 시작하여 90리에 있다】

『산수』(山水)

상패평(祥覇坪)〈읍치의 서쪽에 있다〉

연지평(蓮池坪)〈읍치의 동쪽에 있다. 연못이 2곳 있다〉

금신평(金申坪)〈읍치의 남쪽에 있다〉

죽암평(竹岩坪)〈읍치의 서쪽에 있다〉

나신동(羅信洞)〈읍치의 서쪽에 있다〉

동대암(東臺岩)〈읍치에서 동쪽으로 압록강 가에 있다〉

죽암(竹岩)〈무창(茂昌)의 동쪽에 있다. 바위가 가파르면서도 곧게 서 있고, 압록강(鴨綠江)과 임해 있다. 겹겹으로 높은 것이 뛰어나게 빼어나서, 대나무 마디 같고, 그 모양은 괴이하다. 길은 곧바로 통할 수 없어 비스듬히 비껴서 산행한다. 바위 가에는 시개구보(時介舊堡)가 있는데, 그 곳에 큰 못이 있다〉

【석덕령(石德嶺)은 읍치의 서남쪽에 있다】

「영로」(嶺路)

자지령(者之嶺)·이송령(李松嶺)·사동령(蛇洞嶺)·신로령(新路嶺)·성파령(城坡嶺)·동산령(東山嶺)〈이상은 모두 삼수(三水) 조에 나와 있다〉

하산령(河山嶺)·죽전령(竹田嶺)·회덕령(懷德嶺)〈이상은 모두 고무창(古茂昌) 조에 나와 있다〉

장항(獐項)·안현(鞍峴)〈모두 읍치의 동쪽에 있다〉

○압록강(鴨綠江)〈삼수의 구갈파지(舊乫坡知)로부터 서쪽으로 흘러 후주부의 성을 돌아 왼쪽으로 후주강(厚州江)을 지나 보산고보(甫山古堡)를 경유하여, 서북쪽으로 흐르고, 왼쪽으로 나신천(羅信川)을 지나 시개고보(時介古堡)를 경유하여 또 무창고군(茂昌古郡)을 경유하고, 왼쪽으로 포도천(葡萄川)을 지나서 여연고군(閭延古郡)의 경계로 들어간다. ○후주부로부터 무창강(茂昌江) 밖에 이르는 데에 천동(泉洞)·삼동(三洞)·성동(城洞)·직동(直洞)·문암동(門岩洞)·북수동(北水洞)·대암(大岩)·소암(小岩)·대소식염동(大小食鹽洞)·대수동(大水洞)·이형제동(二兄弟洞)이 있다. 이는 모두 12개의 길의 개천이다〉

후주강(厚州江)〈총전령(悤田嶺)의 희색봉(喜塞峯)에서 발원하여, 북쪽으로 흘러 오만동(五萬洞)을 경유하여 대소후주(大小厚州)에 이르러, 왼쪽으로 회덕령(懷德嶺)의 물과 합쳐서, 동사동(東沙洞)·장항덕(獐項德)·대판막(大板幕)·문주비(文柱非)·오통동(五統洞)·동을응동(冬乙應洞)·판막(板幕)·가마도랑(加馬都浪)·자지동(者之洞)·고읍동(古邑洞)을 경유하여 후주부 앞에 이르러 압록강으로 들어간다. 발원지로부터 강으로 들어가는 데까지는 200여 리나

된다〉

나신천(羅信川)〈회덕령(懷德嶺)에서 발원하여, 북쪽으로 흘러 측삼거리(側三巨里) 동쪽가 자갑우(者甲牛)를 경유하여 수점지평(水砧之坪)을 넘어서 나신동에 이르러 압록강으로 들어간다. 발원지에서 강으로 들어가는 데까지는 7,000여 리나 된다〉

포도천(葡萄川)〈회덕령에서 발원하여, 북쪽으로 흘러 측삼(側三)·중삼(中三)·초삼(初三)의 평야를 경유하고 백종령(苔從嶺)의 동쪽을 경유하여 포도동(葡萄洞)에 이르러 압록강으로 들어간다. 발원지에서 강으로 들어가는 데까지는 60여 리가 된다〉

『삼수부지(三水府志)』에 이르기를, "후주부에서 북쪽으로 200리에 30리에 걸친 큰 들이 있는데, 가운데에 2개의 큰 못이 있다. 못 가에는 대(臺)가 있는데, 높이가 수백 길이다. 서쪽으로 18개의 봉우리가 있고 동쪽으로는 곧 압록강인데, 산수가 수려하고 땅의 품질이 매우 비옥하니, 이곳이 후주를 가리킨다"라고 하였다. 남구만(南九萬)의 『설후주의(設厚州議)』에 이르기를, "토지가 평연(平衍)하고 교야(郊野)가 광활하며, 전지(田地)가 비옥하고 지형이 점차로 내려가고 바람의 기운이 점차 약해져 오곡이 모두 잘 익는다."라고 하였다.

『성지』(城池)

읍성은 강에 대어 쌓았다.

『진보』(鎭堡)

「혁폐」(革廢)

보산보(甫山堡)〈읍치에서 서북쪽으로 50리에 있다〉

시개보(時介堡)〈읍치에서 서북쪽으로 111리에 있다. 이상의 2보는 무창과 더불어 함께 설치되었다가 함께 폐지되었다〉

『봉수』(烽燧)

『창고』(倉庫)

읍창(邑倉)·무창창(茂昌倉)이 있다.

『토산』(土産)

삼수부(三水府)·장진부(長津府)와 대략 같다.

제2권

함경도 10읍

1. 길주목(吉州牧)

『연혁』(沿革)

숙신(肅愼)·옥저(沃沮)·고구려·발해(渤海)·말갈(靺鞨)·여진(女眞)이 교대로 그 땅을 차지하였다. 고려 예종(睿宗) 2년(1107)에 여진을 공격하여 물리쳐서 땅의 경계를 획정하고,〈동쪽으로는 대곶령(大串嶺)에 이르고, 북쪽으로는 궁한령(弓漢嶺)에 이르며, 서쪽으로는 몽라골령(蒙羅骨嶺)에 이르는 곳으로, 우리의 강토로 삼았다. 궁한리촌(弓漢里村)에 성을 쌓았는데, 성랑(城廊)이 670칸이다〉 길주(吉州)로 불렀다. 예종 3년(1108)에 방어사(防禦使)를 두었고,〈7,000 호(戶)를 두었다〉 같은 왕 4년에 성을 철거하고 여진에 돌려주자, 금나라의 전 강토가 되었다. 고려 고종(高宗) 때 몽고의 수중에 들어가, 해양(海洋)으로 일컬어졌다.〈혹은 삼해양(三海陽)이라 한다〉 공민왕(恭愍王) 5년(1356)에 수복하였다. 공양왕(恭讓王) 2년(1390)에 웅주(雄州)·길주(吉州) 등의 곳에 관군민만호부(管軍民萬戶府)를 두어서, 영주진(英州鎭)·웅주진(雄州鎭) 및 선화진(宣化鎭) 등의 진을 합쳐 속하게 하였다. 조선 태조(太祖) 7년(1398)에 길주목(吉州牧)을 설치하였다. 세조(世祖) 12년(1430)에 이시애(李施愛)가 주에서 반란을 일으키자 토벌하여 평정하였다. 예종(睿宗) 1년(1469)에 길성현감(吉城縣監)으로 내리고, 주의 북쪽을 분할하여 영평(永平) 등지에 별도로 명천현(明川縣)을 두었다〉 중종(中宗) 7년(1512)에 명천현을 혁파하고 길성현에 내속하였다가, 다시 길주목으로 삼고, 별도로 판관을 두었다. 중종 8년에 다시 현으로 내리고, 환원하여 명천현을 두었다. 선조(宣祖) 38년(1605)에 다시 길주목으로 삼았다.〈옛날에는 경성진관(鏡城鎭管)이었는데, 영조(英祖) 25년(1749)에 독진(獨鎭)이 되었고, 방영(防營)을 두었다〉

「읍호」(邑號)

웅성(雄城)이다.

「관원」(官員)

목사(牧使)〈길주진 병마첨절제사(吉州鎭兵馬僉節制使)·함경북도 병마방어사(咸鏡北道兵馬防禦使)·남도 후위장(南道後衛將)을 겸하였다〉 1명을 두었다.

『고읍』(古邑)

웅주(雄州)〈고려 예종(睿宗) 2년(1107)에 여진을 몰아내고, 화곶령(火串嶺) 아래에 성을 쌓고, 행랑(行廊)은 992칸을 지었다. 영해군 웅주방어사(寧海軍雄州防禦使)를 두고, 10,000호를 두었다〉

영주(英州)〈여진을 몰아내고 몽라골령(蒙羅骨嶺) 아래에 성을 쌓고, 행랑 950칸을 지었다. 안령군 영주방어사(安嶺軍英州防禦使)를 두고, 10,000호를 두었다〉

선화진(宣化鎭)〈여진을 몰아내어 성을 쌓고 진을 설치하였다. 이상의 2주 1진은 고려 예종 4년(1109)에 성을 철거하여 여진에 돌려줌으로써 금나라의 전 강토가 되었다. 뒤에 원나라의 수중에 들어갔다. 공민왕(恭愍王) 5년(1356)에 수복하였고, 공양왕(恭讓王) 2년(1390)에 길주에 병합되었다〉

○예종(睿宗) 2년(1107)에 함주(咸州)로부터 공험진(公嶮鎭)에 이르기까지 9성을 쌓아서 경계로 삼고, 선춘령(先春嶺)에 비를 세웠고, 같은 왕 3년에 영주(英州)·웅주(雄州)·복주(福州)·길주(吉州)의 4주 및 공험진에 방어사·부사(副使)·판관(判官)을 두었다. 함주대도독부(咸州大都督府)를 두었다. 또 함주 및 공험진에 성을 쌓았다.〈예종 2년(1107)에 영주·복주·길주에 성을 쌓았고, 같은 왕 3년 2월에 함주와 평주, 공험진에 성을 쌓았으며, 3월에는 의주(宜州)의 통태진(通泰鎭)·평융진(平戎鎭)에 성을 쌓았다. 예종 4년(1109)에〈금나라 강종(康宗) 오아속(烏雅束) 5년이다〉 길주의 숭녕진(崇寧鎭)·통태진(通泰鎭)·진양진(眞陽鎭)의 3진, 영주(英州)·복주(福州)·함주(咸州)·웅주(雄州)의 4주, 선화진(宣化鎭)을 철거하였다. 『고려사(高麗史)』에 이르기를, "1. 의성(宜城)·통태성(通泰城)·평융성(平戎城) 3성과 함주·영주·웅주·길주·복주, 공험진이 북쪽 경계의 9성이 되었다"라고 하였다.〈혹은 "영주·복주·함주·웅주의 4주, 숭녕진·통태진·진양진·선화진·공험진의 5진이 9성이 되었다."라고 하였다. ○함주·영주·웅주·복주·길주의 5주, 공험진·통태진·평융진·숭녕진·진양진·선화진의 6진으로 무릇 11성이니, 9성의 숫자가 앞뒤에 서로 나타났다. 그 때 호를 둔 숫자 또한 각각 같지 않고, 설치하고 철거한 이름도 각 다르니, 이는 가히 의심할 만하다〉

○공험진(公嶮鎭)〈『고려사(高麗史)』의 오연총전(吳延寵傳)에 "여진이 다시 길주성을 포위하여 곧 함락시키자, 왕이 다시 오연총을 파견하여 구원토록 하였다. 오연총이 공험진에 이르렀는데, 적이 길을 막고 기습적으로 공격하여 우리 군사가 크게 패하고서 흩어져 여러 성으로 들어가서 이곳에 웅거하니, 곧 공준진(公峻鎭)으로 마땅히 길주 경계에 있다"라고 하였다. 혹은 "지금의 경원부(慶源府)이다"라고 하였고, 혹은 "선춘령(先春嶺)의 동남쪽 백두산 동북쪽이다"라고 하였고, 혹은 "송화강(松花江) 가에 있다"라고 하였으니, 모두 잘못이다. 그 때 윤관

(尹瓘)의 병력은 겨우 귀문관(鬼門關)의 남쪽에 이르고 있었다〉

선춘령(先春嶺)〈혹은 "두만강(豆滿江) 북쪽 700리에 있다. 윤관이 땅을 개척하여 여기에 이르러 공험진에 성을 쌓고, 드디어 영(嶺) 위에 비를 세웠는데 비에 새기기를, '고려의 지경'이다."라고 하였다. 혹은 "경원(慶源) 동북쪽 700여 리에 있다. 윤관의 정계비가 있다"라고 했는데, 이 2가지 설은 모두 잘못된 것이다. ○예종(睿宗) 때의 군사를 쓴 일을 살펴본면, 단천·길주의 2주에서는 나오지 않았고, 고려와 여진의 경계는 도련포(都連浦)이니, 곧 도련포로부터 귀문관까지는 700리이고, 마천령까지는 500리인즉, 정계비는 이 2곳에서는 나오지 않았다. 만약 두만강 북쪽 700리가 맞다면, 곧 공험진·선춘령이 모두 영고탑(寧古塔) 이북에 있어서 반드시 이와 같지 않다. 마땅히 도련포 북쪽 700리라고 하는 것이 옳다. ○기록에 따르면, "고려의 지리는 길주·경성의 북쪽에서 그친다."고 하였고, 윤관본전에 실려 있지도 않고 또한 보이지도 않는다〉

『방면』(坊面)

백초사(白初社)〈읍치에서 시작하여 남쪽으로 60리에서 끝난다〉

백이사(白二社)〈읍치에서 시작하여 서북쪽으로 200여 리에서 끝난다〉

백삼사(白三社)〈읍치에서 시작하여 동북쪽으로 30리에서 끝난다〉

다초사(多初社)〈읍치에서 시작하여 남쪽으로 60리에서 끝난다〉

다이사(多二社)〈읍치에서 시작하여 동남쪽으로 40리에서 끝난다〉

서초사(西初社)〈읍치에서 시작하여 서남쪽으로 60리에서 끝난다〉

서이사(西二社)〈읍치에서 시작하여 서쪽으로 60리에서 끝난다〉

『산수』(山水)

장백산(長白山)〈읍치에서 서북쪽으로 200여 리에 있다. 길주(吉州) 및 명천(明川)·경성(鏡城)·무산(茂山)·갑산(甲山)과 교차한다. 경계의 둘레는 1,000여 리를 두르고 있어, 백두산에 버금간다. 무산 조에 자세히 나와 있다〉

두리산(豆里山)〈혹은 원산(圓山)이라 한다. 장백산의 서쪽 갈래이다. 읍치에서 서북쪽으로 190리에 있다. 그 동쪽에는 또한 소두리산(小豆里山)이 있다〉

성불산(成佛山)〈읍치에서 서북쪽으로 45리에 있다. ○성불사(成佛寺)와 장수사(長壽寺)

가 있다〉

장덕산(長德山)〈읍치에서 동쪽으로 10리에 있다. ○진남사(鎭南寺)가 있다〉

설봉산(雪峯山)〈읍치에서 서남쪽으로 42리에 있다. ○부흥사(復興寺)가 있다〉

백원산(白院山)〈읍치에서 남쪽으로 30리에 있다. 백탑(白塔)이 있다〉

도산(刀山)〈읍치에서 서북쪽으로 44리에 있다〉

서산(西山)〈읍치에서 서북쪽으로 90리에 있다〉

고봉(高峯)〈읍치에서 서북쪽으로 75리에 있다〉

응봉(鷹峯)〈읍치에서 서쪽으로 130리에 있다〉

유덕(楡德)〈읍치에서 서쪽으로 65리에 있다〉

금석덕(金錫德)〈읍치에서 서쪽으로 15리에 있다〉

금상덕(金尙德)〈읍치에서 서쪽으로 80리에 있다〉

노동(蘆洞)〈읍치에서 서쪽으로 30리에 있다〉

치령동(致靈洞)〈읍치에서 서쪽으로 40리에 있다〉

중산동(中山洞)〈읍치에서 서쪽으로 70리에 있다〉

이천동(伊川洞)〈읍치에서 서쪽으로 60리에 있다〉

옥천동(玉泉洞)〈읍치에서 서쪽으로 68리에 있다〉

서대동(西大洞)〈읍치에서 서북쪽으로 90리에 있다〉

사하동(斜下洞)〈읍치에서 서북쪽으로 50리에 있다〉

취지동(就之洞)〈읍치에서 북쪽으로 30리에 있다〉

망덕(望德)〈성진송림(城津松林)에 있다〉

금만덕(金萬德)〈읍치에서 서쪽으로 33리에 있다〉

장동(場洞)〈읍치에서 남쪽으로 60리에 있다〉

탑평(塔坪)〈읍치에서 서남쪽으로 35리에 있다〉

원평(院坪)〈읍치에서 서남쪽으로 30리에 있다〉

탕자평(湯子坪)〈읍치에서 서쪽으로 90리에 있다〉

만춘동(晩春洞)〈읍치에서 서쪽으로 100리에 있다〉

방장(防墻)〈읍치에서 서쪽으로 44리에 있다〉

장항(獐項)〈읍치에서 서남쪽으로 49리에 있다〉

「영로」(嶺路)

장군파령(將軍坡嶺)〈읍치에서 북쪽으로 66리에 있고, 명천(明川)과 경계를 이룬다〉

서대동령(西大洞嶺)〈읍치에서 서북쪽으로 95리에 있다〉

쌍포령(雙浦嶺)〈포일작개(浦一作介)에서 서남쪽으로 75리에 있고, 성진진(城津鎭)으로 통한다〉

마천령(摩天嶺)〈읍치에서 서남쪽으로 120리의 대로에 있다. 관남(關南)과 관북(關北)으로 나누어졌다〉

방아령(防阿嶺)〈위와 같다〉

사각령(蛇角嶺)〈읍치에서 서남쪽으로 125리에 있다. 이상의 2곳은 단천(端川)과 마곡(麻谷)으로 통한다〉

소미령(昭美嶺)〈위와 같다〉

파령(坡嶺)〈읍치에서 서남쪽으로 120리에 있다. 이상의 2곳은 단천과 수영동(水永洞)으로 통한다〉

판막령(板幕嶺)〈읍치에서 서남쪽으로 125리에 있다. 단천 국사령(國師嶺)으로 통한다. 이상의 5곳은 지금은 폐지되었다〉

갈파령(葛坡嶺)〈읍치에서 서남쪽으로 115리에 있다. 단천 이동(梨洞)으로 통하는 중로(中路)이다〉

장방령(長防嶺)〈읍치에서 서남쪽으로 120리에 있다. 단천 우별덕(又別德)으로 통한다. 지금은 폐지되었다〉

우지령(牛脂嶺)〈위와 같다. 단천 장항(獐項)으로 통하는 중로이다〉

벌장포령(伐長浦嶺)〈읍치에서 서남쪽으로 115리에 있다. 사기령(沙器嶺)을 넘어 단천 화장(華藏)으로 통하는 요로(要路)이다〉

사기령(沙器嶺)〈읍치에서 서남쪽으로 140리에 있다〉

농덕령(籠德嶺)〈읍치에서 서남쪽으로 138리에 있다. 이상의 12곳은 단천과 경계를 이루고 있다. 단천 조에 자세히 나와 있다〉

기운령(起雲嶺)〈읍치에서 북쪽으로 190리에 있다. 명천과 경계를 이루고 있다〉

설령(雪嶺)〈읍치에서 서북쪽으로 200여 리에 있다. 갑산과 경계를 이루고 있다〉

○해(海)〈주의 동남쪽으로부터 서남쪽에 이르기까지 혹은 50리, 70리, 90리이다〉

부서천(浮瑞川)〈장백산의 설령(雪嶺)에서 발원하여 동남쪽으로 흘러 참도령(斬刀嶺)의 서쪽 대동수(大洞水)에서 만나, 이덕구보(梨德舊堡) 및 서북진(西北鎭)을 경유하여, 오른쪽으로 사하동천(斜下洞川)을 지나고, 주의 서쪽 3리를 경유하여 남쪽으로 흘러 다신포(多信浦)에 이르러 바다로 들어간다〉

서대동천(西大洞川)〈참도령에서 발원하여 동남쪽으로 흘러 서대동을 경유하고, 서북고진(西北古鎭)을 경유하여 부서천(浮瑞川)에서 합쳐진다〉

사하동천(斜下洞川)〈사발령(沙鉢嶺)에서 발원하여 동남쪽으로 덕만동구보(德萬洞舊堡) 및 성불산(成佛山)의 남쪽을 경유하여 부서천(浮瑞川)으로 들어간다〉

탑평천(塔坪川)〈응봉령(鷹峯嶺)에서 발원하여 동남쪽으로 흘러 중산동(中山洞) 사하북구보(沙下北舊堡) 및 농사평(農事坪)·탑평(塔坪)을 경유하여 원평(院坪)에 이르러 부서천으로 들어간다〉

임명천(臨溟川)〈설봉산(雪峯山)에서 발원하여 남쪽으로 흘러 임명역(臨溟驛) 앞을 경유하여 바다로 들어간다〉

쌍포천(雙浦川)〈사각령(蛇角嶺)과 방아령(防阿嶺)의 2령에서 발원하여 동남쪽으로 흘러 바다로 들어간다. 천도(穿島)가 있다〉

유진천(楡津川)〈갈파령(葛坡嶺)에서 발원하여 동남쪽으로 흘러 갈파평을 경유하고, 왼쪽으로는 판막령(板幕嶺)에서 만나, 이천동(伊川洞)을 경유하여 남쪽으로 흐르고, 오른쪽으로는 소미령(昭美嶺)을 지난 물이 유진에 이르러 바다로 들어간다〉

다신포(多信浦)〈읍치에서 남쪽으로 50리의 부서천에 있다. 바닷가 어귀에 문암(門岩)이 있다〉

벌장포(伐長浦)〈읍치에서 서남쪽으로 90리에 있다. 장방령(長防嶺)에서 발원하여 동쪽으로 흘러 성진(城津)에 이르러 바다로 들어간다〉

탕자평온천(湯子坪溫泉)〈읍치에서 서쪽으로 90리에 있다〉

유만동온천(柳滿洞溫泉)〈읍치에서 북쪽으로 30리에 있다〉

천동온천(川洞溫泉)〈읍치에서 서쪽으로 45리에 있다〉

건자개동온천(乾者介洞溫泉)〈읍치에서 서쪽으로 13리에 있다〉

【유진진(楡津鎭)과 쌍포진(雙浦鎭)이 모두 읍치에서 서남쪽으로 70리에 있다】

「도서」(島嶼)

양도(洋島)〈읍치에서 동남쪽으로 70리에 있다. 바다 가운데 섬이 3개 있는데, 그 2곳에는 어부들이 거주하고 있고, 1곳은 명천(明川)에 속해 있다〉

난도(卵島)〈읍치에서 동남쪽으로 바다 가운데 있다〉

천도(穿島)〈읍치에서 서남쪽으로 100리에 있다. 쌍개원(雙介院) 곁에는 기암이 가파르게 바다 가운데 서 있는 것이 무지개문[홍문(虹門)]과 같다. 작은 배가 그 가운데로 출입한다〉

【제언(堤堰)이 2곳 있다】

『성지』(城池)

읍성(邑城)〈둘레는 10,600자이다. 곡성(曲城)이 5곳, 옹성(甕城)이 4곳, 포루가 5곳이다. 동서 2문이 있고, 우물이 12곳 있다〉

다신성(多信城)〈읍치에서 남쪽으로 31리에 있다. 강성(江城)으로 부른다. 둘레는 15,075자이다. 안에는 10개의 못이 있다. 『고려사(高麗史)』에 이르기를, "웅주(雄州)는 남쪽에 있고, 길주는 북쪽에 있다"고 했는데, 웅주고성(雄州古城)이 아닌가 한다〉

오포성(吾布城)〈다신성 아래에 있다. 둘레는 2,805자이다〉

고산성(古山城)〈읍치에서 남쪽으로 34리에 있다. 둘레는 4,405자이다〉

태신성(泰神城)〈읍치에서 남쪽으로 51리에 있다. 둘레는 3,121자이다. ○이 여러 고성(古城)들을 살펴보면, 9성을 설치할 때 영주(英州)·웅주(雄州)·선화(宣化) 10진(鎭)이 모두 이 가운데 있다〉

【백승루(百勝樓)가 남문(南門)에 있다】

『영아』(營衙)

방영(防營)〈선조(宣祖) 38년(1605)에 방어사(防禦使)를 두었다. 광해군(光海君) 1년(1609)에 혁파하였고, 같은 왕 6년에 다시 겸하였다. 인조(仁祖) 5년(1627)에 혁파하였다. 숙종(肅宗) 27년(1701)에 성진(城津)에 방영(防營)을 설치하였다가, 같은 왕 40년에 길주로 옮겼다. 영조(英祖) 22년(1746)에 또 성진에 옮겼고, 같은 왕 25년에는 다시 길주로 환원하였다〉

「관원」(官員)

함경도 도병마방어사(咸鏡道道兵馬防禦使) 1명을 두었다.〈길주 목사가 겸하였다〉

「속진」(屬鎭)

성진(城津) 서북쪽에 두었다.

『진보』(鎭堡)

성진진(城津鎭)〈읍치에서 남쪽으로 90리에 있다. 본래 소파온고성(所波溫古城)에 두었으나, 이 또한 9성(九城)을 축조할 때 쌓은 것이다. 광해군(光海君) 6년(1614)에 고쳐서 쌓았다. 둘레는 1,034보이다. 우물이 4곳 있다. 효종(孝宗) 5년(1654)에 외성을 쌓았는데, 후봉(後峯) 3곳에서 시작되었다. 그 봉우리 꼭대기가 좌우로 뻗어 이어져 있는 것이 각 백 수십 보이다. 그 양 꼬리쪽은 바다에 이르러 그친다. 성의 북쪽에 진북루(鎭北樓)가 있는데, 북문을 영해루(嶺海樓)라고 한다. 곡성(曲城)에는 세검정(洗劍亭)이 있고, 성의 동쪽 성에서 바다로 들어가는 곳을 망양정(望洋亭)이라 하고, 북쪽 성에서 바다로 들어가는 곳을 망해정(望海亭)이라 하며, 서쪽성에서 바다로 들어가는 곳을 헌경대(軒鯨臺)라고 한다. ○병마첨절제사(兵馬僉節制使) 겸 방수장(防守將)·수성장(守城將) 1명을 두었다. ○장백산(長白山)의 한 갈래가 남쪽으로 뻗어 마천령(摩天嶺)이 되고, 또 동쪽으로 달려 바다로 들어가 성진이 된다. 성진(城津)의 좌우와 앞의 3면이 모두 바다이고, 홀로 뒤쪽 1면만 육지와 이어져 있는데, 높은 봉우리가 솟아나서 1도의 남북을 교차하는 경계의 요충지가 되었다〉

서북진(西北鎭)〈읍치에서 서북쪽으로 40리에 있다. 일명 양산진(陽山鎭)이라 한다. 현종(顯宗) 14년(1673)에 혁파하였다. 장군파보(將軍坡堡)·사하북보(斜下北堡)·덕만동보(德萬洞堡)의 3보(堡)를 내속시키고, 만호(萬戶)를 첨사(僉使)로 올렸다. 영조(英祖) 25년(1749)에 패적교(敗賊橋) 애구(隘口)로 옮겨서, 목책 1,550자를 설치하였다. ○병마동첨절제사(兵馬同僉節制使) 1명을 두었다〉

「혁폐」(革廢)

서북진(西北鎭)〈읍치에서 서북쪽으로 67리에 있다. 성의 둘레는 1,542자이다. 영조(英祖) 25년(1749)에 수재로 말미암아 지금의 진으로 옮겼다〉

이덕보(梨德堡)〈읍치에서 서북쪽으로 62리에 있다. 판성(板城)의 둘레는 553자이다. 장군파(將軍坡)에 합쳤다〉

장군파보(將軍坡堡)〈읍치에서 북쪽으로 66리에 있다. 성의 둘레는 1,464자이다. 중종(中宗) 16년(1521)에 이덕보를 혁파하여 이곳에 합쳐서 만호를 두었다〉

덕만동보(德萬洞堡)〈읍치에서 서북쪽으로 91리에 있다. 중종 8년(1513)에 쌓았다. 성의 둘레는 500자이다. 옛날에 목책을 설치했다〉

사하북보(斜下北堡)〈읍치에서 서쪽으로 43리에 있다. 성의 둘레는 953자이다. 성종(成宗)

25년(1494)에 만호를 혁파하고 권관(權管)을 두었다. 이상의 3보는 현종 14년(1673)에 혁파하여 서북진에 예속시켰다〉

『봉수』(烽燧)

기리동(岐里洞)〈읍치에서 서남쪽으로 95리에 있다. 성진진에서 서쪽으로 10리이다〉

쌍포령(雙浦嶺)〈읍치에서 서남쪽으로 80리에 있다〉

장현(場峴)〈읍치에서 남쪽으로 55리에 있다〉

산성(山城)〈읍치에서 남쪽으로 38리에 있다〉

향교현(鄕校峴)〈읍치에서 남쪽으로 3리에 있다〉

녹반(綠礬)〈읍치에서 동북쪽으로 10리에 있다〉

「간봉」(間烽)

최세동(崔世洞)〈읍치에서 북쪽으로 20리에 있다〉

동산(東山)〈한결같이 장고파 북쪽 45리에서 시작된다〉

고봉(高峯)〈읍치에서 서북쪽으로 75리에 있다〉

서산(西山)〈읍치에서 서북쪽으로 90리에 있다〉

『창고』(倉庫)

읍창(邑倉)·방영창(防營倉)〈읍 안에 있다〉

동창(東倉)〈읍치에서 동남쪽으로 45리에 있다〉

해창(海倉)〈읍치에서 동남쪽으로 55리에 있다〉

서창(西倉)〈읍치에서 남쪽으로 70리에 있다〉

임명창(臨溟倉)〈읍치에서 남쪽으로 70리에 있다. 이상의 3창(倉)은 해변에 있다〉

원평창(院坪倉)〈읍치에서 서남쪽으로 35리에 있다〉

신창(新倉)〈읍치에서 남쪽으로 15리에 있다〉

서북창(西北倉)〈읍치에서 서북쪽으로 20리에 있다〉

영동창(嶺東倉)·진창(鎭倉)〈2곳은 성진성(城津城) 가운데 있다〉

역군창(驛軍倉)〈임명역(臨溟驛)에 있다〉

『역참』(驛站)

영동역(嶺東驛)〈읍치에서 남쪽으로 90리에 있다〉

임명역(臨溟驛)〈읍치에서 남쪽으로 60리에 있다〉

웅평역(雄平驛)〈읍치에서 남쪽으로 5리에 있다〉

「보발」(步撥)

영동참(嶺東站)·임명참(臨溟站)·산성참(山城站)·웅평참(雄平站)이 있다.

『교량』(橋梁)

남대천교(南大川橋)〈읍치에서 남쪽으로 7리에 있다〉

명천교(溟川橋)〈읍치에서 남쪽으로 65리에 있다〉

쌍포천교(雙浦川橋)〈쌍포천에 있다〉

『토산』(土産)

철·오미자·석이버섯[석심(石蕈)]·송이버섯[송심(松蕈)]·대구어(大口魚)·문어(文魚)·연어(鰱魚)·송어(松魚)·황어(黃魚)·은어(銀魚)·고등어[고도어(古刀魚)]·홍어(洪魚)·삼치[마어(麻魚)]·방어(魴魚)·숙어(鱐魚)·명태·가자미[접어(鰈魚)]·전복·홍합·게·조개[합(蛤)]·꽃게[자해(紫蟹)]·해삼·미역·곤포곽(昆布藿)·고리마(高里麻)·다시마[다사마(多士麻)]·해달(海獺)·수달(水獺)·노랑가슴담비[초서(貂鼠)]·화피(樺皮)·소금이 난다.

『누정』(樓亭)

압해정(壓海亭)〈마천령(摩天嶺) 위에 있다. 겹겹이 구름으로 덮인 산을 두루고 있는 모습이 만리나 되는 거울 속의 바다와 마주하고 있다〉

임해정(臨海亭)〈임명역(臨溟驛)의 곁에 있다〉

『사원』(祠院)

명천서원(溟川書院)〈현종(顯宗) 경술년(1670)에 세웠고, 숙종(肅宗) 병자년(1696)에 사액받았다〉

조헌(趙憲)〈김포(金浦) 조에 나와 있다〉

『전고』(典故)

고려 예종(睿宗) 2년(1107)에 평장사(平章事) 윤관(尹瓘), 지추밀원사(知樞密院事) 오연총(吳延寵)을 파견하여, 보병과 기병 17만 명을 거느리고 여진을 토벌하도록 하였다. 윤관은 대내파지(大乃巴只)를 지나서 문내니촌(文乃泥村)에 이르렀다. 적이 보동음성(保冬音城)에 침입하자, 윤관이 최홍정(崔弘正)을 보내어서 공격하여 그들을 쳐부수었다. 윤관은 또 이관진(李冠珍)·척준경(拓俊京)을 보내서 좌군과 함께 석성(石城)을 공격하여 그들을 크게 쳐부수었다. 또 최홍정(崔弘正)·김부필(金富弼)·이준양(李俊陽)을 보내어 위이동(位伊洞)을 공격하여 1,200명을 목베었고, 중군(中軍)은 고사한(高史漢) 등 35촌을 쳐부수고, 380명을 목베었으며, 230명을 포로로 잡았다. 우군(右軍)은 광탄(廣灘) 등 32촌을 쳐부수고, 230명을 목베었으며, 300명을 포로로 잡았다. 좌군(左軍)은 심곤(深昆) 등 32촌을 쳐부수고, 950명을 목베었다. 윤관은 대내파지로부터 37촌을 쳐부수고, 2,150명을 목베었으며, 500명을 포로로 잡는 큰 승리를 거뒀다. 윤관은 또 여러 장수들을 나누어 파견하며 땅의 경계를 획정하였는데, 동쪽으로는 화곶령(火串嶺)에 이르고, 북쪽으로는 궁한령(弓漢嶺)〈이곳은 곧 광춘령(光春嶺)이다〉에 이르며, 서쪽으로는 몽라골령(蒙羅骨嶺)에 이르도록 우리의 강토를 삼아서, 이곳에 웅주(雄州)·영주(英州)·복주(福州)·길주(吉州)의 4주를 두었다. 윤관은 또 영주·복주·웅주·길주·함주 및 공험진(公嶮鎭)에 성을 쌓았고,〈지금 명천(明川)의 영평산고성(永平山古城)이다〉 드디어 공험진에 비를 세워 경계로 삼았다.〈이것이 이른바 선춘령(先春嶺)에 비를 세웠다는 것이다. ○살펴보건대, 길주로부터 경원(慶源)의 북쪽으로 700리의 선춘령에 이르기까지 1,300리나 되는데, 윤관의 병력이 이곳에 이르렀다는 것인가? 함흥의 북쪽으로부터 돌고 돌아 모두 금나라의 강토가 된 지가 120년이 되었는데, 선춘령의 한 조각 남은 돌로서 어찌 모든 것을 알 수 있으랴? 비문에는 "고려지경"(高麗之境)이라는 4글자가 있는데, 오랑캐가 지워버린 것이 심하니, 지극히 가소롭구나!〉 예종 3년(1108)에 여진의 보병과 기병 20,000명이 침입하여 영주성(英州城) 남쪽에 주둔하였다. 척준경(拓俊京)이 관군을 이끌고 출격하여 패배시키고 20명을 목베었으며, 병장기와 말 8필을 획득하였다. 여진의 군사 수만 명이 침입하여 웅주성(雄州城)을 포위하였다. 최홍정이 문을 열고 출격하여 크게 패배시키고 80명을 목베었으며 수레와 마차, 병장기를 획득하였다. 윤관과 오연총은 정예병 8,000명을 이끌고 가한촌(可漢村) 병항(甁項)〈지금의 귀문관(鬼門關)이다〉을 나섰는데, 소로에서 잠복한 군을 만나 패했다. 윤관과 오연총이 영주에 들어가서 지키자, 여진의 추장 아노환(阿老喚) 등 403명이 진 앞으로 나아가 항복을 청하였다. 남녀 1,460여 명이 또 좌군에 항복하였다. 병마판관(兵馬判官) 유익(庾翼) 등이 길주에서 여진과 더불어 전투를 벌이다 사망하였다. 윤관과 오연총이 정주(定州)로부터 군사를 다그쳐 가서 길주가 포위된 것을 구하고서, 나복기촌(那卜其村)·아지고촌(阿之古村)에 이르자, 태사(太師) 오아속(烏雅束)〈금나라의 강종(康宗)이다〉이 사람을 보내 화의를 청하였다.〈임언(林彦)이 쓴 『영주청벽기(英州廳壁記)』에 이르기를, "고려 예종(睿宗)이 좌우에 일러 말하기를, '여진은 본래 고구려의 부락(部落)이었다. 개마산(蓋馬山) 동쪽에 모여 살면서 대대로 조공을 바치는 일을 수행하면서, 우리 조종(祖宗)의 깊은 은택을 입었다."고 하였다. ○개마산을 살피건대, 개마산은 지금의 낭림산(狼林山)으로 한나라 때 현토군(玄菟郡)의 서쪽, 개마현의 땅이다. 낭림산의 동쪽으로 고려와 여진의 경계를 나눴다〉 여진이 책(柵)을 세워 웅주성을 포위하자, 오연총이 웅주에 이르러 여진을 공격하여 패주시켰다. 예종 4년(1109)에 여진이 길주를 포위하자, 오연총이 군사를 이끌고 가서 구원하고 크게 패배시켰다. 행영병마록사장(行營兵馬錄事長) 문위(文緯) 등이 여진과 더불어 숭녕진(崇寧鎭)에서 전투를 벌여 38명을 목베었고, 행영병마판관(行營兵馬判官) 허재(許載)와 김의원(金義元) 등이 여진과 길주 관외(關外)에서 전투를 벌여 30명을 목베고, 철갑과 우마를 노획하였다. 여진에게 9성(九城)을 돌려주었다.〈의논하는 자들이 모두 말하기를, "여진의 궁한리(弓漢里) 밖은 산이 잇따라 있고 절벽으로 되어 있어 오직 하나의 작은 지름길로 가히 다닐 수 있을 뿐이니, 만약에 작은 지름길을 막아서 성에 관방을 설치한다면, 그 우환이 영원토록 사라질 것이라고 했는데, 공격하는 데에 미쳐서는 수륙으로 통하지 않는 데가 없어 앞서의 소문과는 크게 달랐다. ○살펴보건대 이는 곧 귀문관(鬼門關)으로, 윤관의 병사가 여기를 넘지 않았다〉 우왕(禑王) 9년(1383)에 우리 태조가 길주에서 호발도(胡拔都)를 대파하였다. ○조선 선조(宣祖) 25년(1592) 12월에 평사(評事) 정문부(鄭文孚)가 여러 의병(義兵)을 이끌고 길성현(吉城縣)의 쌍포진(雙浦鎭)에서 왜군과 전투를 벌여 그들을 격파하였다. 성진(城津)에서 패한 왜군이 임명(臨溟)을 크게 노략질하자, 정문부가 경기병(輕騎兵)을 거느리고 그들을 습격하였는데, 골짜기에 매복하였다가 크게 격파하였다〉

2. 경성도호부(鏡城都護府)

『연혁』(沿革)

고구려의 뒤에 발해가 그곳에 있으면서 용원부(龍原府)를 두었다. 여진은 우롱이(亐籠耳)로 일컬었다. 금나라 땅이 되었다가 뒤에 원나라의 수중에 들어갔다. 고려 공민왕(恭愍王) 5년(1356)에 수복하였다. 조선 태조 7년(1398)에 경성 만호(鏡城萬戶)를 두었다. 정종(定宗) 2년(1400)에 군으로 승격하고 영(營)을 설치하여서 병마사 겸 지군사(兵馬使兼知郡事)로 삼았다. 세종(世宗) 18년(1436)에 도호부(都護府)로 승격하고서 병마도절제사 겸 부사(兵馬都節制使兼府使)로 삼았고, 별도로 판관(判官)을 두었다. 영조(英祖) 32년(1756)에 별도로 부사를 두었다가, 같은 왕 34년(1757)에 다시 겸하였다.〈경성진이 명천(明川)·줄온(乼溫)·삼삼파(森森坡)·재덕(在德)을 관장하였다〉

「읍호」(邑號)

용성(龍城)·치성(雉城)이라 한다.

「관원」(官員)

도호부사(都護府使)〈함경북도 병마절도사(咸鏡北道兵馬節度使)가 겸하였다〉 판관(判官)〈경성진병마절제도위(鏡城鎭兵馬節制都尉)·남도좌위장(南道左衛將)·수성장(守城將)을 겸하였다〉 각 1명을 두었다.

『방면』(坊面)

용성사(龍城社)〈읍치에서 북쪽으로 40리에 있다〉

오촌사(吾村社)〈읍치에서 서쪽으로 100리에 있다〉

줄온사(乼溫社)〈읍치에서 남쪽으로 50리에 있다〉

어랑사(漁郎社)〈읍치에서 남쪽으로 120리에 있다〉

명간사(明澗社)〈읍치에서 남쪽으로 140리에 있다〉

주촌사(朱村社)〈읍치에서 남쪽으로 60리에 있다. 모두 지경의 끝나는 곳이다〉

『산수』(山水)

조백산(祖白山)〈읍치에서 서쪽으로 5리에 있다〉

설봉산(雪峯山)〈읍치에서 북쪽으로 30리에 있다. ○용은사(龍隱寺)가 있다〉

장백산(長白山)〈읍치에서 서쪽으로 110리에 있다. 경성도호부의 모든 산줄기와 물줄기가 여기에서 발원하고 분기된 것이다. 무산부(茂山府) 조에 자세히 나와 있다〉

제왕산(諸王山)〈읍치에서 남쪽으로 45리의 바닷가에 연해 있다〉

중봉산(中峯山)〈읍치에서 남쪽으로 100리에 있다. ○신적사(新寂寺)가 있다〉

운주산(雲住山)〈읍치에서 남쪽으로 60리에 있다. 용장사(龍藏寺)·만경암(萬景庵)이 있다〉

오봉산(五峯山)〈읍치에서 남쪽으로 65리에 있다. 진림사(榛林寺)가 있다〉

백록산(白鹿山)〈읍치에서 남쪽으로 140리에 있다〉

강릉산(江陵山)〈읍치에서 남쪽으로 130리의 바닷가에 연해 있다. ○용암사(龍岩寺)가 있다〉

모덕(牟德)〈주촌역(朱村驛) 남쪽에 있다〉

오대암(五臺岩)〈덕산천(德山川) 상류에 있다〉

입암(立岩)〈읍치에서 남쪽으로 120리에 있다. 높이는 가히 100여 자이다〉

와암(臥岩)〈읍치에서 서남쪽으로 107리에 있다. 운가위천(雲加委川) 상류이다〉

입암(笠岩)〈읍치에서 남쪽으로 115리에 있다. 이상의 3암은 솥처럼 서 있는데, 매우 기괴하다〉

송암(松岩)〈덕산천(德山川)에서 바다로 들어가는 입구에 있다〉

진조덕(眞鳥德)〈읍치에서 남쪽으로 70리에 있다〉

원수대(元帥臺)〈읍치에서 남쪽으로 10리의 바닷가에 있다〉

학사대(學士臺)〈줄온천에서 바다로 들어가는 입구에 있다〉

팔경대(八景臺)〈읍치에서 남쪽으로 100리에 있다. 앞에는 대천과 임해 있고, 들에는 연못이 있다〉

수중대(水中臺)〈팔경대에서 동쪽으로 10리 정도 되는 곳의 넓은 들판 가운데 있다〉

아시동(阿時洞)〈보로지천(甫老之川)의 상류에 있다. 서·남·북 3동(洞)이 있다〉

대량화(大良化)〈읍치에서 남쪽으로 120리 떨어진 해변에 있다. 폐지된 현의 터가 있는데, 옛날에는 양천현(良川縣)이라 했다〉

「영로」(嶺路)

허수라현(虛修羅峴)〈읍치의 서북쪽에 있다. 부령(富寧)과 무산(茂山)의 2읍이 교차하는 곳이다〉

거문령(巨門嶺)〈읍치에서 서북쪽으로 55리에 있는데, 무산과 경계를 이루고 있다〉

마유령(馬踰嶺)〈읍치에서 서북쪽으로 60리에 있는데, 무산과 경계를 이루고 있다〉

오봉령(五峯嶺)〈삼삼파(森森坡)의 남쪽에 있다〉

장항(獐項)〈읍치에서 서북쪽으로 35리에 있다〉

귀문관(鬼門關)〈읍치에서 남쪽으로 120리에 있다. 명천부(明川府) 조에 자세히 나와 있다〉

○해(海)〈용성천(龍城川)의 동쪽으로부터 명간사(明澗社)의 끝 연해에 이르기까지의 길이는 200여 리이다〉

어유간천(魚游澗川)〈읍치에서 북쪽으로 15리에 있다. 허수라현에서 발원하여 동남쪽으로 흘러 어유간진을 경유하여 바다로 들어간다. 상류에는 입암(立岩)이 있다〉

덕산천(德山川)〈혹은 오촌천(吾村川)이라 한다. 마유령에서 발원하여 동쪽으로 흘러 오촌보(吾村堡)를 경유하고 부의 남쪽으로 2리에 미쳐 바다로 들어간다. 원수대(元帥臺)가 있다〉

줄온천(乼溫川)〈읍치에서 남쪽으로 30리에 있다. 장백산(長白山) 북쪽 줄기에서 발원하여 상평(桑坪) 및 줄온진(乼溫鎭)을 경유하여 동쪽으로 흘러 바다로 들어간다〉

보로지천(甫老知川)〈읍치에서 남쪽으로 45리에 있다. 장백산에서 발원하여 동쪽으로 흘러 아시동(阿時洞) 및 보로지구보(甫老知舊堡)·영강역(永康驛) 앞을 경유하여 바다로 들어간다〉

보화천(寶化川)〈읍치에서 남쪽으로 80리에 있다. 장백산에서 발원하여 동쪽으로 흘러 보화보(寶化堡) 오봉산(五峯山)의 남쪽을 경유하여 바다로 들어간다〉

주촌천(朱村川)〈산창동(山倉洞)에서 발원하여 동쪽으로 흘러 주촌역을 경유하여 바다로 들어간다〉

운가위천(雲加委川)〈읍치에서 남쪽으로 120리에 있다. 장백산에서 발원하여 동쪽으로 흘러 사마동천(斜亇洞川)이 되고, 와룡(臥龍) 삼삼파(森森坡)의 남쪽을 경유하여, 오른쪽으로 명천부(明川府)의 대천(大川)을 지나 명간천(明澗川)이 되고, 오른쪽으로 어랑포(漁郎浦)를 지난 물이 광암(廣岩)을 경유하여 바다로 들어간다〉

용성천(龍城川)〈읍치에서 북쪽으로 30리의 부령대천(富寧大川) 하류에 있다. 동쪽으로 흘러 바다로 들어간다〉

어랑포(漁郎浦)〈명간천(明澗川)의 남쪽에 있다〉

장자택(長者澤)〈읍치에서 남쪽으로 90리에 있다. 물이 골짜기에 넘친다. 길이가 15리이고,

너비가 3리이다. 동쪽으로 흘러 바다로 들어간다〉

무계택(無界澤)〈혹은 무계호(武溪湖)라고 한다. 읍치에서 남쪽으로 110리에 있다. 길이는 9리이고, 너비는 6리이다〉

장포지(長浦池)〈읍치에서 북쪽으로 28리에 있다. 동쪽으로 흘러 바다로 들어간다〉

동련당(東蓮塘)〈무계호에서 북쪽으로 10리에 있다〉

용연(龍淵)〈읍치에서 서쪽으로 50리에 있다〉

추봉온천(錐峯溫泉)〈읍치에서 서쪽으로 34리에 있다〉

운가위온천(雲加委溫泉)〈읍치에서 서쪽으로 110리에 있다〉

사진(沙津)·이진(梨津)·오리진(吾梨津)·양화진(楊花津)·추진(楸津)·마전구미(麻田仇未)〈이상의 6곳은 명간사(明澗社)에 있다. 읍치에서 남쪽으로 130리 떨어진 곳으로, 명천(明川) 칠보산(七寶山)의 동북쪽이다. 명간사로부터 뻗어서 바다 서쪽으로 들어가는데, 모두 끝나는 곳에 있다〉

「도서」(島嶼)

서수라도(西水羅島)〈옛날에 이르기를, "후라도"(厚羅島)라고 하였다. 장자택에서 바다로 들어가는 입구에 있다〉

『형승』(形勝)

서쪽은 장백산(長白山)을 지키고, 동쪽은 넓고 푸른 바다를 두르고 천 개의 봉우리가 층층이 겹쳐있고 온갖 내가 찾아 돌고, 북쪽은 요새로서 7읍이 모이고, 남쪽은 관문으로 1도의 요충지이다.

『성지』(城池)

읍성(邑城)〈둘레는 4,610자이고, 곡성(曲城)이 1곳, 포루가 5곳, 문이 4곳, 우물이 44곳, 파놓은 못이 6곳 있다〉

남산고성(南山古城)〈읍치에서 서남쪽으로 5리에 있다. 둘레는 3,289자이고, 2곳의 우물이 있다〉

증산고성(甑山古城)〈읍치에서 남쪽으로 87리에 있다. 둘레는 1,275자이고, 2곳의 못이 있다〉

『영아』(營衙)

북병영(北兵營)〈조선 정종(定宗) 2년(1400)에 영을 설치하고 병마사(兵馬使)를 두었다가 뒤에 병마도절제사(兵馬都節制使)로 고쳤다. 세조(世祖) 13년(1467)에 병마절도사(兵馬節度使)로 고쳤다〉

「관원」(官員)

함경북도 병마절도사(咸鏡北道兵馬節度使)〈수군절도사(水軍節度使)·경성도호부사(鏡城都護府使)를 겸하였다〉 중군(中軍)〈곧 병마우후(兵馬虞侯)이다〉 병마평사(兵馬評事)〈세조(世祖) 1년(1455)에 두었다가 인조(仁祖) 15년(1637)에 혁파하였다. 현종(顯宗) 4년(1663)에 다시 두었다가 숙종(肅宗) 8년(1682)에 육진교양관(六鎭教養官)을 겸하여서 문신의 인재를 고르는 시종(侍從)으로 삼았다〉 심약(審藥) 각 1명을 두었다. 위(衛)는 남도(南道)에 속한다.〈전위(前衛)는 부령(富寧)에 있고, 좌위(左衛)는 경성, 중위(中衛)는 무산(茂山), 우위(右衛)는 명천(明川), 후위(後衛)는 길주(吉州)에 있다〉

『진보』(鎭堡)

어유간진(魚游澗鎭)〈읍치에서 서북쪽으로 35리에 있다. 성의 둘레는 1,089자이다. 옛날에 만호(萬戶)을 두었다. ○병마첨절제사 1명을 두었다〉

줄혼진(乼混鎭)〈읍치에서 서쪽으로 35리에 있다. 성의 둘레는 1,068자이다. ○병마만호(兵馬萬戶) 1명을 두었다〉

삼삼파진(森森坡鎭)〈읍치에서 남쪽으로 125리에 있다. 성의 둘레는 1,423자이다. ○병마만호 1명을 두었다〉

오촌보(吾村堡)〈읍치에서 서쪽으로 20리에 있다. 성의 둘레는 1,291자이다. 1곳의 우물이 있다. ○권관(權管) 1명을 두었다〉

보화보(寶化堡)〈읍치에서 남쪽으로 90리에 있다. 성의 둘레는 1,124자이다. ○권관 1명을 두었다〉

「혁폐」(革廢)

보로지보(甫老知堡)〈읍치에서 남쪽으로 60리에 있다. 성의 둘레는 910자이다. 권관이 있다. 영조(英祖) 33년(1757)에 물 때문에 무너지자 혁파하였다〉

보화보(寶化堡)〈읍치에서 남쪽으로 55리에 있다. 책(柵)을 세워 방어하였다. 뒤에 지금의

보로 옮겼다〉

근동보(芹洞堡)〈읍치에서 서북쪽으로 67리에 있다. 성의 둘레는 338자이다〉

진파보(榛坡堡)〈읍치에서 서쪽으로 110리에 있는 토성이다. 지금은 자세히 알려져 있지 않다〉

보이보(甫伊堡)〈읍치에서 서쪽으로 100리에 있는 토성이다〉

『봉수』(烽燧)

수만덕(壽萬德)〈읍치에서 남쪽으로 120리에 있다〉

중덕(中德)〈읍치에서 남쪽으로 110리에 있다〉

주촌(朱村)〈읍치에서 남쪽으로 85리에 있다〉

영강(永康)〈읍치에서 남쪽으로 55리에 있다〉

장평(長坪)〈읍치에서 남쪽으로 30리에 있다〉

나적동(羅赤洞)〈읍치에서 북쪽으로 5리에 있다〉

강덕(姜德)〈읍치에서 북쪽으로 35리에 있다〉

송곡현(松谷峴)〈읍치에서 북쪽으로 45리에 있다. 오른쪽은 원봉(元烽)이다〉

차산(遮山)〈어유간(魚游間)의 서북쪽에 있다〉

하봉(下峯)〈오촌(吾村)의 서쪽에 있다〉

고봉(古峯)〈줄온(乼溫)의 서쪽에 있다〉

송봉(松峯)〈보화(寶化)의 서쪽에 있다〉

동봉(東峯)〈삼삼파(森森坡)의 뒤쪽에 있다. 이상의 5곳 사이에서 봉화가 처음 일어난다〉

『창고』(倉庫)

읍창(邑倉)·병영창(兵營倉)〈모두 성 안에 있다〉

용창(龍倉)〈읍치에서 북쪽으로 35리에 있다〉

용북창(龍北倉)〈읍치에서 북쪽으로 15리에 있다〉

온남창(溫南倉)〈읍치에서 남쪽으로 30리에 있다〉

영창(永倉)〈영강역(永康驛)에 있다〉

보창(寶倉)〈읍치에서 남쪽으로 65리에 있다〉

주창(朱倉)〈읍치에서 남쪽으로 90리에 있다〉

산창(山倉)〈읍치에서 남쪽으로 98리에 있다〉

어북창(漁北倉)〈읍치에서 남쪽으로 100리에 있다〉

어남창(漁南倉)〈읍치에서 남쪽으로 115리에 있다〉

신창(新倉)〈위와 같다〉

동창(東倉)〈읍치에서 남쪽으로 135리에 있다〉

서창(西倉)〈위와 같다〉

진보창(鎭堡倉)〈진보가 5곳이다〉

『역참』(驛站)

유성도(輸城道)〈읍치에서 북쪽으로 40리의 용성 땅에 있다. ○찰방(察訪) 1명을 두었다. 옮겨서 부령(富寧)의 회수역(懷綏驛)에 있다. ○속역(屬驛)이 22곳이다〉

오촌역(吾村驛)〈읍치에서 동쪽으로 2리에 있다〉

영강역(永康驛)〈읍치에서 남쪽으로 45리에 있다〉

주촌역(朱村驛)〈읍치에서 남쪽으로 90리에 있다〉

「보발」(步撥)

유성참(輸城站)·오촌참(吾村站)·영강참(永康站)·주촌참(朱村站)·운위원참(雲委院站)이 있다.

『교량』(橋梁)

오촌천교(吾村川橋)〈읍치에서 서쪽으로 2리에 있다〉

어유간교(魚游澗橋)〈읍치에서 북쪽으로 17리에 있다〉

줄온천교(乼溫川橋)·운가위천교(雲加委川橋)〈이상은 남북 대로이다〉

명간천교(明澗川橋)〈읍치에서 남쪽으로 135리에 있다〉

『토산』(土産)

노랑가슴담비[초서(貂鼠)]·수달·사향(麝香)·봉밀(蜂蜜)·오미자·송이버섯[송심(松蕈)]·곤포(昆布)·미역·다시마[탑사마(塔士麻)]·소금·철·대살[전죽(箭竹)]·해삼·홍합, 어물(魚物) 18종이 있다.

『누정』(樓亭)

위원루(威遠樓)·백일루(百一樓)〈모두 성 안에 있다〉

정북루(靖北樓)〈윤문숙공(尹文肅公)의 묘(廟) 곁에 있다〉

『사원』(祠院)

창열사(彰烈祠)〈현종(顯宗) 경자년(1660)에 세웠고, 정미년(1667)에 사액하였다〉

정문부(鄭文孚)〈자는 자허(子虛)이고, 호는 농포(農圃)이다. 해천(海川) 사람이다. 인조(仁祖) 을축년(1625)에 시안(詩案)에 연좌되어 화를 입었다. 벼슬은 병조참판(兵曹參判)을 지냈고, 좌찬성(左贊成)에 추증되었다. 시호는 충의(忠毅)이다. 임진왜란 때 북평사(北評事)로 왜구를 토벌하였다〉

이붕수(李鵬壽)〈자는 중항(仲恒)으로 공주(公州) 사람이다. 선조(宣祖) 계사년(1593)에 단천(端川)에서 전투를 벌이다 죽었다. 지평(持平)에 추증되었다〉

최배천(崔配天)〈자는 중립(仲立)으로 강릉(江陵) 사람이다. 벼슬은 판관(判官)을 지냈고, 사복시정(司僕寺正)에 추증되었다〉

강문우(姜文佑)〈진주(晉州) 사람이다. 벼슬은 첨사(僉使)를 지냈고, 판결사(判決事)에 추증되었다〉

지달원(池達源)〈자는 사진(士進)으로 충주(忠州) 사람이다. 벼슬은 참봉(參奉)을 지냈고, 호조좌랑(戶曹佐郎)에 추증되었다. 경성도호부의 유생이다〉

이희당(李希唐)〈주계 만호(朱溪 萬戶)이다. 계사년(1593)에 전투에서 사망하였다〉

이인수(李麟壽)〈공주 사람이다. 호조좌랑에 추증되었다〉

서수(徐遂)〈이천(利川) 사람이다. 호조좌랑에 추증되었다〉

박유일(朴惟一)〈충주 사람이다. 호조좌랑에 추증되었다〉

오경헌(吳慶獻)〈해주 사람이다. 판결사에 추증되었다. 이상의 10명은 임진왜란 때 의병을 일으켜 왜군을 토벌하였다〉

『전고』(典故)

조선 선조(宣祖) 25년(1592)에 왜의 가토 기요마사(加藤清正)가 회양(淮陽) 철령(鐵嶺)을 넘어 하루에 수백 리를 갔다. 병마사(兵馬使) 한극함(韓克諴)이 해정창(海汀倉)에서 적을 만나 패배하였다. 한극함이 도망쳐 경성으로 들어갔다가 잡혔다. 선조 26년(1593)에 왜군이 북쪽 여러 읍의 진보를 나누어 점거하였다. 전 평사(前評事) 정문부(鄭文孚) 등이 여러 곳의 의병장과 더불어 널리 의병을 일으키고자 남북의 주군(州郡)에 격문을 전하니, 군중들 7,000여 명이 모여들었다. 여러 차례 전투를 벌여 왜군에게 함락당했던 여러 성들을 다 회복하고, 행재소(行在所)에다 승리했다는 보고를 하고, 영유현(永柔縣)에 나가 머물렀다. 선조 27년(1594)에 임진왜란 이래 번호(藩胡)가 날뛰며 영달보(永達堡)〈온성(穩城)에 있다〉에서 노략질을 자행하였다. 역수부(易水部) 야인이 왜란으로 인하여 여러 부족들을 추동하여 노략질함이 더욱 심하였다. 종성(鍾城)과 온성(穩城)의 경계에서 그 피해를 입자, 북병사 정견룡(鄭見龍)이 비밀리에 6진의 병마를 출발시켰는데, 항왜(降倭: 임진왜란 때 항복한 일본군을 말함/역자주)를 선봉으로 삼아 소굴을 갑자기 습격하였다. 호인(胡人)은 산을 거점으로 진지를 삼아 종일토록 항전하자, 항왜가 방패를 들고 먼저 오르고 관급이 계속 뒤따라 올라 성을 드디어 함락하고 호인을 섬멸하니, 노소 700~800백 명에 달하였다.

3. 명천도호부(明川都護府)

본래 여진의 궁한리촌(弓漢里村)이다. 고려 예종(睿宗) 3년(1108)에 여진을 축출하고 공험진(公嶮鎭)을 두었다가,〈곧 영평산고성(永平山古城)이다〉 같은 왕 4년에 여진에 돌려주었다. 조선 예종(睿宗) 1년(1469)에 명천현(明川縣)을 두었다.〈길주 장덕산(長德山) 북쪽을 쪼개어 속하게 하고 명원역(明原驛)을 치소로 삼았다〉 중종(中宗) 7년(1512)에 혁파하여 길주에 소속시켰다가, 같은 왕 8년에 다시 환원하였다. 선조(宣祖) 38년(1605)에 도호부로 승격하여 영평고성에 치소를 옮겼다가, 이어서 지금의 치소로 옮겼다.

「관원」(官員)

도호부사(都護府使)〈경성진관병마동첨절제사(鏡城鎭管兵馬同僉節制使)·남도우위장(南道右衛將)·토포사(討捕使)를 겸하였다〉 1명을 두었다.

『방면』(坊面)

아간사(阿間社)〈읍치에서 남쪽으로 60리에 있다〉

상오화사(上汚禾社)〈읍치에서 서쪽으로 30리에 있다〉

하오화사(下汚禾社)〈부 안쪽으로부터 동쪽으로 30리에 있다〉

상가사(上加社)〈읍치에서 남쪽으로 100리에 있다〉

하가사(下加社)〈읍치에서 남쪽으로 120리에 있다〉

상고사(上古社)〈읍치에서 동쪽으로 95리에 있다〉

하고사(下古社)〈읍치에서 동남쪽으로 150리에 있다. 이상은 모두 경계가 끝나는 곳이다〉

『산수』(山水)

장백산(長白山)〈읍치에서 서북쪽으로 160여 리에 있다. 무산부(茂山府) 조에 자세히 나와 있다〉

영평산(永平山)〈읍치에서 남쪽으로 30리에 있다〉

마유산(馬乳山)〈읍치에서 남쪽으로 164리 떨어진 해변에 있다. ○대하사(大河寺)와 송억사(松億寺)가 있다〉

칠보산(七寶山)〈읍치에서 동남쪽으로 55리에 있다. 천 개의 봉우리가 높이 솟아 빼어남을 다투고 돌의 형세는 가파르게 깎여서 새긴 것 같고, 동굴의 기교한 모습은 마치 신의 솜씨 같다. 동쪽으로는 만 리나 되는 바다, 서쪽으로는 천 겹이나 이어지는 봉우리와 골짜기에, 천불(千佛)·만사(萬獅)·나한(羅漢)·금강(金剛)·양산(兩傘)·종각(鐘閣)·판대(板臺)·교의(交倚)·탁자(卓子)·노적(露積) 등의 봉우리와, 금강(金剛)·천신(天神)·관음(觀音)·용자(龍子)·계종(繼宗)·삼간(三間) 등의 굴이 있다. 개심대(開心臺)·회상대(會像臺), 대장동(大藏洞), 회곡(回谷)이 있다. ○금강(金剛)·부도(浮屠)·석림(石林)·금장(金藏)·개심(開心)·중암(中岩)·은봉(隱峯)·두솔(兜率)·석문(石門) 등의 절이 있다〉

백록산(白鹿山)〈읍치에서 동쪽으로 55리에 있으며, 경성과 경계를 이룬다. ○쌍계사(雙溪寺)·대사(大寺)가 있다〉

갈마산(乫亇山)〈읍치에서 동남쪽으로 70리에 있다〉

오봉산(五峯山)〈읍치에서 동쪽으로 70리에 있다. 이상의 2산은 칠보산의 동쪽 갈래로서 제멋대로 바닷가에 자리잡아 뻗은 것이 매우 넓다〉

국화대산(菊花臺山)〈읍치에서 남쪽으로 125리의 해변에 있다. 병풍을 두른 듯이 절벽이 깎여 서 있는 것이 천 길이나 된다〉

숭산(崇山)〈읍치에서 남쪽으로 30리에 있다. 산 꼭대기에는 기괴한 돌이 우뚝 서 있다〉

증산(甑山)〈읍치에서 동남쪽으로 20리에 있다. 가파르게 생겨나 절벽을 둘러싸고 있다〉

두리산(豆里山)〈읍치에서 동북쪽으로 40리에 있다〉

천덕(泉德)〈읍치에서 남쪽으로 50리에 있다〉

마전동(麻田洞)〈읍치에서 서쪽으로 55리에 있다〉

토마동(吐亇洞)〈국화대산(菊花臺山)의 북쪽에 있다〉

입암(立巖)〈명천도호부 북쪽의 오화천(汚禾川) 하류에 있다〉

「영로」(嶺路)

영풍령(永豊嶺)〈읍치에서 남쪽으로 55리에 있다〉

고참현(古站峴)〈읍치에서 서남쪽으로 35리에 있다. 혹은 오화령(汚禾嶺)이라 한다〉

지경현(地境峴)〈읍치에서 서남쪽으로 45리에 있다. 이상의 2현은 길주로 통하는 대로이다〉

오봉령(五峯嶺)〈읍치에서 서북쪽으로 40리에 있다. 삼삼파진(森森坡鎭)으로 가는 길이다〉

별안대령(別安臺嶺)〈읍치에서 서쪽으로 35리에 있고, 길주와 경계를 이룬다〉

장군파령(將軍坡嶺)〈읍치에서 서북쪽으로 90리에 있다〉

기운령(起雲嶺)〈읍치에서 서북쪽으로 140여 리에 있다〉

대장고령(大長鼓嶺)〈읍치에서 서북쪽으로 160리에 있다〉

석이령(石耳嶺)〈읍치에서 서북쪽으로 150리에 있다〉

귀문관(鬼門關)〈읍치에서 북쪽으로 30리에 있다. 경성(鏡城)과 경계를 이루는 대로이다. ○『고려사(高麗史)』에 이르기를, "동여진의 위이계(位伊界) 위에 연산(連山)이 있는데, 동해안의 우뚝 솟은 데로부터 우리 나라의 북쪽 구석진 데에 이르면 매우 험하고 거친 곳이어서 사람과 말이 능히 건널 수 없고, 그 사이에 하나의 지름길이 있으니, 속칭 병항(甁項)이라 한다. 말하자면 그곳에 출입할 수 있는 곳은 하나의 구멍뿐이라는 것이다. 만약 그 지름길을 막으면, 곧 여진이 다닐 수 있는 길이 끊기므로, 공을 내세우려는 자들이 왕왕 의견을 올려 군사를 내어 평정하기를 청했다"고 하였다. 고려 예종(睿宗) 3년(1108)에 윤관(尹瓘)과 오연총(吳延寵)이 정예 병사 8,000명을 거느리고 가한촌(加漢村) 병항 작은 길을 나섰다가 적에게 패하였다. ○ 살피건대, 공험진(公嶮鎭)·선춘령(先春嶺)·궁한리(弓漢里)·가한촌이 모두 귀문관에 있어서, 남쪽으로는 길주에 위치하고, 북쪽은 궁한령(弓漢嶺)에 이르러 우리의 강토로 삼았으니, 곧 궁한령이 바로 선춘령이다〉

○해(海)〈읍치에서 동쪽으로 70리, 90리에 있고, 동남쪽으로 150리, 남쪽으로는 120리에 있다〉

대천(大川)〈혹은 오화천(汚禾川)이라 한다. 한쪽으로는 대장고항(大將鼓項)에서 발원하여 동남쪽으로 흘러, 사마동(斜亇洞)을 경유하고, 한쪽으로는 기운령(起雲嶺)에서 발원하여 동남쪽으로 흘러 장군파(將軍坡) 대사동(大寺洞)을 경유하여 부(府)의 서남쪽에 이르러 합쳐져서, 북쪽으로 흘러 부의 서쪽을 경유하여 입암(立岩)에 이르고, 오른쪽으로 증산천(甑山川)을 지나서 동쪽으로 흘러 귀문관, 두리산을 경유하고, 오른쪽으로 칠보산천(七寶山川)을 지나서 경성 운가위천(雲加委川)과 더불어 합쳐져서 바다로 들어간다〉

증산천(甑山川)〈증산 아래 추동(楸洞)에서 발원하여 북쪽으로 흐르다가 꺾여서 서쪽으로 흘러 부의 북쪽을 경유하여 오화천(汚化川)으로 들어간다〉

칠보산천(七寶山川)〈읍치에서 동쪽으로 30리에 있다. 칠보산에서 발원하여 북쪽으로 흘러 두리산의 동쪽을 경유하여 오화천으로 들어간다〉

아간천(阿間川)〈읍치에서 남쪽으로 60리에 있다. 영평산(永平山)에서 발원하여 남쪽으로 흘러 국화대산(菊花臺山) 동쪽을 경유하여 바다로 들어간다〉

황진(黃津)〈읍치에서 동쪽으로 65리에 있다. 백록산수(白鹿山水)가 바다로 들어가는 곳이다. 서쪽에 온천이 있다〉

상고진(上古鎭)〈읍치에서 동쪽으로 90리에 있다〉

목진(木津)〈위와 같다〉

하고진(下古鎭)〈읍치에서 동남쪽으로 130리에 있다〉

추진(楸津)〈읍치에서 동남쪽으로 150리에 있다. 칠보산 물이 동남쪽으로 흘러 바다로 들어가는 곳이다〉

노적구비진(露積仇非津)〈마공산(馬孔山) 서남쪽에 있다〉

황암진(黃岩津)〈읍치에서 남쪽으로 130리에 있다〉

삼달진(三達津)〈읍치에서 남쪽으로 130리에 있다. 아간천(阿間川)에서 바다로 들어가는 곳이다〉

「도서」(島嶼)

송도(松島)〈황진(黃津) 가 바다 가운데 있다. 모습은 극히 단정하고 절묘하다. 아래로는 바위의 동굴을 두르고 있고, 위에는 무성한 소나무가 서 있다〉

양도(洋島)〈갈수록 점점 육지와 멀어진다. 고기잡이하는 집이 수십 호이다. 곁에는 차대도(差大島)가 있는데, 험하여 거주할 수 없다〉

난도(卵島)〈양도의 남쪽에 있다. 암석이 험준하여 배가 노를 저어 통과할 수 없다. 악더귀 족속이 알을 기른다〉

『성지』(城池)

읍성(邑城)

중종(中宗) 12년(1517)에 쌓았다. 둘레는 4,970자이다. 문이 3곳, 우물이 4곳, 못이 1곳 있다〉

갈마산고성(乫亇山古城)〈읍치에서 동남쪽으로 80리에 있다. 둘레는 2,520자이다〉

『진보』(鎭堡)

재덕진(在德鎭)〈읍치에서 북쪽으로 30리에 있다. 선조(宣祖) 38년(1605)에 영평산고성(永平山古城)에 설치하였다가 과마동(科亇洞)으로 옮겨 합쳤고, 이곳에는 보를 설치하여 재덕성(在德城)으로 불렀고, 옛 참의 북쪽 층산(層山)의 위에 있다. 둘레는 4,900자이고, 우물이 3곳, 못이 1곳이다. ○순조(純祖) 때 귀문관(鬼門關) 남쪽 소사마동(小斜亇洞)의 옛터로 옮겼다. ○병마 만호(兵馬萬戶) 1명을 두었다〉

「혁폐」(革廢)

사마동보(斜亇洞堡)〈읍치에서 서북쪽으로 30리에 있다. 성의 둘레는 1,373자이다. 만호를 두었다. 중종(中宗) 12년(1517)에 권관으로 강등하였다. 선조(宣祖) 조에 재덕진에 합쳤다〉

장군파보(將軍坡堡)〈읍치에서 서북쪽으로 95리에 있다. 성의 둘레는 1,965자이다〉

대사동보(大寺洞堡)〈읍치에서 서쪽으로 29리에 있다. 성의 둘레는 831자이다〉

소사마동보(小斜亇洞堡)〈읍치에서 북쪽으로 30리에 있다. 귀문관의 남쪽은 물을 사이에 두고 벽돌로 성을 쌓았다. 둘레는 404자이다. 지금의 재덕진(在德鎭)이다〉

『봉수』(烽燧)

고참현(古站峴)〈읍치에서 서남쪽으로 45리에 있다〉

항포동(項浦洞)〈읍치에서 서남쪽으로 20리에 있다〉

북봉(北峯)〈읍치에서 북쪽으로 10리에 있다〉

『창고』(倉庫)

읍창(邑倉)

산창(山倉)〈읍치에서 서북쪽으로 30리에 있다〉

덕창(德倉)〈읍치에서 시작하여 45리에 있다〉

평창(坪倉)〈읍치에서 서남쪽으로 25리에 있다〉

고창(古倉)〈읍치에서 서남쪽으로 45리에 있다〉

아창(阿倉)〈읍치에서 남쪽으로 45리에 있다〉

신창(新倉)〈읍치에서 남쪽으로 70리에 있다〉

상가창(上加倉)〈읍치에서 남쪽으로 100리에 있다〉

하가창(下加倉)〈읍치에서 남쪽으로 120리의 해변에 있다〉

서창(西倉)〈읍치에서 동남쪽으로 120리에 있다〉

동창(東倉)〈읍치에서 동남쪽으로 150리의 해변에 있다〉

상고창(上古倉)〈읍치에서 동쪽으로 90리에 있다〉

하고창(下古倉)〈읍치에서 동남쪽으로 95리에 있다〉

『역참』(驛站)

명원역(明原驛)〈읍치에서 북쪽으로 5리에 있다〉

고참역(古站驛)〈읍치에서 서남쪽으로 40리에 있다〉

「보발」(步撥)

고참(古站)·명원참(明原站)이 있다.

『교량』(橋梁)

대천교(大川橋)〈재덕진(在德鎭)의 북쪽에 있다〉

북교(北橋)〈증산천(甑山川) 아래에 있다〉

고참교(古站橋)〈읍치에서 서남쪽으로 28리에 있다〉

『토산』(土産)

석이버섯[석심(石蕈)]·옷[칠(漆)]·소나무〈칠보산에서 난다〉·맥문동[용수(龍鬚)]〈한 줄기가 곧게 뻗어 있어, 길이가 수 자나 된다. 가늘기는 힘줄 같고 견고하기는 뼈와 같다. 필(筆)을 꽂는 관(管)으로 쓴다〉·풍부하고 잡다한 해산물과 어류·소금 등으로 길주·경성의 토산물과 같다.

『누정』(樓亭)

통군정(統軍亭)·백남루(白南樓)〈모두 부 안에 있다〉

팔각정(八角亭)

『전고』(典故)

조선 세조(世祖) 12년(1466)에 이시애(李施愛) 군사가 패배하여 명원역(明原驛) 북쪽에 도착하였는데, 휘하에 있는 이주(李珠) 등이 포박되어 원수 막하(幕下)에 이르러 목베어졌다.〈북청(北青) 조에서 평하였다〉

4. 부령(富寧)

『연혁』(沿革)

본래 경성(鏡城) 석막(石幕)의 땅이다. 조선 세종(世宗) 13년(1430)에 동량(東良)을 북여진이 왕래하는 요충지라 하여, 비로소 영북진 절제사(寧北鎭節制使)를 두었고, 같은 왕 16년에 진을 백안수소(伯顔愁所) 석막(石幕)의 옛 진으로 옮겨서 토관(土官)인 천호(千戶)에게 지키도록 하였다. 세종 31년(1449)에 부거현(富居縣)을 줄이고 석막으로 민호를 옮겼다. 부령현 굴포(掘浦)의 서쪽, 회령부(會寧府) 철괘현(鐵掛峴)의 남쪽, 황절파(黃節坡)의 북쪽을 쪼개어서, 이곳에 소속시켜서 읍치를 석막에 환원하고 부령도호부(富寧都護府)로 승격하였다.〈부거(富居)의 영북(寧北)을 취했기 때문에 호칭하였다〉

「읍호」(邑號)

영산(寧山)이다.

「관원」(官員)

도호부사(都護府使)〈부령진병마첨절제사(富寧鎭兵馬僉節制使)·도전위장(道前衛將)을 겸하였다〉 1명을 두었다.

『고읍』(古邑)

부거(富居)〈읍치에서 동쪽으로 60리에 있다. 본래는 경성 부가참(富家站)이다. 조선 태조(太祖) 7년(1398)에 쪼개어 경원부(慶源府)에 소속시키고 치소로 삼았다. 세종 10년(1427)에 경원의 치소를 회가(會家)로 옮겨서 별도로 이곳에 현을 두고, 부거현(富居縣)으로 일컬었으며, 같은 왕 31년(1449)에 내속하였다. 지금의 회수역(懷綏驛)이 바로 그 땅이다〉

『방면』(坊面)

석막사(石幕社)〈부 안쪽으로부터 남쪽으로 60리에서 끝난다〉

청암사(青岩社)〈읍치에서 남쪽으로 90리에 있는데, 바다에 이른다〉

상무산사(上茂山社)〈읍치에서 서북쪽으로 100여 리에 있다〉

하무산사(下茂山社)〈부 안쪽으로부터 동쪽으로 30리, 북쪽으로 30리에 있다〉

허수라사(虛修羅社)〈읍치에서 서쪽으로 13리에 있다〉

연천사(連川社)〈읍치에서 동남쪽으로 70리에 있다〉

동면사(東面社)〈읍치에서 동쪽으로 60리에 있다〉

판장사(板長社)〈동쪽으로부터 북쪽 끝까지는 50리이다〉

동삼리사(東三里社)〈읍치에서 동쪽으로 70리에 있다. 이상은 모두 경계가 끝나는 곳이다〉

『산수』(山水)

두리산(豆里山)〈혹은 원산(圓山)이라 한다. 읍치에서 동쪽으로 12리에 있다〉

석막산(石幕山)〈읍치에서 남쪽으로 10리에 있다. 산 밑의 돌이 막(幕)이 되었기 때문에 이름붙여졌다〉

청암산(青岩山)〈읍치에서 남쪽으로 90리의 해변에 있다. 산의 돌이 모두 파랗다〉

회봉산(回峯山)〈읍치에서 남쪽으로 67리에 있다〉

청계산(淸溪山)〈혹은 쌍계산(雙溪山)라 한다. 읍치에서 동남쪽으로 20리에 있다. ○은적사(隱寂寺)가 있다〉

타락산(駝駱山)〈읍치에서 동남쪽으로 84리의 해변에 있다. ○청룡사(青龍寺)가 있다〉

복호봉(伏胡峯)〈읍치에서 동쪽으로 64리에 있다. 동랑산(冬郎山)의 남쪽이다〉

동랑산(冬郎山)〈읍치에서 동쪽으로 67리에 있다. 4면의 암석이 높고 크다. ○귀석사(龜石

寺)가 있다〉

운봉산(雲峯山)〈혹은 운룡산(雲龍山)이라 한다. 읍치에서 동쪽으로 68리에 있다. ○용연사(龍淵寺)가 있다〉

백사봉(白沙峯)〈읍치에서 동북쪽으로 48리에 있다〉

형제암(兄弟岩)〈읍치에서 남쪽으로 19리에 있다. 양쪽의 바위가 마주보고 있다〉

다갈동(多葛洞)〈읍치에서 동쪽으로 30리에 있다〉

허통동(虛通洞)〈읍치에서 남쪽으로 27리에 있다〉

천수암(千水岩)〈읍치에서 서북쪽으로 20리에 있다〉

갈마덕(葛麻德)〈읍치에서 동북쪽으로 40리에 있다〉

무산보동량동(茂山堡東良洞)〈읍치에서 북쪽으로 20리에 있다〉

「영로」(嶺路)

차유령(車踰嶺)〈읍치에서 서북쪽으로 70리에 있다. 무산(茂山)과 경계를 이루는 대로이다〉

정탐령(偵探嶺)〈읍치에서 서쪽으로 38리에 있고, 무산과 경계를 이룬다〉

무산령(茂山嶺)〈읍치에서 북쪽으로 40리에 있다〉

고대로(古大路)〈무산령에서 서북쪽으로 10리에 있다〉

이현(梨峴)〈고대로에서 서북쪽으로 15리에 있다〉

안현(鞍峴)〈이현에서 서쪽으로 12리에 있다〉

갈마덕령(葛麻德嶺)〈읍치에서 동북쪽으로 40리에 있다〉

가응석령(加應石嶺)〈읍치에서 동북쪽으로 45리에 있다. 이상의 6곳은 회령(會寧)과 경계를 이루고 있다〉

광조령(廣朝嶺)〈읍치에서 동남쪽으로 60리에 있다〉

시령(柴嶺)〈읍치에서 동남쪽으로 70리에 있다〉

전괘현(錢掛峴)〈읍치에서 동쪽으로 65리에 있고, 회령과 경계를 이룬다〉

개산령(蓋山嶺)〈읍치에서 동쪽으로 70리에 있다〉

생례현(生禮峴)〈읍치에서 동쪽으로 30리에 있다〉

다갈령(多葛嶺)〈읍치에서 동쪽으로 30리에 있다〉

○해(海)〈읍치에서 동쪽으로 80리, 동남쪽으로 75리, 남쪽으로 95리에 있다〉

대천(大川)〈차유령(車踰嶺)에서 발원하여 동쪽으로 흘러 양영만동(梁永萬洞)·폐무산(廢

茂山)·무산(茂山)의 3곳의 옛 보(堡)를 경유하여 무산령(茂山嶺)·갈마덕령(葛麻德嶺)의 물과 만나서 꺾이어 남쪽으로 흐르고, 부(府)의 성(城)에서 동쪽으로 2리 지점을 경유하여 운봉산(雲峯山)의 물과 만나고, 형제암(兄弟岩)·옥련동(玉蓮洞)·폐무산진(廢茂山진)을 경유하여 오른쪽으로 정탐령(偵探嶺)을 지난 물이 경성천(鏡城川)·용성천(龍城川)이 되어 바다로 들어간다〉

부거천(富居川)〈운봉산(雲峯山)·동랑산(冬郎山)의 2곳의 산에서 발원하여 남쪽으로 흘러 판장사(板長寺) 회수역(懷綏驛)을 경유하여 남포지(南浦池)·동포지(東浦池)의 물과 만나서 바다로 들어간다. 삼일포(三日浦)·사동진(沙同津)이라고 일컫는다. 바다에 임한 곳에 해변대(海邊臺)가 있는데, 높이가 40자이고, 부와의 거리는 85리이다〉

자장담(資壯潭)〈읍치에서 남쪽으로 60리에 있다. 물의 색이 맑디맑고 혹심한 추위에도 얼음이 얼지 않으며, 비록 큰 물이 흘러도 모래가 쌓이지 않는다〉

순담(蓴潭)〈읍치에서 동쪽으로 80리에 있다〉

쌍포진(雙浦津)〈읍치에서 동남쪽으로 68리에 있다〉

곤포진(昆浦津)〈읍치에서 동남쪽으로 58리에 있다. 남석동(南錫洞)에서 발원하여 광제원(廣濟院)을 경유하여 바다로 들어간다〉

청진(靑津)〈읍치에서 남쪽으로 95리에 있다. 청창동(靑倉洞)에서 발원하여 바다로 들어간다〉

천곶(穿串)〈읍치에서 동쪽으로 58리에 있다. 산언덕이 있어 바다 가운데로 들어가는 게 수 리나 된다. 그 위는 높고 평평하다. 바위가 있는데 그 앞에 구멍이 있는 것이 문과 같고 고기잡이 배가 지날 수 있다〉

『성지』(城池)

읍성(邑城)

둘레는 3,139자이다. 옹성이 1곳, 문이 4곳, 포루가 4곳, 성랑(城廊)이 12곳, 우물이 2곳 있다〉

부거현성(富居縣城)〈둘레가 2,731자이다. ○현의 서쪽 산에 옛 무덤 만여 기가 있는데, 모두 석곽(石槨)인데, 어느 때 것인지는 알 지 못하겠다〉

『진보』(鎭堡)

폐무산진(廢茂山鎭)〈읍치에서 남쪽으로 50리에 있다. 숙종 36년(1710)에 옥련폐보(玉蓮廢堡)로 옮겨 설치하였다. 성의 둘레는 2,764자이고 문이 2곳, 우물이 1곳 있다. ○병마만호(兵

馬萬戶) 1명을 두었다〉

「혁폐」(革廢)

무산보(茂山堡)〈읍치에서 북쪽으로 18리에 있다. 세종(世宗) 18년(1436)에 쌓았다. 성의 둘레는 1,742자이다. 세종 20년(1438)에 만호(萬戶)를 두었다. 아래에 나와 있다〉

폐무산보(廢茂山堡)〈읍치에서 서북쪽으로 45리에 있다. 중종(中宗) 4년(1509)에 무산보를 이곳으로 옮겼는데, 옛 보는 토지가 메마르고 자갈이 많으며 또 적과의 경계가 서로 멀기 때문이다. 성의 둘레는 1,764자이고, 우물이 1곳 있다. 숙종(肅宗) 조 때 옥련폐보(玉蓮廢堡)로 옮겨 설치하였다〉

양영만동보(梁永萬洞堡)〈읍치에서 서북쪽으로 50리에 있다. 중종(中宗) 8년(1513)에 성을 쌓았다. 둘레는 670자이다. 무산에 읍을 설치한 뒤에 무산부 북쪽으로 옮겼다가 폐지하였다〉

옥련보(玉蓮堡)〈옛날에 만호를 두었다가 뒤에 폐지하였다. 숙종(肅宗) 조 때 폐무산보를 이곳으로 옮겼다〉

『봉수』(烽燧)

칠전산(漆田山)〈읍치에서 남쪽으로 45리에 있다〉

구정판(仇正阪)〈읍치에서 남쪽으로 25리에 있다〉

남봉(南峯)〈읍치에서 남쪽으로 5리에 있다〉

흑모로(黑毛老)〈읍치에서 북쪽으로 25리에 있다. 오른쪽은 원봉(元烽)이다〉

노봉(老峯)〈폐무산진 서쪽에 있다〉

『창고』(倉庫)

읍창(邑倉)

석창(石倉)〈읍치에서 남쪽으로 50리에 있다〉

청창(青倉)〈읍치에서 남쪽으로 65리에 있다〉

연창(連倉)〈읍치에서 동쪽으로 55리에 있다〉

고창(古倉)〈읍치에서 동쪽으로 60리에 있다〉

포창(浦倉)〈읍치에서 동쪽으로 70리에 있다〉

판창(板倉)〈읍치에서 동쪽으로 60리에 있다〉

상창(上倉)〈읍치에서 북쪽으로 30리에 있다〉

무수창(無袖倉)〈읍치에서 서북쪽으로 50리에 있다〉

천창(泉倉)〈읍치에서 서남쪽으로 40리에 있다〉

『역참』(驛站)

석보역(石堡驛)〈읍치에서 동쪽으로 1리에 있다〉

회수역(懷綏驛)〈읍치에서 동쪽으로 60리에 있다. 부거고현(富居古縣)이다. 수성찰방(輸城察訪)이 이곳으로 옮겨 있다〉

「보발」(步撥)

장항참(獐項站)·관문참(官門站)·허고원참(虛古院站)·폐무산참(廢茂山站)이 있다.

『교량』(橋梁)

허통교(虛通橋)〈읍치에서 남쪽으로 15리에 있다〉

사정교(射亭橋)〈읍치에서 남쪽으로 5리에 있다〉

남교(南橋)〈남문 밖에 있다〉

석모로교(石毛老橋)〈읍치에서 북쪽으로 5리에 있다〉

고무산교(古茂山橋)〈읍치에서 북쪽으로 17리에 있다. 이상은 남북으로 통행하는 대로이다〉

『토산』(土産)

철(鐵)·노랑가슴담비[초서(貂鼠)]·수달·잣[해송자(海松子)]·오미자, 풍부하고 잡다한 해산물과 어물은 경성(鏡城)에서 나는 것과 같다.

『사원』(祠院)

숭열서원(崇烈書院)이 있다.

『누정』(樓亭)

승화루(勝和樓)〈부 안에 있다〉

5. 회령도호부(會寧都護府)

『연혁』(沿革)

본래는 여진의 알목하(斡木河)였다.〈혹은 오음회(吾音會)라고 한다〉 조선 태종(太宗) 조 때 알타리(斡朶里)의 동맹가첩목아(童孟哥帖木兒)가 비어 있는 틈을 타서 들어와 살았다. 세종(世宗) 15년(1433)에 올량합(兀良哈)이 맹가(孟哥) 부자를 살해하자, 알목하에는 추장(酋長)이 없었다.〈『동사(東史)』에 이르기를, "명나라 영락제(永樂帝) 때 알타리 부락의 맹가첩목아가 알목하에 들어와 살았다. 선덕(宣德: 명나라 宣宗의 연호이다/역자주) 7년(1432) 7성(姓)의 야인이 알목하를 공격하여 맹가 부자를 살해하고 그 거주지를 쓸어버렸다. 어린 아들 범찰(凡察)과 동생 이이(耳伊) 등이 재앙을 잘 모면하고 구걸하여 경원(慶源)으로 옮겼다."고 하였다. 『무비지(武備志)』에 이르기를, "맹가가 그 동생 범찰(凡察)과 아들 동창(童倉)이 살해당하는 것을 보고 조선으로 도망가서 살았다."고 하였다. 『박물전휘(博物典彙)』에는 "동창이 살았던 곳이 건주(建州)의 근본이다."고 하였다〉 세종 16년(1434)에 영북진(寧北鎭)〈부령(富寧)에 있다〉을 백안수소(伯顔愁所)로 옮겼다.〈종성(鍾城) 행영(行營)이 있다〉 바로 알목하의 서북 지역이 적의 요충지에 해당하고 또 알타리에 남아 있는 종족들이 거주하는 곳이기 때문에 특별히 성보(城堡)를 설치하여 영북진 절제사(寧北鎭節制使)가 겸하여 이곳을 다스리도록 했다. 그러나 그 지역은 진과의 거리가 멀리 떨어져서 성원이 끊어지니, 이 해 여름에 별도로 알목하에 진을 설치하였는데,〈풍산(豊山)·원산(圓山)·세곡(細谷)·유동(宥洞)·고랑기(古郎岐)·아산(阿山)·고부거(古富居)·부회환(釜回還) 등의 지역으로서 경계를 삼았다〉【부회환은 방원진(坊垣鎭) 남쪽에 있다】 회령진(會寧鎭)으로 일컫고 절제사(節制使)를 두었다가 겨울에 승격하여 도호부사(都護府使)로 삼고, 별도로 판관(判官)을 두었다. 세종 23년(1441)에 종성의 오롱초(吾弄草) 서쪽 경계를 쪼개어 이곳으로 내속하였다.

「읍호」(邑號)

오산(鰲山)·회산(會山)이다.

「관원」(官員)

도호부사(都護府使)〈회령진병마첨절제사(會寧鎭兵馬僉節制使)·북도전위장(北道前衛將)·토포사(討捕使) 1명을 두었다. 판관(判官)〈선조(宣祖) 조 때에 없앴다〉

『방면』(坊面)

내남사(內南社)〈읍치에서 시작하여 10리에서 끝난다〉

내북사(內北社)〈읍치에서 시작하여 10리에서 끝난다〉

외북사(外北社)〈읍치에서 동쪽으로 25리에 있다〉

볼하1리사(乶下一里社)〈읍치에서 남쪽으로 80리에 있다〉

볼하2리사(乶下二里社)〈읍치에서 남쪽으로 60리에 있다〉

옹희1리사(雍熙一里社)〈읍치에서 동쪽으로 45리에 있다〉

옹희2리사(雍熙二里社)〈읍치에서 북쪽으로 30리에 있다〉

상리사(上里社)〈읍치에서 남쪽으로 40리에 있다〉

하리사(下里社)〈읍치에서 서쪽으로 20리에 있다〉

원산사(圓山社)〈읍치에서 동쪽으로 50리에 있다〉

어운동사(魚雲洞社)〈읍치에서 동쪽으로 90리에 있다〉

고령사(高嶺社)〈읍치에서 북쪽으로 30리에 있다〉

세곡사(細谷社)〈읍치에서 동쪽으로 70리에 있다〉

영산사(靈山社)〈읍치에서 남쪽으로 60리에 있다〉

고풍산사(古豊山社)〈위와 같다〉

역산사(櫟山社)〈읍치에서 동남쪽으로 120리에 있다. 바닷가까지 이어져 끝이 난다. 이상은 모두 경계가 끝나는 곳이다〉

『산수』(山水)

오산(鰲山)〈읍치에서 서북쪽으로 20리에 있다. 두만강(豆滿江)을 내리 누르고 있다〉

원산(圓山)〈읍치에서 동쪽으로 25리에 있다. 작은 산이 평야에 돌출되어 일어나 있다〉

영통산(靈通山)〈읍치에서 동남쪽으로 60리에 있다. ○천주사(天柱寺)가 있다〉

오봉산(五峯山)〈읍치에서 남쪽으로 18리에 있다. 가운데 한 봉우리가 가장 높다. 위에는 3곳의 샘이 있다〉

엄명산(嚴明山)〈읍치에서 동남쪽으로 80리에 있다〉

소풍산(小豊山)〈읍치에서 동남쪽으로 23리에 있다〉

화풍산(花豊山)〈읍치에서 북쪽으로 25리에 있다. 위에는 송나라 황제 무덤이 있다고 이른다〉

숭덕산(崇德山)〈읍치에서 동쪽으로 50리에 있다〉

금산(錦山)〈읍치에서 북쪽으로 30리에 있다〉

봉덕산(奉德山)〈읍치에서 서남쪽으로 60리에 있다〉

운두봉(雲頭峯)〈볼하진(乶下鎭)에 있다. 비취 빛 암석은 높이가 1길로, 지탱하여 벌여 있는데 반은 비어 있다. 서쪽으로 두만장강(豆滿長江)을 내려다보니 선회하며 흐르는 것이 띠와 같고, 동쪽으로 벽돌로 쌓은 성 쪽을 바라보니 큰 들판의 비옥하고 평평함이 숫돌과 같다〉

쌍개암(雙介岩)〈읍치에서 동남쪽으로 143리에 있다. 바위의 높이가 10여 장으로, 가운데는 한 쌍의 구멍이 있는데, 물이 항상 솟아난다. 그 동쪽으로 1리를 가면 또 바위가 있어 바다를 누르며 서로 마주하고 있다. 양안(兩岸)은 천 자나 되고, 아래에는 깊은 못이 있다〉

홍안동(洪安洞)〈영산사(靈山社)에 있다〉

어운동(魚雲洞)〈읍치에서 동남쪽으로 90리에 있다. ○대흥사(大興寺)가 있다〉

「영로」(嶺路)

차유령(車踰嶺)〈읍치에서 서남쪽으로 75리에 있다. 이상은 부령(富寧)·무산(茂山)과 경계를 이루고 있다〉

무산령(茂山嶺)〈읍치에서 남쪽으로 80리에 있다. 부령으로 통하는 대로이다〉

가응석령(加應石嶺)〈읍치에서 동남쪽으로 80리에 있다. 이상은 부령과 경계를 이루고 있다〉

세곡령(細谷嶺)〈읍치에서 동쪽으로 55리에 있고, 경성과 경계를 이룬다〉

노전항(蘆田項)〈읍치에서 서쪽으로 60리에 있고, 무산과 경계를 이룬다〉

전이상령(全以尙嶺)〈읍치에서 동남쪽으로 80리에 있다〉

전괘현(錢掛峴)〈읍치에서 동남쪽으로 79리에 있고, 부령과 경계를 이룬다〉

상문령(上門嶺)〈읍치에서 서쪽으로 15리에 있다〉

하문령(下門嶺)〈읍치에서 서쪽으로 16리에 있다〉

죽포령(竹苞嶺)〈읍치에서 북쪽으로 15리에 있다〉

갈파령(葛坡嶺)〈읍치에서 동남쪽으로 150리에 있다. 영(嶺) 위에는 3곳의 갈라지는 곳이 있다〉

우라한령(亐羅漢嶺)〈읍치에서 서남쪽으로 50리에 있다〉

【사오현(沙五峴)·발현(鉢峴)이 있다】

○해(海)〈읍치에서 동남쪽으로 150리에 있다〉

두만강(豆滿江)〈읍치에서 서쪽으로 60리에 있다〉

팔하천(八下川)〈읍치에서 동북쪽으로 3리에 있다. 원산(圓山)에서 발원하여 북쪽으로 흘러 오산(鰲山)의 아래쪽을 경유하여 두만강으로 들어간다〉

풍산천(豊山川)〈읍치에서 남쪽으로 20리에 있다. 전괘현(錢掛峴), 전이상령(全以尙嶺)·무산령(茂山嶺)에서 발원하여 북쪽으로 흘러 고풍산보(古豊山堡)를 경유하여 영통산(靈通山) 북쪽에 이르러 영통산천을 지나고 소풍산(小豊山)을 경유하여 부의 성 서쪽 1리에 이르러 내를 이루어 두만강으로 들어가는 즉, 옛날의 알목하(斡木河)이다〉

영통산천(靈通山川)〈가응석령(加應石嶺)에서 발원하여 전이상령(全以尙嶺) 북쪽으로 흘러 풍산천으로 들어간다〉

볼하천(乶下川)〈읍치에서 서쪽으로 22리에 있다. 이현(梨峴), 차유령(車踰嶺)에서 발원하여 북쪽으로 흘러 두만강으로 들어간다〉

어운동천(魚雲洞川)〈읍치에서 동쪽으로 60리에 있다. 암명산(巖明山)에서 발원하여 북쪽으로 흘러 경성부계(鏡城涪溪)로 들어간다〉

고랑기천(高浪岐川)〈혹은 역산천(櫟山川)이라 한다. 읍치에서 동남쪽으로 140리에 있다. 암명산(巖明山)에서 발원하여 남쪽으로 흘러 바다로 들어간다〉

보리원천(菩提院川)〈읍치에서 동남쪽으로 150리에 있다. 가응석령에서 발원하여 동쪽으로 흘러 고랑기천으로 들어간다〉

진주지(眞珠池)〈읍치에서 동남쪽으로 148리의 고랑기(高浪岐)에 있다〉

자연(紫淵)〈읍치에서 동남쪽으로 150리에 있다. 보리원천의 가운데이다〉

『성지』(城池)

읍성(邑城)〈세종(世宗) 조 때 쌓았다. 중종(中宗) 2년(1507)에 개축하였다. 둘레는 2,383보이고, 옹성(甕城)은 5곳, 치성(雉城)이 19곳, 포루가 20곳이 있고, 동남쪽에 2곳의 문과 12곳의 우물이 있다. 성 밖은 해자(垓字)로 둘러져 있다〉

두만강행성(豆滿江行城)〈읍치에서 서북쪽으로 3리에 있다. 문종(文宗) 1년(1451)에 처음으로 쌓았다. 중종 4년(1509)에 물려서 쌓았다. 길이는 11,720자이다〉

고산성(古山城)〈읍치에서 동쪽으로 30리에 있다. 둘레는 2,980자이다. 2곳의 못이 있는데, 용동(龍洞)이라 일컫는다〉

운두성(雲頭城)〈볼하진(乶下鎭)에 있다. 숙종(肅宗) 임진년(1712)에 오랄총관(烏剌摠管) 목극등(穆克登)이 경계를 정할 때 토인(土人)이 성 밖의 무덤을 가리켜 황제릉이라 했다. 이에 목극등이 사람을 시켜 무덤을 파서 열어보게 하니, 곁에 짧은 비석이 있었는데, 그 위에는 "송황지묘"(宋皇之墓)라는 4글자가 써 있었다. 목극등은 그 봉분을 크게 쌓도록 명령하고 돌아갔다. 비로소 금나라 사람이 오국성(五國城)이 곧 운두성(雲頭城)임을 알았다. 다만 송나라 황제라고 한 것이 휘종(徽宗)인지 흠종(欽宗)인지는 알 지 못했다. ○『송사(宋史)』를 보건대 휘흠재궁(徽欽梓宮)은 모두 돌아갔다. 그러므로 지금 송황제의 묘라고 하는 것은 곧 그 때의 재궁이 진회(秦檜)·성화(成和)의 간계에서 나온 것이 아니겠는가? 또 금나라의 오국성이 상경(上京)에서 동북쪽으로 1,000리나 떨어져 있다. 상경은 곧 회령부로, 지금의 영고탑(寧古塔) 땅인즉, 운두성(雲頭城)은 바로 금나라의 오국성이 아니다〉

『진보』(鎭堡)

고령진(高嶺鎭)〈읍치에서 북쪽으로 20리에 있다. 세종(世宗) 22년(1440)에 설치하였다. 숙종(肅宗) 5년(1679)에 개축하였다. 둘레는 3,700자이다. 치성이 4곳, 옹성이 4곳, 포루가 20곳, 우물이 25곳, 못이 1곳 있다. 진의 북쪽 5리에 오대암사(五臺岩寺)가 있다. ○병마첨절제사(兵馬僉節制使) 1명을 두었다〉

볼하진(乶下鎭)〈읍치에서 서쪽으로 50리에 있다. 중종(中宗) 4년(1509)에 포항동(浦項洞) 입구 상줄암(上乼岩) 아래에 설치하였으며, 첨사(僉使)를 두었다. 광해군(光海君) 1년(1609)에 바깥 토성을 쌓았는데 뒤에 폐지하였다. 숙종(肅宗) 7년(1681)에 다시 첨사를 두었다. 영조(英祖) 7년(1731)에 운현고성(雲顯古城)으로 옮겨서 설치하였다. 성의 둘레는 18,220자이다. 옹성이 1곳, 치성이 8곳, 포루가 16곳, 참호를 파놓은 곳이 13,870자이다. 성문이 4곳, 우물이 17곳 있다. ○병마첨절제사(兵馬僉節制使)·방수장(防守將) 1명을 두었다〉

고풍산진(古豊山鎭)〈읍치에서 남쪽으로 60리에 있다. 성종(成宗) 19년(1488)에 쌓았다. 성의 둘레는 2,205자이고, 3곳에 우물이 있다. 중종(中宗) 조 때 만호(萬戶)를 두었다. 현종(顯宗) 15년(1676)에 신풍산(新豊山)으로 옮기고 옛터를 무산 첨사진(僉使鎭)에 지급했다. 숙종(肅宗) 27년(1701)에 본부로 환속하였다. ○병마 만호(兵馬萬戶) 1명을 두었다〉

「혁폐」(革廢)

풍산진(豊山鎭)〈읍치에서 남쪽으로 20리에 있다. 숙종(肅宗) 36년(1710)에 종성부 세천

(細川)권관을 이곳으로 옮기고 만호로 삼았다. 성의 둘레는 1,038자이고, 성문이 3곳이다. 숙종 10년(1684)에 무산부로 옮겨 소속되었다가 곧 폐지되었다〉

볼하진(乶下鎭)〈읍치에서 서남쪽으로 25리에 있다. 중종 4년(1509)에 성을 설치하였다. 둘레는 6,020자이고, 우물이 5곳 있다. 영조(英祖) 7년(1731)에 운두고성(雲頭古城)으로 옮겼다〉

원산보(圓山堡)〈읍치에서 동쪽으로 35리에 있다. 성 둘레는 20,000여 자이다. 못이 3곳, 계곡이 1곳 있다〉

영북보(寧北堡)〈읍치에서 동쪽으로 13리에 있다〉

옹희보(擁熙堡)〈읍치에서 북쪽으로 31리에 있다〉

이풍보(梨豊堡)〈읍치에서 남쪽으로 10리에 있다〉

역산보(櫟山堡)〈읍치에서 동쪽으로 110리에 있다. 숙종(肅宗) 6년(1680)에 만호를 두었다가 이듬해에 폐지하였다〉

○강탄파수(江灘把守) 9곳〈고령(高嶺)에 2곳, 본부(本府)에 4곳, 볼하(乶下)에 3곳이 있다〉

『봉수』(烽燧)

고현(古峴)〈고풍산진(古豊山鎭) 남쪽에 있다〉

이현(梨峴)〈읍치에서 남쪽으로 80리에 있다〉

봉덕(奉德)〈읍치에서 서남쪽으로 60리에 있다〉

중봉(中峯)〈읍치에서 서쪽으로 55리에 있다〉

송봉(松峯)〈읍치에서 서쪽으로 40리에 있다〉

남봉(南峯)〈읍치에서 서쪽으로 65리에 있다〉

운두봉(雲頭峯)〈읍치에서 서쪽으로 50리에 있다〉

고연대(古烟臺)〈읍치에서 서쪽으로 20리에 있다〉

오산(鰲山)〈부(府)의 진산(鎭山)에 있다〉

오롱초(吾弄草)〈읍치에서 북쪽으로 15리에 있다〉

죽포(竹苞)〈읍치에서 북쪽으로 20리에 있다〉

북봉(北峯)〈읍치에서 북쪽으로 30리에 있다〉

하을포(下乙浦)〈읍치에서 북쪽으로 40리에 있다〉

내지덕(內池德)〈읍치에서 동쪽으로 15리에 있다〉

『창고』(倉庫)

읍창

신창(新倉)〈읍치에서 남쪽으로 60리에 있다〉

역창(櫟倉)〈읍치에서 동남쪽으로 150리의 해변에 있다〉

세창(細倉)〈읍치에서 동쪽으로 50리의 세곡(細谷)에 있다〉

영창(靈倉)〈읍치에서 동남쪽으로 60리의 영산(靈山)에 있다〉

어창(魚倉)〈읍치에서 동남쪽으로 80리의 어운동(魚雲洞)에 있다〉

하창(下倉)〈읍치에서 서쪽으로 20리의 하창(下倉)에 있다〉

『역참』(驛站)

고풍산역(古豊山驛)〈읍치에서 남쪽으로 60리에 있다〉

영안역(寧安驛)〈회령부의 성안에 있다〉

역산역(櫟山驛)〈읍치에서 동남쪽으로 120리에 있다〉

「보발」(步撥)

고풍산참(古豊山站)·독덕참(獨德站)·관문참(官門站)·고령참(高嶺站)·볼하참(乶下站)이 있다.

『토산』(土産)

철·오미자·노랑가슴담비·수달, 풍부하고 잡다한 해산물과 어종, 소금은 경성(鏡城)의 토산물과 같다.

『누정』(樓亭)

제승정(制勝亭)〈성 안에 있다. ○회령부 성 동쪽문을 가오루(駕鰲樓)라 하고, 남쪽문을 무의문(武儀門)이라 한다. 동남쪽 포루를 정변루(靜邊樓)라 한다〉

『사원』(祠院)

현충사(顯忠祠)〈숙종(肅宗) 계미년(1703)에 건립되었고 정해년(1707)에 사액되었다〉

정문부(鄭文孚)〈경성(鏡城) 조에 나와 있다〉

신세준(申世俊)〈평산(平山) 사람으로 본부의 교생(校生)이다. 벼슬은 첨지를 지냈고, 병조참의(兵曹參議)에 추증되었다〉

오윤적(吳允迪)〈해주(海州) 사람이다. 벼슬은 군자주부(軍資主簿)를 지냈고, 호조좌랑(戶曹佐郞)으로 추증되었다〉

최언영(崔彦英)〈해주 사람이다. 벼슬은 군기주부(軍器主簿)를 지냈고, 호조좌랑으로 추증되었다〉

허관(許灌)〈양천(陽川) 사람이다. 벼슬은 군기주부를 지냈고, 호조좌랑으로 추증되었다〉

정여경(鄭餘慶)〈영일(迎日) 사람이다. 벼슬은 예빈봉사(禮賓奉事)를 지냈고, 호조좌랑으로 추증되었다〉

이희백(李希白)〈경주(慶州) 사람이다. 벼슬은 수문장(守門將)을 지냈고, 호조좌랑으로 추증되었다〉

윤립(尹岦)〈파평(坡平) 사람이다. 벼슬은 예빈봉사를 지냈고, 호조좌랑으로 추증되었다〉

오준례(吳遵禮)〈경주 사람이다. 벼슬은 수문장을 지냈고, 호조좌랑으로 추증되었다〉

『전고』(典故)

조선 세조(世祖) 5년(1459) 봄 정월에 올량합(兀良哈)의 대호군(大護軍) 김저비(金這比)가 아비거(阿比車)와 더불어 군사 1,000여 명을 합쳐서 몰래 회령의 장성밖에 주둔했는데, 목책을 훼손하고 쳐들어와 노략질하였다. 도절제사(都節制使) 양정(楊汀)이 영병(營兵) 700여 명을 거느리고 공격하여 대파하고, 5,000여 명을 목베었다. 적은 우마와 무기를 버리고 도주하여 숨었다. 선조(宣祖) 25년(1592)에 임해군(臨海君)과 순화군(順和君) 2왕자가 강원도로부터 왜병이 뒤에 있으면서 질풍같이 마천령을 넘어 회령부에 도착했다고 들었다. 회령부 관리 국경인(鞠景仁)이 반란을 일으켜 2왕자 및 김귀영(金貴榮)·황정욱(黃廷彧)·황혁(黃赫)·이영(李瑛)·문몽헌(文夢軒)·이주(李◯) 등을 포박하여 가토 기요마사(加藤淸正)에게 보냈다. 가토 기요마사는 단기로 성에 들어가서 모두 진중에 유치시켜 놓고 안변으로 돌아가서 주둔하였다. 모두 일본에 보냈다가 이듬해 가을에 풀어서 돌려보냈다.

○청나라 숭덕(崇德) 연간에 영고탑(寧古塔)과 오라(烏喇)의 2곳 사람이 호부 표문(戶部標文)을 갖고 와서 농우(農牛)와 농기구, 식염(食鹽)을 무역한 뒤에, 이 예에 의해 드디어 연례로 시장을 열었다. 시장에서 공급한 총수는 공식적으로 시장에서 소 114수(首)〈회령 등 6진에서 내왔다〉, 쟁기 2,600개〈북도 10읍에서 내왔다〉, 소금 855석〈북도 10읍 내에서 내왔다. 무산에서는 들이지 않았다〉, 회례(回禮)한 소 값〈6등으로 나눴다〉은 1등품은〈1마리당 양구(羊裘) 1령(領), 소청포(小青布) 2필〉, 2등품은〈1마리당 양구 1영, 소청포 1필〉, 3등품은〈1마리당 소청포 8필〉, 4등품은〈1마리당 소청포 7필〉, 5등품은〈1마리당 소청포 6필〉이었다. 쟁기 값은〈5개당 소청포 1필이었다〉 소금값은〈1석당 소청포 1필이었다〉

6. 종성도호부(鐘城都護府)

『연혁』(沿革)

본래는 여진의 수주(愁州)였다. 조선 세종(世宗) 17년(1435)에 종성군(鐘城郡)을 영북진(寧北鎮)에 두고,〈곧 백안수소(伯顏愁所)는 지금의 행영(行營)이다〉 진 절제사(鎮節制使)로서 지군사(知郡事)를 겸하도록 하였다.〈부계(涪溪)·임천(林川)·녹야(鹿野)·방산(防山)·조산(造山)·시반(時反) 등지의 민호를 여기에 소속하도록 하였다〉 세종 22년(1440)에 군치(郡治)를 지금의 치소로 옮겼고,〈영북진(寧北鎮)을 도절제사(都節制使) 행영으로 삼았다〉 같은 왕 23년에 도호부(都護府)로 승격하였다.〈판관을 두었고, 뒤에 없앴다. ○남계(南界)의 민호를 이주시켜서 채웠다〉

「읍호」(邑號)

종산(鍾山)이다.

「관원」(官員)

도호부사(都護府使)〈종성진병마첨절제사(鐘城鎮兵馬僉節制使)·북도 좌위장(北道左衛將)을 겸하였다〉 1명을 두었다.

『방면』(坊面)

읍사(邑社)

동풍사(東豊社)〈읍치에서 동쪽으로 43리에 있다〉

서풍사(西豊社)〈읍치에서 동남쪽으로 25리에 있다〉

응곡사(鷹谷社)〈읍치에서 동쪽으로 30리에 있다〉

동관사(潼關社)〈읍치에서 북쪽으로 3리에 있다〉

향현사(香峴社)〈읍치에서 남쪽으로 27리에 있다〉

고읍사(古邑社)〈읍치에서 남쪽으로 75리에 있다〉

방원사(防垣社)〈읍치에서 남쪽으로 50리에 있다〉

장풍사(長豊社)〈읍치에서 동남쪽으로 150리에 있다〉

녹야사(鹿野社)〈읍치에서 남쪽으로 150리에 있다〉

방산사(防山社)〈읍치에서 동남쪽으로 140리에 있다〉

조산사(造山社)〈읍치에서 동남쪽으로 190리의 해변에 있다. 이상은 모두 경계가 끝나는 곳이다〉

『산천』(山川)

소백산(小白山)〈읍치에서 남쪽으로 40리에 있다. 봄과 여름에도 잔설이 있다〉

동건산(童巾山)〈읍치에서 북쪽으로 25리에 있다. 모양이 종을 엎어놓은 것 같다〉

나단산(羅端山)〈읍치에서 동쪽으로 50리에 있고, 경원(慶源)과 경계를 이룬다〉

광덕산(廣德山)〈읍치에서 동쪽으로 40리에 있다. 위에는 용담(龍潭)이 있다〉

금산(禁山)〈읍치에서 동쪽으로 5리에 있다〉

증산(甑山)〈읍치에서 동쪽으로 35리에 있고, 경원과 경계를 이룬다. 한 갈래는 남쪽으로 50리에 있다〉

임천산(林泉山)〈읍치에서 동남쪽으로 80리에 있다〉

판연대(板烟臺)〈읍치에서 동쪽으로 45리에 있다. 가운데는 샘이 있다. 4면이 절벽으로 모양이 판목(板木)과 같다〉

망후대(望候臺)〈읍치에서 북쪽으로 20리에 있다. 굽어보면 두만강에 임해 있는데, 깎여 있는 절벽이 200여 장이다〉

곡암(斛岩)〈읍치에서 동쪽으로 45리에 있다. 모양이 곡(斛)을 쌓아 놓은 것 같다〉

【오봉사(五鳳寺)·운주사(雲住寺)·대성사(大聖寺)·독덕사(獨德寺)가 있다】

「영로」(嶺路)

갈파령(葛坡嶺)〈읍치에서 동남쪽으로 180리에 있고, 회령(會寧)과 경계를 이룬다〉

국사당령(國師堂嶺)〈읍치에서 북쪽으로 10리에 있는 대로이다〉

유성동령(柳城洞嶺)〈읍치에서 동남쪽으로 120리에 있다〉

강팔령(姜八嶺)〈위와 같다〉

송상현(松尙峴)〈읍치에서 동남쪽으로 140리에 있다〉

팔랑현(八郎峴)〈읍치에서 동쪽으로 10리에 있다. 이상의 4곳은 온성과 경계를 이루고 있다〉

녹야현(鹿野峴)〈읍치에서 동남쪽으로 150리에 있고, 회령과 경계를 이룬다〉

향현(香峴)〈읍치에서 남쪽으로 20리에 있다〉

소백령(小白嶺)〈읍치에서 남쪽으로 40리에 있다〉

독덕현(獨德峴)〈읍치에서 남쪽으로 50리에 있다. 이상은 행영(行營)으로 가는 길이다〉

화동령(禾洞嶺)〈읍치에서 동쪽으로 50리에 있고, 경원으로 가는 길이다〉

무밀령(茂密嶺)〈읍치에서 동남쪽으로 60리에 있고, 경원과 경계를 이룬다〉

덕산우(德山隅)〈읍치에서 동북쪽으로 20리에 있다. 온성으로 통한다〉

【박달령(博達嶺)이 있다. 엄중동현(嚴中洞峴)은 동남쪽에 있다. 건치(建峙)는 동쪽에 있다】

○해(海)〈읍치에서 동남쪽으로 200여 리의 조산사(造山社)에 있다〉

오롱천(五龍川)〈혹은 오롱천(吾弄川)이라 한다. 장풍(長豊)·방산(防山)·녹야(鹿野) 3사(社)의 여러 골짜기의 물이 모여서 북쪽으로 흘러 부계(涪溪) 상창(上倉)에 이르고, 회령의 어운동천(魚雲洞川)을 지나서 행영 동쪽에 이르고, 중추계(中秋溪)를 지나서 부계 하창(下倉)에 이르고, 소백산을 지난 물이 동쪽으로 흘러서 용암(龍岩)·온성(穩城)·덕천창(德川倉)을 경유하여 경원땅에 이르고, 연기역(燕基驛)을 경유하여 오롱천(吾弄川)이 되고, 건원보(乾原堡) 남쪽에 이르러 두만강으로 들어간다〉

동관소천(潼關小川)〈읍치에서 북쪽으로 18리에 있다. 증산(甑山)에서 발원하여 서쪽으로 흘러 두만강으로 들어간다〉

서풍천(西豐川)〈나단산(羅端山)에서 발원하여 서북쪽으로 흘러 종성부 북쪽을 두르고 1리를 가서 두만강으로 들어간다〉

중추계(中秋溪)〈회령의 화풍산(花豐山)에서 발원하여 동쪽으로 흘러 행영 남쪽을 경유하여 1리를 가서 오롱천으로 들어간다〉

해양(海洋)·유진(楡津)〈모두 조산사(造山社)의 해변에 있다〉

「도서」(島嶼)

초도(草島)〈조산사에 있는데, 바다 가운데다〉

『성지』(城池)

읍성(邑城)〈세종(世宗) 23년(1441)에 쌓았다. 둘레는 4,882자이다. 안쪽에는 백정(百井)이 있다. 광해군(光海君) 1년(1609)에 부사(府使) 이영(李英)이 성을 크게 넓혔고, 또 중성(中城)을 쌓았는데, 포루가 9곳, 성문이 4곳, 곡성이 9곳, 옹성이 4곳이다. 수항루(受降樓)·공의루(拱衣樓)가 성 남쪽에 있고, 진서루(鎭西樓)·진융루(鎭戎樓)가 성 서쪽에 있으며, 의허루(倚虛樓)가 성 동쪽에, 진북루(鎭北樓)가 성 북쪽에, 척금루(滌襟樓)는 성 안에 있다〉

동건성(童巾城)〈읍치에서 북쪽으로 27리에 있다. 둘레는 632자이다. 절벽이 1,121자이다. 가운데는 큰 못이 있다. 산의 모습은 솟아난 것이 종과 같다. 4면을 다듬은 돌로서 단장하였고, 못의 밑은 넓은 돌로 깔았다. 못 언덕에 또 돌이 있는데 평평하기가 숫돌 같다. 성의 남쪽 모퉁이에 소로가 있다〉

두만강행성(豆滿江行城)〈두만강가에 있다. 돌로 쌓은 길이는 62,408자이고, 흙으로 쌓은 길이는 85,600자이다. 목책의 길이는 3,532자이다〉

○동관(潼關)으로부터 두만강을 건너고 보청포(甫淸浦)를 경유하여 사춘천(舍春川)을 건너면, 옛 성이 있는데 남경(南京)이라 부른다. 그 서북쪽에는 또 산성이 있는데, 그 못의 이름은 잘 알 수 없다.

『영아』(營衙)

행영(行營)〈곧 영북진(寧北鎭)의 옛성이다. 남쪽으로 경성 본영(鏡城本營)과의 거리는 270리이고, 서남쪽으로 회령부까지 거리는 45리이며, 동쪽으로 경원(慶源)까지 거리는 120리, 북쪽으로 본부까지는 70리, 동북쪽으로 온성까지는 140리로서, 4읍의 중앙에 있다. 세조(世祖) 3년(1457)에 북도 절도사 행영(北道節度使行營)을 설치하고, 평상시에는 곧 진에 머물렀다. 경성 두만강의 얼음이 얼 때 진을 나섰다. 행영은 여러 진과 더불어 서로 표리를 이루어 성원하였다〉

성지(城池)〈옛날에 쌓은 성이 있다. 인조(仁祖) 12년(1634)에 개축하였다. 둘레는 2,062보이다. 곡성(曲城)이 4곳, 성문이 4곳, 포루가 13곳, 우물이 5곳, 못이 1곳 있다〉

북도(北道)에 속해 있는 위(衛)〈전위(前衛)는 회령, 좌위는 종성, 중위는 온성, 우위는 경원, 후위는 경흥에 있다〉

『진보』(鎭堡)

동관진(潼關鎭)〈읍치에서 북쪽으로 20리에 있다. 성의 둘레는 2,982자이다. ○병마첨절제사(兵馬僉節制使)·방수장(防守將) 1명을 두었다〉

방원진(防垣鎭)〈읍치에서 남쪽으로 30리에 있다. 성의 둘레는 2,488자이다. ○병마 만호(兵馬萬戶) 1명을 두었다〉

「혁폐」(革廢)

세천보(細川堡)〈읍치에서 남쪽으로 50리에 있다. 성의 둘레는 1,577자이다. 옛날에는 권관(權管)이 있었다. 숙종(肅宗) 36년(1710)에 회령 풍산진(豊山鎭)으로 옮겨 합쳤다〉

동풍보(東豊堡)〈읍치에서 동쪽으로 40리에 있는 토성으로, 둘레는 1,440자이다〉

서풍보(西豊堡)〈읍치에서 동쪽으로 20리에 있는 토성으로, 둘레는 1,811자이다〉

응곡보(鷹谷堡)〈읍치에서 동쪽으로 30리에 있는 토성으로, 둘레는 1,121자이다〉

○강탄파수(江灘把守) 20곳〈동관(潼關) 3곳, 본부 14곳, 방원(防垣) 3곳이다〉

『봉수』(烽燧)

포항(浦項)〈읍치에서 남쪽으로 50리에 있다〉

신기리(新岐里)〈읍치에서 남쪽으로 40리에 있다〉

오갈암(烏曷岩)〈읍치에서 남쪽으로 20리에 있다〉

삼봉(三峯)〈읍치에서 남쪽으로 10리에 있다〉

남봉(南峯)〈읍치에서 남쪽으로 5리에 있다〉

북봉(北峯)〈읍치에서 북쪽으로 9리에 있다〉

장성문(長城門)〈읍치에서 북쪽으로 13리에 있다〉

북봉(北峯)〈읍치에서 북쪽으로 18리에 있다〉

보청포(甫青浦)〈읍치에서 북쪽으로 20리에 있다〉

「권설」(權設)

금적곡(金迪谷)〈읍치에서 동쪽으로 60리에 있다〉

소백산(小白山)〈읍치에서 동남쪽으로 35리에 있다〉

피덕(皮德)〈읍치에서 남쪽으로 50리에 있다〉

회중동(回仲洞)〈읍치에서 남쪽으로 65리에 있다. 이상은 단지 행영에 보고한다〉

『창고』(倉庫)

읍창(邑倉)

고읍창(古邑倉)〈행영성(行營城) 밖에 있다〉

동풍창(東豊倉)〈읍치에서 동쪽으로 35리에 있다〉

부계상창(涪溪上倉)〈읍치에서 남쪽으로 90리에 있다〉

부계하창(涪溪下倉)〈읍치에서 남쪽으로 70리에 있다〉

녹야상창(鹿野上倉)〈읍치에서 동쪽으로 150리에 있다〉

녹야하창(鹿野下倉)〈읍치에서 동남쪽으로 120리에 있다〉

조산해창(造山海倉)〈해변에 있다〉

방산창(防山倉)〈읍치에서 동남쪽으로 140리에 있다〉

『역참』(驛站)

종경역(鍾慶驛)〈부 동쪽의 성 밖에 있다〉

무안역(撫安驛)〈행영성(行營城) 밖에 있다〉

녹야역(鹿野驛)〈읍치에서 동남쪽으로 150리에 있다〉

「보발」(步撥)

방원참(防垣站)·관문참(官門站)·동관참(潼關站)이 있다.

「간발」(間撥)

방원참(防垣站)·세천참(細川站)·무안참(撫安站)〈동쪽으로 온성(穩城) 취암참(鷲岩站)까지는 30리이다〉

『토산』(土産)

철〈해변에서 난다〉·연석(硏石)〈자색(紫色)의 아름다운 것은 오연석(烏硯石)·아란석(鵝卵石)으로 오룡천(五龍川)에서 나는데 지극히 아름답다〉, 풍부하고 잡다한 해산물과 어물 등은 경성(鏡城)에서 나는 것과 같다.

『사원』(祠院)

종산서원(鐘山書院)〈현종(顯宗) 병오년(1666)에 건립하였고, 숙종(肅宗) 병인년(1686)에 사액받았다〉

정여창(鄭汝昌)〈문묘(文廟) 조에 나와 있다〉

기준(奇遵)〈고양(高陽) 조에 나와 있다〉

유희춘(柳希春)〈담양(潭陽) 조에 나와 있다〉

정엽(鄭曄)〈광주(廣州) 조에 나와 있다〉

정홍익(鄭弘翼)〈북청(北靑) 조에 나와 있다〉

김상헌(金尙憲)〈태묘(太廟) 조에 나와 있다〉

정온(鄭蘊)〈광주(廣州) 조에 나와 있다〉

조석윤(趙錫胤)〈개성(開城) 조에 나와 있다〉

유계(兪棨)〈임천(林川) 조에 나와 있다〉

민정중(閔鼎重)〈양주(楊州) 조에 나와 있다〉

남구만(南九萬)〈함흥(咸興) 조에 나와 있다〉

『전고』(典故)

조선 세종(世宗) 조에 이징옥(李澄玉)이 처음에 부거책(富居柵)을 지킬 때 여러 차례 전공을 세워 위명을 크게 떨쳤다. 5진(五鎭)을 설치하여서는 더욱 공이 있어, 북쪽 변방을 진무하였다. 뒤에는 김종서(金宗瑞)를 대신하여 도절제사(都節制使)가 되었다. 단종(端宗) 계유년(1453)에 군사를 일으켜 조정에 반란하기에 이르자(癸酉靖難을 말함/역자주), 비밀리에 박호문(朴好問)을 파견하여 빠른 기병을 거느리고 이징옥을 대신케 했는데, 이징옥이 박호문을 살해하고 스스로 "대금황제"(大金皇帝)로 일컬으면서 장졸들을 압박하여 강을 건너 금나라의 옛 도읍인 종성을 점거하였다. 도진무(都鎭撫) 이행검(李行儉)이 계책을 써서 종성에 머물도록 하고서 주살하였다.〈혹은 "종성 절제사(鐘城節制使) 정종(鄭種)이 이징옥을 참수하여 바쳤다"고 한다〉 선조(宣祖) 16년(1583)에 번호(藩胡) 율보리니탕개(栗甫里尼湯介)가 기병 10,000여 명으로서 길을 나눠 종성의 방어망에 침입해왔다. 우후(虞侯) 장의현(張義賢) 등이 기병과 보병 100여 명으로 강탄(江灘)을 수비하며 항전하였다. 군관 권덕례(權德禮)가 살해되는 것을 보고 나머지는 모두 성으로 되돌아갔다. 여러 겹으로 포위된 채 만호(萬戶) 최호(崔浩) 등이 강궁(强弓)을 쏘자 적이 물러갔다. 그 뒤에 율보리니탕개가 다시 방원보(防垣堡)를 포위하자, 최호 등이 성에 올라 힘껏 싸웠고, 우후 장의현 등이 종성부로부터 와서 구원하며 중외에서 합세하여 문을 열고 크게 적을 공격하여 격퇴시키니, 적은 깊은 곳으로 숨어들었다가 또 다시 변방을 노략질하였다. 율보리니탕개가 수만 명의 기병을 이끌고 동관진(潼關鎭)을 포위하자, 첨사(僉使) 정곤(鄭鯤)과 조전장(助戰將) 박선(朴宣) 등이 힘을 다해 싸워 그들을 물리쳤다. 선조 38년(1610)에 홀자온(忽刺溫) 야인이 쳐들어와 동관진을 함락하고 첨사 김백옥(金伯玉)을 살해하고 갔다. 우후(虞侯) 성우길(成祐吉)이 유방군(留防軍) 수천 명을 거느리고 밤에 강을 건너 곧바로 야인의 주둔지를 기습하고 그 미비한 틈을 타서 공격하여 패배시켰고, 드디어 오랑캐 무리들이 흩어지자 포로로 잡힌 남녀들을 데리고 돌아왔다.

7. 온성도호부(穩城都護府)

『연혁』(沿革)

본래 여진의 다온평(多溫平) 지역이다. 조선 세종(世宗) 22년(1440)에 처음으로 온성군을 설치하였고,〈경원(慶源)과 길주(吉州)의 남쪽, 안변(安邊)의 북쪽 여러 읍의 민호를 옮겨서 채웠다〉 같은 왕 23년에 도호부(都護府)로 승격하고 판관(判官)을 두었으며,〈뒤에 판관을 없앴다〉 같은 왕 24년에 진을 설치하였다. 인조(仁祖) 8년(1630)에 현(縣)으로 강등하였다가〈양사복(梁士福)·양계홍(梁繼洪) 등이 모반을 일으켰다가 처형당했다〉 같은 왕 11년에 다시 승격하였다.

「읍호」(邑號)

전성(氈城)이다.

「관원」(官員)

도호부사(都護府使)〈온성진병마첨절제사(穩城鎭兵馬僉節制使)·북도 중위장(北道中衛將)·감목관(監牧官)을 겸하였다〉 1명을 두었다.

『방면』(坊面)

와동사(瓦洞社)〈읍치에서 동쪽으로 10리에 있다〉

미전사(美錢社)〈읍치에서 동쪽으로 30리에 있다〉

포항사(浦項社)〈읍치에서 동쪽으로 10리에 있다〉

영달동사(永達洞社)〈읍치에서 서남쪽으로 30리에 있다〉

주원사(周原社)〈읍치에서 북쪽으로 10리에 있다〉

장충동사(長忠洞社)〈읍치에서 남쪽으로 40리에 있다〉

유원사(柔遠社)〈읍치에서 서쪽으로 18리에 있다〉

오후사(於厚社)〈읍치에서 서쪽으로 25리에 있다〉

당동사(堂洞社)〈읍치에서 남쪽으로 11리에 있다〉

변포사(汴浦社)〈읍치에서 서쪽으로 11리에 있다〉

황척파사(黃拓坡社)〈읍치에서 동쪽으로 27리에 있다〉

덕천사(德川社)〈읍치에서 남쪽으로 120리에 있다〉

덕산사(德山社)〈읍치에서 남쪽으로 150리에 있다〉

덕명사(德明社)〈읍치에서 남쪽으로 160리에 있다〉

안화사(安和社)〈읍치에서 남쪽으로 260리 떨어진 해변인 사월사(四越社)에 있는데, 경원(慶源)·경흥(慶興)의 서쪽 경계, 종성(鍾城)의 동쪽 경계이다〉

『산수』(山水)

남산(南山)〈읍치에서 남쪽으로 5리에 있다〉

소증산(小甑山)〈읍치에서 남쪽으로 15리에 있다〉

운주산(雲住山)〈읍치에서 남쪽으로 35리에 있다〉

북송산(北松山)〈읍치에서 동쪽으로 30리에 있다〉

탑향산(塔香山)〈읍치에서 남쪽으로 125리에 있다〉

만수산(萬壽山)〈읍치에서 남쪽으로 135리에 있다〉

대증산(大甑山)〈읍치에서 남쪽으로 60리에 있다〉

송진산(松眞山)〈읍치에서 동남쪽으로 190리에 있고, 경흥과 경계를 이룬다〉

금련덕(金蓮德)〈읍치에서 동남쪽으로 195리에 있다〉

철주덕(鐵柱德)〈송진산(松眞山) 아래에 있다. 둘레는 60리이다. 봉우리가 수려하게 솟아 있고, 골짜기가 넓게 열려 있다. 토지는 비옥하고 샘에서 나오는 물은 달다〉

「영로」(嶺路)

경관령(慶關嶺)〈읍치에서 동남쪽으로 45리에 있고, 경원과 경계를 이루는 대로이다〉

탑현(塔峴)〈읍치에서 남쪽으로 180리에 있다〉

황구령(黃耈嶺)〈읍치의 남쪽에 있다〉

송정현(松亭峴)〈읍치의 남쪽에 있다〉

○해(海)〈읍치에서 남쪽으로 265리의 안화사(安和社)에 있다〉

두만강(豆滿江)〈읍치에서 북쪽으로 5리에 있다〉

황척파천(黃拓坡川)〈읍치에서 동쪽으로 30리에 있다. 경관령에서 발원하여 북동쪽으로 흘러 두만강으로 들어간다〉

남산천(南山川)〈운주산에서 발원하여 북쪽으로 흘러 온성부 서쪽을 경유하여 5리를 가서 두만강으로 들어간다〉

「도서」(島嶼)

대초도(大草島)〈해진사(海津社)의 바다 가운데 있고, 둘레는 20리이다. 모습이 솥을 엎어 놓은 것 같다. 조악한 돌이 날카롭게 솟아 있다〉

소초도(小草島)〈대초도의 동쪽에 있다〉

○강외지(江外地)

탁치산(橐馳山)〈읍치에서 북쪽으로 30리에 있다〉

우지산(右地山)〈읍치의 서북쪽에 있다. 동쪽으로 귀암봉(龜岩峯)까지 거리는 30리이다〉

시화산(市火山)〈유원진(柔遠鎭)에서 서쪽으로 20리에 있다〉

구을산(仇乙山)〈유원진에서 북쪽으로 10리에 있다〉

건가퇴(件加堆)〈시화산 남쪽에 있다〉

귀암봉(龜岩峯)〈읍치에서 서북쪽으로 20리에 있다〉

탈지평(奪指坪)〈유원진에서 서쪽으로 10리에 있다〉

국토령(國土嶺)〈탁치산의 동쪽에 있다〉

입암(立岩)〈황척파 장성 밖에 있다. 2개의 돌이 깎아지른 것이 네모나게 하늘로 솟아올라서 그 위에는 구름이 서려 있다〉

대동(大洞)·걸오동(乬吾洞)〈이상의 2곳은 탁치산의 남쪽에 있다〉

하전동(下田洞)〈미전진(美錢鎭)에서 동쪽으로 10리에 있다〉

소야지동(小也之洞)〈황척파보(黃拓坡堡)에서 동쪽으로 10리에 있다〉

분동강(分東江)〈유원진(柔遠鎭)에서 서쪽으로 30리에 있다. 동쪽으로 흘러 두만강으로 들어간다〉

삼한천(三漢川)〈미전(美錢)에서 동쪽으로 15리에 있다〉

『성지』(城池)

읍성(邑城)〈둘레가 1,556보이다. 옹성(甕城)이 42곳, 포루가 28곳, 성랑(城廊)이 16곳, 우물이 25곳이고, 동서남북에 문이 있다〉

두만강 행성(豆滿江行城)〈길이가 143,768자이다. 『문헌비고(文獻備考)』에 이르기를, "온성장성의 길이는 40리이다"라고 하였다. 정난종(鄭蘭宗)이 북병사(北兵使)로 있을 때 쌓았다〉

『진보』(鎭堡)

유원진(柔遠鎭)〈읍치에서 서쪽으로 18리에 있다. 성의 둘레는 3,687자이고, 4곳의 우물이 있다. ○병마첨절제사(兵馬僉節制使) 1명을 두었다〉

미전진(美錢鎭)〈읍치에서 동쪽으로 25리에 있다. 성의 둘레는 3,639자이고, 3곳의 우물이 있다. 성종(成宗) 15년(1484)에 설치하였다. ○병마첨절제사 1명을 두었다〉

영달진(永達鎭)〈읍치에서 남쪽으로 30리에 있다. 성의 둘레는 3,390자이고, 1곳의 우물이 있다. ○병마 만호(兵馬萬戶) 1명을 두었다〉

황척파보(黃拓坡堡)〈읍치에서 동남쪽으로 25리에 있다. 성의 둘레는 1,690자이고, 1곳의 우물이 있다. ○권관(權管) 1명을 두었다〉

「혁폐」(革廢)

영달보(永達堡)〈읍치에서 남쪽으로 16리에 있는 토성으로 둘레는 1,641자이다. 세종(世宗) 24년(1442)에 설치하였고, 뒤에 지금의 진으로 옮겼다〉

황척파보(黃拓坡堡)〈읍치에서 동쪽으로 10리에 있는 토성으로 둘레는 1,560자이다. 중종(中宗) 28년(1533)에 설치하였다가 뒤에 지금의 보로 옮겼다〉

주원보(周原堡)〈읍치에서 동쪽으로 3리에 있는 토성으로 둘레는 452자이다〉

시건보(時建堡)〈읍치에서 서쪽으로 23리에 있는 토성으로 둘레는 511자이다〉

풍천보(豊川堡)〈읍치에서 동쪽으로 10리에 있는 토성으로 둘레는 1,560자이다. 뒤에 미전진(美錢鎭)과 합쳤다〉

낙토보(樂土堡)〈읍치에서 남쪽으로 45리에 있는데, 토성의 터가 있다〉

○강탄파수(江灘把守) 15곳〈영달(永達)에 2곳, 유원(柔遠)에 3곳, 종성부에 7곳, 미전(美錢)에 2곳, 황척(黃拓)에 1곳이 있다〉

『봉수』(烽燧)

소동건(小童巾)〈읍치에서 서남쪽으로 45리에 있다〉

송봉(松峯)〈읍치에서 서쪽으로 35리에 있다〉

중봉(中峯)〈읍치에서 서쪽으로 30리에 있다〉

견탄(犬灘)〈읍치에서 서쪽으로 40리에 있다〉

시건(時建)〈읍치에서 서쪽으로 35리에 있다〉

고성(古城)〈읍치에서 서쪽으로 25리에 있다〉

압강(壓江)〈읍치에서 서쪽으로 20리에 있다〉

평연대(坪烟臺)〈혹은 평봉(平峯)이라 한다. 읍치에서 서쪽으로 13리에 있다〉

사장(射場)〈읍치에서 서쪽으로 4리에 있다〉

평연대(坪烟臺)〈읍치에서 북쪽으로 5리에 있다〉

포항(浦項)〈읍치에서 동쪽으로 14리에 있다〉

미전(美錢)〈읍치에서 동쪽으로 25리에 있다〉

전강(錢江)〈읍치에서 동쪽으로 40리에 있다〉

장성현(長城峴)〈혹은 동봉(東峯)이라 한다. 읍치에서 동쪽으로 25리에 있다〉

『창고』(倉庫)

읍창(邑倉)

사창(社倉)〈장충동(長忠洞)·덕천(德川)·덕산(德山)·덕명(德明)·안화(安和)·해진(海津)에 있다〉

『역참』(驛站)

무녕역(撫寧驛)〈부 안에 있다〉

덕명역(德明驛)〈읍치에서 남쪽으로 135리에 있다〉

「혁발」(革撥)

영달참(永達站)·관문참(官門站)·황척파참(黃拓坡站)

「간발」(間撥)

덕명참(德明站)·취암참(鷲岩站)

『목장』(牧場)

대초도장(大草島場)〈중종(中宗) 6년(1511)에 단천(端川) 땅으로 옮겼다가 현종(顯宗) 6년(1665)에 다시 설치하였다. ○ 감목관(監牧官)은 온성도호부사가 겸했다〉

『토산』(土産)

노랑가슴담비[초서(貂鼠)]·수달, 풍부하고 잡다한 해산물과 어류, 소금 등의 물품은 경성(鏡城)에서 나는 것과 같다.

『누정』(樓亭)

진변루(鎭邊樓)〈성 안에 있다〉

8. 경원도호부(慶源都護府)

『연혁』(沿革)

본래는 여진의 공주(孔州) 지역이었다.〈혹은 광주(匡州)라고 하였다〉 조선 태조(太祖) 7년(1398)에 옛 터에다 석성(石城)을 수축하였다. 그 땅에는 덕릉(德陵)과 안릉(安陵)의 2릉이 있다.〈경흥(慶興) 조에 자세히 나와 있다〉 또한 왕업의 기틀을 연 땅으로, 경원부(慶源府)로 승격하였다.〈경성부(鏡城府) 용성(龍城)의 북쪽을 분할하여 경원부에 소속시켰다〉 태종(太宗) 9년(1409)에 치소를 소다노(蘇多老)의 옛 영(營)으로 옮기고,〈동림성(東林城)에서 북쪽으로 5

리에 있다〉 목책을 설치하여 거주하다가, 여진의 침입으로 인하여 민호를 경성군(鏡城郡)으로 옮겨서 그 곳을 비워두었고, 같은 왕 17년에 경성의 두롱이현(豆籠耳峴) 이북의 땅을 분할하여 다시 부가참(富家站)에 읍치를 두고,〈옛 부거현(富居縣)으로 지금의 회수역(懷綏驛)이다〉 도호부(都護府)로 승격하였다. 세종(世宗) 10년(1428)에 또 치소를 회가천(會家川)의 북쪽으로 옮겼다.〈남계(南界)의 민호를 이곳으로 옮겨서 채웠다〉

「읍호」(邑號)

추성(楸城)이다.

「관원」(官員)

도호부사(都護府使)〈경원진병마첨절제사(慶源鎭兵馬僉節制使)·북도 우위장(北道右衛將)·토포사(討捕使)를 겸하였다〉 1명을 두었다.

『방면』(坊面)

읍사(邑社)

솔하사(乺下社)〈읍치에서 북쪽으로 12리에 있다〉

농포사(農圃社)〈읍치에서 동쪽으로 15리에 있다〉

안원사(安原社)〈읍치에서 남쪽으로 30리에 있다〉

고건원사(古乾原社)〈읍치에서 남쪽으로 50리에 있다〉

유신사(有信社)〈읍치에서 남쪽으로 90리에 있다〉

고아산사(古阿山社)〈읍치에서 남쪽으로 75리에 있다〉

동림사(東林社)〈읍치에서 남쪽으로 35리에 있다〉

성천사(城川社)〈읍치에서 남쪽으로 5리에 있다〉

신건원사(新乾原社)〈읍치에서 동남쪽으로 55리에 있다〉

신아산사(新阿山社)〈읍치에서 동남쪽으로 90리에 있다〉

훈융사(訓戎社)〈읍치에서 북쪽으로 30리에 있다〉

해진사(海津社)〈읍치에서 남쪽으로 160리의 해변에 있다. 서쪽은 온성의 경계가 끝나는 곳이다〉

『산수』(山水)

증산(甑山)〈읍치에서 서쪽으로 30리에 있고, 종성(鍾城)과 경계를 이룬다. 산 정상에는 돌이 있는데 시루 같다. ○정수사(淨水寺)가 있다〉

백악산(白岳山)〈혹은 희악산(希岳山)이라 한다. 읍치에서 남쪽으로 85리에 있고, 경흥(慶興)과 경계를 이룬다〉

운봉산(雲峯山)〈읍치에서 남쪽으로 22리에 있다〉

마유산(馬乳山)〈읍치에서 북쪽으로 25리에 있다. 산 정상에는 돌이 있는데 말 젖과 같다〉

나단산(羅端山)〈읍치에서 남쪽으로 34리에 있고, 종성과 경계를 이룬다. 산 위에는 7개의 돌이 차례로 서 있는데, "칠보석"(七寶石)이라 일컫는다〉

혜아산(惠我山)〈읍치에서 서쪽으로 20리에 있다. 산 정상에는 연못이 있고, 둘레는 1리이다〉

동림산(東林山)〈읍치에서 동남쪽으로 40리에 있다. 목조(穆祖)가 옛날에 거주하던 터가 있는데, 그 터의 4위가 모두 산이다. 둘레는 3리이다. 돌이 많아 성(城)을 이루고 있는데, 돌을 뚫어 지름길을 열었다. 강에 임한 곳은 험하고 위태롭다. 높은데 올라가서 강 밖의 산천을 바라본다〉

복호봉(伏胡峯)〈읍치에서 동쪽으로 10리에 있다〉

「영로」(嶺路)

경관령(慶關嶺)〈읍치에서 서쪽으로 18리에 있고, 온성과 경계를 이루는 대로이다〉

탑현(塔峴)〈읍치에서 남쪽으로 85리에 있고, 온성과 경계를 이룬다〉

○해(海)〈읍치에서 남쪽으로 165리에 있다〉

두만강(豆滿江)〈읍치에서 동쪽으로 15리에 있다〉

회가천(會家川)〈증산(甑山)에서 발원하여 동쪽으로 흘러 부 남쪽 1리를 지나 두만강으로 들어간다〉

소하천(所下川)〈읍치에서 북쪽으로 8리에 있다. 경관령에서 발원하여 동쪽으로 흘러 두만강으로 들어간다〉

농포천(農圃川)〈읍치에서 남쪽으로 19리에 있다. 나단산(羅端山)에서 발원하여 북동쪽으로 흘러 두만강으로 들어간다〉

안원천(安原川)〈읍치에서 남쪽으로 30리에 있다. 나단산에서 발원하여 남동쪽으로 흘러 두만강으로 들어간다〉

오룡천(五龍川)〈읍치에서 남쪽으로 50리에 있다. 종성(鍾城) 조에 자세히 나와 있다〉

임성동천(林成洞川)〈읍치에서 남쪽으로 19리에 있다. 나단산(羅端山)·운봉산(雲峯山)의 2산에서 발원하여 두만강으로 들어간다〉

비파동(琵琶洞)〈해진사(海津社) 바닷가에 있다. 한 줄기가 육지와 닿아 있는데, 바다로 들어가서 다시 커진다〉

「도서」(島嶼)

이도(珥島)〈읍치에서 동쪽으로 16리의 두만강 가운데 있다. 인조(仁祖) 15년(1637)에 강물이 분파되어 가로로 흐르는 곳에 섬이 생겼다. 둘레가 20리이다. 갈대가 싹트는 곳이고, 길짐승과 날짐승이 모여들기 때문에 사냥터를 이루고 있다〉

『성지』(城池)

읍성(邑城)〈세종(世宗) 26년(1444)에 쌓았다. 선조(宣祖) 36년(1603)에 개축하였다. 인조(仁祖) 7년(1629)에 더 쌓았다. 둘레는 1,475보이다. 옹성(甕城)이 3곳, 곡성(曲城)이 8곳, 성문이 4곳, 우물이 7곳 있다〉

동림성(東林城)〈동림산(東林山) 위에 있다. 둘레는 5,811자이고 안에는 큰 우물이 있다. 태종(太宗) 9년(1409)에 고쳐 쌓았는데, 극히 험준하다. 동·남·북쪽은 절벽이 깎여 서 있고, 서쪽은 10여 리의 긴 계곡이 있는데, 촌락의 여염집이 즐비하다. 동쪽으로 바라보니 후춘(厚春) 부락 여러 곳이 보인다〉

현성(縣城)〈진의 북쪽 옛 보(堡)로부터 회가천(會家川)을 건너 큰 들판 가운데 토성이 있는데, 이름을 현성(縣城)이라 한다. 성 안에는 6곳의 우물이 있다. 『용비어천가(龍飛御天歌)』에 이르기를, "해관성(奚關城)이 동쪽으로 훈춘강(訓春江)까지 거리가 7리이고, 서쪽으로 두만강까지 거리가 5리"라고 했는데, 아마도 여기인 듯 하다〉

『진보』(鎭堡)

훈융진(訓戎鎭)〈읍치에서 북쪽으로 25리에 있다. 성의 둘레는 3,242자이고, 5곳의 우물이 있다. ○병마첨절제사(兵馬僉節制使)·방수장(防守將) 1명을 두었다〉

아산진(阿山鎭)〈읍치에서 동남쪽으로 75리에 있다. 성의 둘레는 1,879자이다. 본래 건가퇴보(件加堆堡)였다가 뒤에 아산보(阿山堡)를 이곳으로 옮겼기 때문에 그렇게 일컫고 있다. ○

병마 만호(兵馬萬戶) 1명을 두었다〉

건원보(乾原堡)〈읍치에서 남쪽으로 50리에 있다. 중종(中宗) 11년(1516)에 쌓았다. 성의 둘레는 1,458자이고 1곳의 우물이 있다. ○권관(權管) 1명을 두었다〉

안원보(安原堡)〈읍치에서 남쪽으로 30리에 있다. 성의 둘레는 2,744자이고, 1곳의 우물이 있다. ○권관 1명을 두었다〉

「혁폐」(革廢)

진북보(鎭北堡)〈읍치에서 동쪽으로 14리에 있는 토성이다. 둘레는 613자이다〉

고아산보(古阿山堡)〈읍치에서 동남쪽으로 60리에 있다. 성의 둘레는 2,803자이다〉

고건원보(古乾原堡)〈읍치에서 남쪽으로 50리에 있다. 성의 둘레는 2,520자이다〉

고아오지보(古阿吾地堡)〈읍치에서 동남쪽으로 80리에 있는 토성이다. 성종(成宗) 19년(1488)에 경흥으로 옮겼다〉

오롱초보(吾弄草堡)〈읍치에서 남쪽으로 45리에 있는 토성이다. 둘레는 485자이다. 고아산보·진북보·오롱초보의 3보는 중종(中宗) 11년(1516)에 모두 혁파되었다〉

유신보(有信堡)〈읍치에서 남쪽으로 87리에 있는 토성이다. 성종 19년(1488)에 혁파되었다〉

○강탄파수(江灘把守) 14곳〈훈융(訓戎)에 3곳, 경원도호부에 3곳, 안원(安原)에 3곳, 건원(乾原)에 3곳, 아산(阿山)에 2곳이다〉

『봉수』(烽燧)

중봉(中峯)〈읍치에서 서북쪽으로 30리에 있다〉

마유(馬乳)〈읍치에서 북쪽으로 22리에 있다〉

장항(獐項)〈읍치에서 북쪽으로 30리에 있다〉

성상(城上)〈읍치에서 북쪽으로 30리에 있다〉

후훈(厚訓)〈읍치에서 북쪽으로 9리에 있다〉

남산(南山)〈읍치에서 남쪽으로 7리에 있다〉

동림(東林)〈읍치에서 동남쪽으로 40리에 있다〉

수정(水汀)〈읍치에서 동남쪽으로 45리에 있다〉

건가퇴(件加堆)〈읍치에서 동남쪽으로 70리에 있다〉

백안(伯顔)〈읍치에서 동남쪽으로 90리에 있다〉

「권설」(權設)

진보(進堡)〈읍치에서 남쪽으로 40리에 있다〉

『창고』(倉庫)

읍창(邑倉)

사창(社倉)〈고건원(古乾原)·고아산(古阿山)·유신(有信)·동림(東林)·해진(海津)에 있다〉

『역참』(驛站)

마유역(馬乳驛)〈부 안에 있다〉

연기역(燕基驛)〈고건원보에 있다〉

아산역(阿山驛)〈읍치에서 동남쪽으로 70리에 있다〉

「보발」(步撥)

훈융참(訓戎站)·관문참(官門站)·안원참(安原站)·건원참(乾原站)·아산참(阿山站)이 있다.

「간발」(間撥)

연기참(燕基站)이 있다.

『목장』(牧場)

경원장(慶源場)〈『백헌종요(百憲從要)』에 "경원장 감목관(監牧官)은 변장(邊將)이 겸한다."라고 하였다〉

『교량』(橋梁)

굴항교(掘項橋)〈읍치에서 남쪽으로 155리의 해변에 있다. 호수의 길이가 150보이고, 넓이가 3자이다〉

『토산』(土産)

강과 바다에서 나는 산물은 온성·종성의 여러 읍과 더불어 대동소이하다.

『누정』(樓亭)

통군정(統軍亭)〈부 안에 있다〉

『단유』(壇壝)

두만강단(豆滿江壇)〈동림성(東林城) 안에 있다. 속칭 "용당"(龍堂)이라고 한다. 조선에서 북독(北瀆)으로 중사(中祀)에 실려 있다〉

『전고』(典故)

조선 명종(明宗) 9년(1554)에 초곶(草串) 야인 골간불(骨幹不) 등이 경원에 쳐들어와 노략질하자, 북도 병마사(北道兵馬使) 이은증(李恩曾)이 군사를 보내 그들을 격퇴시키고 59명을 목베었다. 선조(宣祖) 16년(1583)에 번호(藩胡) 이탕개(尼湯介)가 경원부에 쳐들어와 노략질하자, 북도 병마사 이제신(李濟臣)이 잇따라 장계로 급한 사실을 알려, 오운(吳沄)과 박선(朴宣)이 방방장(昉防將)이 되어서 용맹스런 군사 8,000명을 거느리고 먼저 구원하러 나아갔다. 나라 안이 크게 술렁였는데, 온성부사(穩城府使) 신립(申站: 申砬의 오기/역자주)이 정예병사를 거느리고 구원하러 가서 성으로 들어가자, 적이 3중으로 포위하였다. 신립은 죽기로 싸워 드디어 물리쳤다. 또 적이 건원보(乾元堡)를 포위하자, 부령부사(富寧府使) 김의현(金義賢)이 힘을 다해 싸워 적을 물리쳤다. 적은 또 안원보(安原堡)를 노략질하여 군사의 세력이 더욱 거세어졌고, 나아가 종성(鍾城)을 포위하자, 수비하는 장수가 모두 굳은 의지가 없었다. 이에 신립(申砬)이 바야흐로 아산(阿山)을 구원하였다. 적이 또 훈융진(訓戎鎭)을 포위하고는 충교(衝橋)을 만들어 4면에서 성을 공격하였다. 첨사(僉使) 신상절(申尙節)이 밤낮으로 항전하여 화살이 다 떨어지고 힘이 고갈되어 성이 함락될 것 같았다. 신립이 유원 첨사(柔遠僉使) 이박(李璞)과 함께 황척파(黃拓坡) 사잇길로 쫓아 올라가 곧바로 적의 포위망에 돌격해 들어가니, 적이 퇴각하였다. 신상절이 신립과 더불어 적을 추격하여 70명을 목베고, 곧바로 그 부락을 공략하여 돌아왔다.〈혹은 "이제신이 여러 장수를 보내 3길로 나누어 강을 건너 여러 부족의 소굴을 기습적으로 공격하여 양곡과 무기를 불사르고 300여 명을 목베고 돌아왔다."고 한다〉

○회령개시(會寧開市) 뒤에 암구뢰달호호(岩丘賴達湖戶) 사람과 후춘(厚春) 사람이 와서 소와 쟁기[려(犁)], 솥을 바꿔갔다. 경원에서는 뒤에 정례로 삼아 1년 사이에 시장을 열었다. 시장에서 공급하는 총수는, 공식 시장에서 소 50수(首), 쟁기 48개, 솥 55좌(坐)였다.〈이상은

경원·경흥·온성·종성에서 난다〉 회례(回禮)의 소 값은〈5등급으로 나눈다〉 1등품이〈1마리당 사슴 가죽[녹피(鹿皮)]큰 것 3령(領), 중간 것 4령, 작은 것 10령과 교환한다〉 2등품은〈1마리당 사슴 가죽 큰 것 3령, 중간 것 4령, 작은 것 7령과 교환한다〉 3등품은〈1마리당 사슴 가죽 큰 것 4령, 중간 것 3령, 작은 것 6령과 교환한다〉 4등품은〈1마리당 사슴 가죽 큰 것 3령, 중간 것 3령, 작은 것 5령과 교환한다〉 5등품은〈1마리당 사슴 가죽 큰 것 3령, 중간 것 4령, 작은 것 3령과 교환한다〉 쟁기 값은〈1개당 작은 사슴 가죽 1령과 교환한다〉 솥값은〈1좌당 작은 사슴 가죽 2령과 교환한다〉

9. 경흥도호부(慶興都護府)

『연혁』(沿革)

본래 공주(孔州)의 땅이다. 조선 세종(世宗) 10년(1428)에 경원부(慶源府)를 회가(會家)의 뒤로 옮김으로써 공주 옛 터와의 거리가 매우 떨어져서 수비하고 방어하기에 어려움이 있어 다시 공주 옛 성을 수리하고 만호(萬戶)를 파견하여 공주등처 첨절제사(孔州等處僉節制使)를 겸하게 했다. 세종 17년(1435)에 별도로 공성현(孔城縣)을 두었고,〈인근의 민호 300호를 분할하여 여기에 소속시켰다〉 첨절제사로서 지현사(知縣事)를 겸하게 하였고, 같은 왕 19년에는 목조(穆祖)가 왕업의 기틀을 시작한 곳이라 하여 경흥군(慶興郡)으로 승격하였으며, 같은 왕 25년에는 도호부(都護府)로 승격하였다. 순조(純祖) 33년(1833)에 치소를 무이진(撫夷鎮)으로 옮겼다.

「관원」(官員)

도호부사(都護府使)〈경흥진병마첨절제사(慶興鎮兵馬僉節制使)·북도 위장(北道衛將) 1명을 두었다〉

『방면』(坊面)

조산사(造山社)〈읍치에서 남쪽으로 60리에 있다〉

해정사(海汀社)〈읍치에서 동남쪽으로 80리에 있다〉

서수라사(西水羅社)〈읍치에서 남쪽으로 80리에 있다〉

아오지사(阿吾地社)〈읍치에서 서쪽으로 30리에 있다〉

무이사(撫夷社)〈읍치에서 남쪽으로 30리에 있다〉

노구산사(蘆邱山社)〈읍치에서 남쪽으로 50리에 있다〉

무안사(撫安社)〈읍치에서 서남쪽으로 60리에 있다〉

웅이사(雄耳社)〈읍치에서 서남쪽으로 70리에 있다〉

『산수』(山水)

백악산(白岳山)〈읍치에서 서남쪽으로 60리에 있고, 경원과 경계를 이룬다. 산이 매우 높고 험준하다. 산 정상 돌틈에서 나오는 물이 있는데, 가뭄 때도 마르지 않고, 비가 와도 넘치지 않는다〉

송진산(松眞山)〈읍치에서 서남쪽으로 70리에 있다. 온성과 경계의 해변이다. 산에는 웅덩이 같은 못이 많다. ○보현사(普賢寺)가 있다〉

삼동산(三洞山)〈읍치에서 서쪽으로 20리에 있다〉

함림덕(咸林德)〈읍치에서 남쪽으로 25리에 있다. 앞에는 능평(陵坪)과 적지(赤池)가 있다〉

농경동(農耕洞)〈읍치에서 서쪽으로 20리에 있다〉

해암(蟹岩)〈농경천(農耕泉) 가에 있다〉

여음황평(汝音皇坪)〈읍치에서 서쪽으로 10리에 있다〉

망해대(望海臺)〈서수라진(西水羅鎭) 동쪽 해변에 있다〉

능평(陵坪)〈읍치에서 남쪽으로 30리에 있다. 양쪽에 둥근 봉우리가 있는데, 북쪽을 덕릉(德陵)이라 하고, 남쪽을 안릉(安陵)이라 한다. 2릉은 처음에는 두만강 동쪽의 간동(幹東) 땅 향각봉(香角峯)의 남쪽에 있었다. 태조(太祖) 4년(1395)에 능평에 이장하였고, 또 태종(太宗) 10년(1410)에 함흥의 천불산(千佛山) 남쪽에 이장하였다. ○적지(赤池)는 그 가운데 있다. ○향각봉은 혹 이르기를, "상각봉"(上角峯)이라 한다〉

「영로」(嶺路)

경현(慶峴)〈조산진(造山鎭) 북쪽에 있다〉

쌍령(雙嶺)〈곧 적지(赤池)의 서쪽에 있는 영이다〉

호완항(胡緩項)〈백악산(白岳山)의 동쪽에 있다〉

지경령(地境嶺)·궁포령(弓浦嶺)·지탈령(地脫嶺)·우암령(牛岩嶺)·포항령(浦項嶺)이 있다.

○해(海)〈읍치에서 남쪽으로 65리에 있다. ○두만강에서 바다로 들어가는 입구 연안 동북쪽이 후춘과 경계를 이루는데 "슬해"(瑟海)라고 한다. 『금사(金史)』에서는 "비아해"(費雅海)로 일컬었다〉

【제언(堤堰)이 1곳 있다】

두만강(豆滿江)〈부 동쪽으로부터 동남쪽으로 바다로 들어가는 곳까지를 수빈강(愁濱江)이라 일컫는다. 『금사(金史)』에는 "소빈수"(蘇濱水)라고 일컬었다〉

농경천(農耕川)〈읍치에서 서쪽으로 25리에 있다. 온성의 만수산(萬壽山)에서 발원하여 동쪽으로 흘러 경원 상창(慶源上倉) 및 경흥부 농경동(農耕洞)을 경유하여 오른쪽으로 산성천(山城川)을 지나 두만강으로 들어간다〉

산성천(山城川)〈읍치에서 서남쪽으로 35리에 있다. 송진산(松眞山)에서 발원하여 북쪽으로 흘러 농경천에서 합쳐진다〉

굴포(掘浦)〈읍치에서 남쪽으로 60리에 있다. 굴포에서 동쪽으로 5리 즈음에 창고 터가 있다〉

회동포(檜洞浦)〈읍치에서 남쪽으로 25리에 있다〉

적지(赤池)〈읍치에서 남쪽으로 30리 떨어진 능평(陵坪)에 있다. 둘레는 10여 리이다. 호수에 정자를 세웠는데, 사룡대(射龍臺)라고 이름지었다. 못의 물은 북쪽으로 두만강과 통하고, 못의 가운데는 원봉(圓峯)이 있는데, 높이는 30보이고, 둘레는 90보로, 4면이 막혀 있어 사람이 통행하기가 쉽지 않다. 정조(正祖) 11년(1787)에 기념비를 세웠다〉

이유지(鯉遊池)〈적지의 남쪽에 있다〉

대지(大池)〈한편은 조산사(造山社)에 있고, 한편은 웅이사(雄耳社)에 있으며, 한편은 무안사(撫安社)에 있다〉

「도서」(島嶼)

녹둔도(鹿屯島)〈읍치에서 동남쪽으로 80리의 두만강에서 바다로 들어가는 곳에 있다. 백성들이 거주하는데, 땅이 매우 비옥하다〉

적도(赤島)〈읍치에서 남쪽으로 80리의 바다 가운데 있는데, 연안에서 멀지는 않다. 둘레는 7, 8리이고, 돌의 색이 모두 붉다. 모양은 거북이 엎드린 것과 같다. 익조(翼祖)가 덕원(德源)으로부터 경흥도호부 동쪽으로 30리의 간동(幹東)에 옮겨 살면서 천호(千戶)가 되었는데, 여진의 여러 천호들이 시기하여 그에게 해를 입히려 하였다. 익조는 뒤에 화를 피하여 이 섬에 움집을 짓고 거주하다가 함흥으로 옮겼다. 그 터가 아직도 남아 있다. 정조(正祖) 11년(1787)에 기념비를 세웠다〉

추도(楸島)

마전도(麻田島)〈추도의 아래에 있다. 이상 2곳의 섬은 두만강 가운데에 있다〉

난도(卵島)〈적도에서 남쪽으로 15리에 있다. 둘레는 13리이다. 물새가 들어가 서식하며 알을 기른다〉

오갈암(烏曷岩)〈서수라(西水羅)의 동쪽 바다 가운데 있다〉

○강외지곶양악(江外地串羊岳)〈읍치에서 동쪽으로 60리에 있다〉

시전평(時錢坪)·납납고평(納納古坪)

간동(幹東)〈읍치에서 동쪽으로 30리에 있다. 산이 있어 이각봉(里角峯)이라 하는데, 그 아래에는 금당촌(金塘村)이 있다. 목조(穆祖)가 덕원(德原)으로부터 이곳으로 이주하여 살았다. 혹은 "동림성으로부터 이곳으로 이주하여 살았다"라고 한다〉

초곶(草串)〈읍치에서 동쪽으로 60리에 있다〉

팔지(八池)〈작은 못 8곳이 추도의 동쪽에 있다〉

『성지』(城池)

읍성(邑城)〈본래 무이보성(撫夷堡城)이다. 둘레는 3,240자이고, 2곳의 우물이 있다〉

적지고성(赤池古城)〈적지 위에 있는데 매우 위험하다〉

판동고성(板洞古城)〈읍치에서 서쪽으로 25리에 있다. 4면이 가파르고 안에는 큰 못이 있다〉

『진보』(鎭堡)

무이보(撫夷堡)〈읍치에서 남쪽으로 25리에 있다. 곧 경흥도호부의 옛 읍치이다. 순조(純祖) 33년(1833)에 이곳으로 옮겼다. 태조(太祖) 7년(1398)에 쌓았다. 세종(世宗) 25년(1443)에 더 넓히고 새로 고쳐 쌓았다. 둘레는 5,026자이다. 곡성(曲城)이 5곳, 옹성(甕城)이 3곳, 포루가 6곳, 우물이 5곳이었다. 동문(東門)을 세병루(洗兵樓)라 하였고, 성문이 3곳 있었다. ○병마만호 겸 동부장(兵馬萬戶兼東部將) 1명을 두었다〉

아오지진(阿吾地鎭)〈읍치에서 서쪽으로 20리에 있다. 중종(中宗) 1년(1506)에 설치하였고, 같은 왕 4년에 폐지하였다가, 같은 왕 16년에 다시 수리하였다. 성의 둘레는 2,825자이다. 성종(成宗) 19년(1488)에 경원의 아오지보(阿吾地堡)를 혁파하고, 이곳에 옮겨 설치하면서 옛 이름을 그대로 썼다. ○병마만호 겸 서부장(兵馬萬戶兼西部將) 1명을 두었다〉

조산포진(造山浦鎭)〈읍치에서 남쪽으로 60리에 있다. 옛 진변보(鎭邊堡)이다. 둘레는 1,579자이다. ○수군만호 겸 수성중군(水軍萬戶兼守城中軍) 1명을 두었다〉

서수라진(西水羅鎭)〈읍치에서 남쪽으로 80리에 있다. 성의 둘레는 874자이고, 권관(權管)을 두었다. ○수군만호 겸 남부장(水軍萬戶兼南部將) 1명을 두었다〉

「혁폐」(革廢)

녹둔도고보(鹿屯島古堡)〈토성이다. 둘레는 1,247자이고, 조산보(造山堡)와의 거리는 20리이다. 조산 만호가 소관하는 병선(兵船)이 있다. 선조(宣祖) 19년(1586)에 백성을 모집하여 둔전을 일구어 파종하였다. 오랑캐가 크게 침입하여 살인하는데 이르자 주민들이 거의 사라졌다〉

아오지고보(阿吾地古堡)〈읍치에서 북쪽으로 30리에 있고, 두만강과의 거리는 5리이다. 둘레는 2,100자이다. 중종(中宗) 4년(1509)에 이곳에 옮겨 설치하였고, 같은 왕 16년에 지금의 진으로 환원하였다〉

【강탄파수(江灘把守) 6곳, 서수라(西水羅) 1곳, 조산(造山) 1곳, 무이(撫夷) 2곳, 본부(本府) 2곳이다】

『봉수』(烽燧)

동봉(東峯)〈아오지진(阿吾地鎭)의 동쪽에 있다〉

서봉(西峯)〈읍치에서 서남쪽으로 3리에 있다〉

포항(浦項)〈읍치에서 남쪽으로 15리에 있다〉

망덕(望德)〈무이진(撫夷鎭)의 동쪽에 있다〉

굴신포(屈申浦)〈읍치에서 남쪽으로 35리에 있다〉

두리산(豆里山)〈읍치에서 남쪽으로 45리에 있다〉

남산(南山)〈조산진(造山鎭)의 남쪽에 있다〉

우암(牛岩)〈읍치에서 동남쪽으로 70리에 있다. 처음 시작되는 곳이다〉

『창고』(倉庫)

읍창(邑倉)

무안창(撫安倉)〈읍치에서 서쪽으로 50리에 있다〉

해정창(海汀倉)〈읍치에서 동남쪽으로 70리의 해변에 있다〉

노구창(蘆邱倉)〈읍치에서 남쪽으로 65리의 해변에 있다〉

『역참』(驛站)

강양역(江陽驛)〈부 안에 있다〉

웅무역(雄撫驛)〈아오지에 있다〉

「혁폐」(革廢)

옹이역(雍耳歷)〈읍치에서 서쪽으로 90리에 있다〉

「보발」(步撥)

아오지참(阿吾地站)·관문참(官門站)·무이참(撫夷站)·조산참(造山站)·서수라참(西水羅站)에서 끝난다.

『교량』(橋梁)

동천교(東川橋)·차교(車橋)·홍조장교(洪槽場橋)〈모두 읍치에서 서남쪽으로 25리에 있다〉

『토산』(土産)

철·담비·수달·어물 22종·소금·미역·다시마·곤포(昆布)가 난다.

『전고』(典故)

조선 명종(明宗) 9년(1554)에 초곶(草串) 야인 골간불(骨幹不)이 500기(騎)로 조산보성(造山堡城)를 노략질하여 거의 함락당할 뻔하였다. 조방장(助防將) 최한정(崔漢貞)이 화살 한 발을 쏘아 그 추장(酋長)을 쓸어뜨리자 적이 달아났다. 선조(宣祖) 21년(1588)에 시전 번호(時錢藩胡)가 여러 차례 경흥(慶興)에 침입하여 사람과 가축을 살해하고 약탈하였다. 북병사(北兵使) 이일순(李鎰巡)이 경흥에 도착해서 우후(虞侯) 김우추(金遇秋)를 파견하여 400명의 기병을 거느리고 얼음을 타고 강을 건너 새벽에 추도(楸島)를 기습하여 반란을 일으킨 오랑캐 33명의 목을 베고, 계속하여 길주(吉州)를 출발하여 북쪽의 여러 진의 군사 2,000여 명의 기병을 몰래 움직여 강을 건너 밤에 시전 반호(時錢叛胡)를 습격하여 200여 집을 불태우고 380여 명을 목베었다.

10. 무산도호부(茂山都護府)

『연혁』(沿革)

본래 번호(藩胡) 노토부락(老土部落)의 거점이다. 선조(宣祖) 34년(1601)에 번호가 철수하여 돌아갔다. 현종(顯宗) 15년(1674)에 부령부(富寧府)의 무산진(茂山鎭)을 삼봉평(三峯坪)으로 옮겼다.〈지금의 부치(府治)이다. 무산보(茂山堡)는 부령(富寧)에서 북쪽으로 18리에 있다. 중종(中宗) 4년(1509)에 부령에서 서북쪽 45리로 옮겼다. 선조(宣祖) 33년(1600)에 첨사(僉使)로 승격하였다. 현종(顯宗) 조 때 진을 옮긴 뒤에 부령에다 폐하였던 무산보를 두었다〉 숙종(肅宗) 10년(1684)에 도호부로 승격하였다.〈부령부의 차유령(車踰嶺) 허수라(虛水羅)의 서쪽, 회령부 노전정(蘆田頂)의 남쪽 및 풍산보(豊山堡)를 분할하여 무산도호부에 소속시켰다〉

「읍호」(邑號)

삼산(三山)·오대(鰲戴)이다.

「관원」(官員)

도호부사(都護府使)〈무산진병마첨절제사(茂山鎭兵馬僉節制使)·북도 중위장(北道中衛將)을 겸하였다〉 1명을 두었다.

『방면』(坊面)

풍산사(豊山社)〈읍치에서 동북쪽으로 80리에 있다〉

양영사(梁永社)〈읍치에서 북쪽으로 30리에 있다〉

무계사(茂溪社)〈읍치에서 동북쪽으로 70리에 있다〉

상동사(上東社)〈읍치에서 동쪽으로 60리에 있다〉

하동사(下東社)〈읍치에서 동쪽으로 30리에 있다〉

소암사(所岩社)〈읍치에서 동쪽으로 40리에 있다〉

상남사(上南社)〈읍치에서 남쪽으로 60리에 있다〉

하남사(下南社)〈읍치에서 남쪽으로 30리에 있다〉

어남사(漁南社)〈읍치에서 남쪽으로 200리에 있다〉

연면사(延面社)〈읍치에서 남쪽으로 300리에 있다〉

서면사(西面社)〈읍치에서 서쪽으로 70리에 있다〉

삼산사(三山社)〈읍치에서 서쪽으로 120리에 있다〉

북촌사(北村社)〈읍치에서 북쪽으로 55리에 있다〉

용면사(龍面社)〈읍치에서 북쪽으로 60리에 있다〉

가린서사(加鱗瑞社)〈읍치에서 동남쪽으로 260리의 해변에 있다. 부령부와 동쪽 경계를 이룬다〉

『산수』(山水)

학서산(鶴棲山)〈읍치에서 동쪽으로 25라에 있다〉

검덕산(檢德山)〈읍치에서 남쪽으로 80리에 있다〉

삼산(三山)〈읍치에서 서쪽으로 70리에 있다〉

노은산(蘆隱山)〈읍치에서 서남쪽으로 130리에 있다〉

분수령(分水嶺)〈읍치에서 서북쪽으로 280여 리에 있다〉

연지봉(連枝峯)〈분수령의 다음에 있다〉

소백산(小白山)〈연지봉의 다음에 있다〉

침봉(枕峯)〈소백산의 다음에 있다〉

허항령(虛項嶺)〈침봉의 다음에 있다〉

보다회산(寶多會山)〈허항령의 다음에 있다. 읍치에서 서남쪽으로 220리에 있고, 갑산과 경계를 이루고 있는데, 모양은 흰 눈이 하늘높이 뒤덮고 있는 것 같다〉

사이봉(沙伊峯)〈보다회산의 다음에 있다〉

완항령(緩項嶺)〈사이봉의 남쪽 갈래로 그 다음이 설령으로 장백산(長白山)의 큰 줄기이다〉

노은산(蘆隱山)〈읍치에서 서남쪽으로 130리에 있다. 뾰죽한 봉우리가 홀로 하늘을 찌르는

듯 서 있다〉

증산(甑山)〈읍치에서 서남쪽으로 200리에 있다〉

남증산(南甑山)〈읍치에서 서쪽으로 140리에 있다〉

북증산(北甑山)〈읍치에서 서쪽으로 60리의 분계강(分界江) 밖에 있다. 돌로 쌓은 성이 있는데 둘레가 넓고 크다〉

평항산(平項山)〈북증산의 북쪽에 있다〉

입모봉(笠帽峯)·감토봉(甘土峯)·삼태봉(三台峯)·가찰봉(加次乙峯)·양갑산(陽甲山)

풍파덕(豊坡德)〈읍치에서 서쪽으로 130리에 있다〉

장파덕(長坡德)·국사파(國師坡)·옥석암동(玉石岩洞)·유동(柳洞)

천평(天坪)〈허항령의 남쪽에 있다. 빙 둘러 평야를 이루고 있다〉

노평(蘆坪)

삼봉평(三峯坪)〈부(府) 안에 있다〉

대각봉(大角峯)〈이상의 모두는 백두산 동남쪽에서 본부의 서쪽 경계이다. 길의 거리, 즉 정리(程里)에 대해서는 참고할만한 기록이 없고, 『여지도(輿地圖)』가 상세하다〉

장백산(長白山)〈읍치에서 남쪽으로 300여 리에 넓고 견고하게 자리잡고 있다. 무산·갑산(甲山)·경성(鏡城)·명천(明川)·길주(吉州)·단천(端川)과 경계를 이룬다. 1,000여 리를 뻗어 있고, 높고 크며 겹겹이 중첩되어 있다. 궁벽하고 긴 골짜기는 준험하여 비길 데가 없다. 도로는 막히고 끊겨 사람이 머물기 어렵다. 산의 정상에 있는 수목은 왜소했다. 5월에 이르러서야 눈이 녹기 시작하고, 7월이면 다시 눈이 내린다〉

백두산(白頭山)〈읍치에서 서북쪽으로 300여 리에 있다. 『당서(唐書)』에 이르기를, "장백산"(長白山)이라 했고, 또 이르기를, "태백산"(太白山)이라 했다. 산의 암석이 모두 흰 까닭에 백산(白山)이라 이름하였다. 가로로는 천 리나 뻗쳐 있고 높이가 200리나 된다. 산 위에는 못이 있는데, 둘레가 80리나 된다. 남쪽으로 흘러 압록강(鴨綠江)이 되고, 북쪽으로 흘러 혼동강(混同江)이 되며, 동쪽으로 흘러 토문강(土門江)이 된다. 숙종(肅宗) 38년(1712)에 청나라의 오라총관(烏喇總管) 목극등(穆克登)이 백두산에 와서 경계를 정했는데, 그 일의 자취는 대략 이렇다. "오시천(吾時川)은 경성(鏡城)의 장백산으로부터 서쪽으로 흘러 여기에 이르러 강물과 합쳐진다. 그 밖에는 모두 황폐한 곳이라 머무는 사람이 없다. 북쪽으로 백덕(柏德)까지 70리를 헤아리고(德은 북쪽 지방에서 산의 언덕이 높으면서 위가 평평한 곳을 일컫는다/역자주), 검문(劒門)까지는 20리를 헤아리며, 곤장우(昆長隅)까지는 15리를 헤아린다."고 했다. 큰 산이 있는데 그 앞에서 서쪽으로 강물을 건너 나무를 베고 언덕을 따라서 5, 6리를 가면 길이 끊긴다. 다시 산언덕을 좇아가면 화피덕(樺皮德)이 있는데 더욱 험하다. 80여 리를 가면 하나의 작은 못이 있다. 또 동쪽으로 30여 리를 가서 한덕지당(韓德支當: 지당은 북쪽 사람들의 속어로 얼음 절벽을 말한다/역자주)에 올라 수십 리를 가니, 나무가 점차 작아지고 산이 점차 드러나서 이산으로부터 모두 순수한 뼈의 색과 같이 창백하다. 동쪽으로 한 봉우리를 바라보니, 하늘을 뚫는 듯 한 즉, 소백산(小白山)이다. 비스듬히 산의 지맥 서쪽으로 10여 리를 가서 산 정상에 올랐는데도 20, 30여 리가 더 남았다. 조금 동쪽으로 하나의 영(嶺)이 있는데 소백산(小白山)의 큰 줄기이다. 그 위의 등성을 건너서 백두산을 올려다보니, 웅장하고 방대하여 천 리나 뻗쳐 있는데 한결같이 푸르렀다. 정상은 하얀 항아리를 높은 도마 위에 엎어놓은 것 같다. 고개 밑을 따라 수 리를 가니, 산이 모두 풀과 나무가 없는 모양이다. 5, 6리를 가는데, 산이 갑자기 가운데가 움푹 패여 구덩이를 이루어 띠처럼 가로막고 있는데, 깊이는 끝이 없고 너비는 겨우 2자쯤 되어서, 혹 뛰어서 건너기도 하고 혹은 손을 잡아주어 건너기도 했다. 4, 5리를 가니 또 웅덩이가 있어서 나무를 잘라서 다리를 만들어 건넜다. 조금 서쪽으로 수백 보를 가서 정상에 이르렀다. 산 정상에는 못이 있는데, 사람의 정수리에 있는 숨구멍 같았다. 둘레는 20, 30리 되었고, 깊이를 헤아릴 수 없었다. 4벽은 깎아지른 듯 서 있어 마치 붉은 찰흙을 칠한 것 같았다. 그 북쪽은 몇 자쯤 터져서 물이 넘쳐흘러 흐르는데, 이것이 흑룡강(黑龍江)의 수원(水源)이다. 동쪽에는 석사자(石獅子)가 있는데, 색깔은 누렇고 꼬리와 갈기가 움직이려고 하는 것 같아서 중국 사람들이 망천후(望天吼)라고 부른다고 한다. 산등성이를 따라 아래로 3, 4리를 가면 샘이 솟아나는데 채 수백 보를 가지 않고 협곡이 열리면서 큰 골짜기를 이루어 가운데로 물이 흐른다. 또 동쪽으로 흐른다. 하나의 짧은 산등성을 돌아 넘으니 하나의 샘이 2개의 물줄기가 되어 흐르는데, 그 흐름이 매우 가늘다. 목극등이 2갈래로 갈라진 물 사이에 앉아서 이름 붙이기를 "분수령"(分水嶺)이라 하고, 돌에 새겨서 기록했다. 목극등이 돌아간 뒤에 이문(移文)에 이르기를, "비를 세운 뒤에 토문강의 원류를 좇아 살펴보았는데, 물줄기가 수십 리를 흐르다가 물의 흔적이 보이지 않았다가 돌 속에 묻혀 밑으로 흘러 100리에 이르러서야 비로소 큰물이 드러났습니다. 이 물줄기가 없는 곳에 어떻게든 사람으로 하여금 변계(邊界)가 있음을 알게 한다면 감히 서로 침범하지 않을 것입니다. 우리 나라에서는 토문강의 수원이 끊긴 곳에는 혹 흙을 쌓거나 혹 돌을 모아 놓거나 혹은 목책을 세워서, 그 아래의 수원을 표시해야 합니다"라고 했다. 정계비문에 이르기를, "대청(大淸) 나라 오라총관(烏喇總管) 목극등(穆克登)이 황제의 뜻을 받들어 변경을 조사하여 여기에 이르러 살펴보니, 서쪽은 압록강(鴨綠江)이 되고, 동쪽은 토문강(土門江)이 되는 까닭에 분수령 위에다 돌에 새겨 기록한다. 강희(康熙) 51년(1712) 5월 15일"이라고 했다〉

「영로」(嶺路)

노전항(蘆田項)〈읍치에서 동북쪽으로 105리에 있고, 회령과 경계를 이루는 대로이다〉

차유령(車踰嶺)〈읍치에서 동쪽으로 75리에 있고, 부령과 경계를 이루는 대로이다〉

허수라령(虛修羅嶺)〈읍치에서 동남쪽으로 150리에 있고, 경성과 경계를 이룬다. 어유간(魚游澗)으로 통하는 문로(門路)이다〉

갑령(甲嶺)〈읍치에서 서쪽으로 35리에 있다. 삼산사(三山社)로 통한다〉

산양현(山羊峴)〈읍치에서 서쪽으로 20리에 있다〉

서현(西峴)〈읍치의 동쪽 길에 있다. 회령으로 통한다〉

부유세령(夫有世嶺)〈읍치에서 남쪽으로 50리에 있다〉

【구절령(九折嶺)이 있다】

○해(海)〈읍치에서 동남쪽으로 260리의 가린단사(加鱗端寺)에 있다〉

두만강(豆滿江)〈읍치에서 서쪽으로 5리에 있다〉

보다회산천(寶多會山川)〈상류를 "대홍단수"(大紅丹水)라고 하고, 하류를 "소홍단수"(小紅丹水)라고 한다. 동쪽으로 흘러 어윤강(魚潤江)이 되는 즉, 토문강(土門江) 상류이다〉

분계강(分界江)〈물이 분수령 위에서 발원하여 땅속으로 흐르므로 흔적이 없다. 강희제(康熙帝) 임진년(1712)에 경계를 나눌 때 이곳으로 하였기 때문에 분계강 상류라 일컫는다〉

서북천(西北川)〈읍치에서 서쪽으로 90리에 있다. 장백산에서 발원하여 북쪽으로 흘러 증산(甑山)과 완항령(緩項嶺), 삼산사(三山社)·서면사(西面社)를 경유하여 두만강으로 들어간다〉

박하천(博下川)〈읍치에서 서남쪽으로 50리에 있다. 장백산에서 발원하여 여러 골짜기의 물이 모여 북쪽으로 흘러 연면(延面)·어남(漁南)·상남(上南)·하남(下南)의 여러 사(社)를 경유하여 두만강으로 들어간다〉

성천(城川)〈허수라령(虛修羅嶺)·거문령(巨門嶺)·정탐령(偵探嶺)에서 발원하여, 북쪽으로 흘러 부 동쪽에 이르러 성천이 되고, 부 북쪽을 경유하여 두만강으로 들어간다〉

삼지(三池)〈천평(天坪)의 남쪽, 허항령의 북쪽에 있다. ○삼지에서 북쪽으로 30리를 가서 천포(泉浦)에 이르고, 또 30리를 가서 연지봉(連枝峯)에 이르고, 또 20리를 가서 분수령의 비를 세운 곳에 이르러, 산 정상을 바라보면 6, 7리에 지나지 않는다. 삼지 동쪽 가에서 꺾여 서쪽으로 허항령을 넘으면 가히 혜산진(惠山鎭)에 이른다〉

천포(泉浦)〈천평(天坪)에 있다〉

만동진(萬洞津)〈가린단사(加鱗端社)에 있다〉

『성지』(城池)

읍성(邑城)〈숙종(肅宗) 20년(1694)에 처음으로 쌓았다. 영조(英祖) 33년(1757)에 보수하였다. 정조(正祖) 4년(1780)에 개축하였다. 둘레는 6,226자이고, 옹성이 1곳, 포루가 3곳이다. 동쪽 성의 1면은 하늘이 낸 참호와 절벽으로 고을 사람들이 모두 동쪽 계곡에서 물을 길어 쓴다. 성문이 4곳인데, 동쪽은 태평루(太平樓)라 하고, 서쪽은 만세루(挽洗樓), 남쪽은 진남루(鎭南樓), 북쪽은 관수루(觀水樓)라고 한다〉

임강대고성(臨江臺古城)〈읍치에서 서쪽으로 50리에 있다. 둘레는 2,000여 자이다〉

마을우성(亇乙亏城)〈읍치에서 서쪽으로 4리에 있다. 둘레는 1,000여 자이다. 3면이 절벽이고 1면은 땅을 파서 쌓았다〉

독소성(篤所城)〈읍치에서 남쪽으로 10리에 있다. 둘레는 1,000여 자이다〉

『진보』(鎭堡)

풍산진(豊山鎭)〈읍치에서 동북쪽으로 85리에 있다. 본래는 회령부의 풍산보(豊山堡)였다. 현종(顯宗) 15년(1674)에 이곳으로 옮겨서 설치하였다. 숙종(肅宗) 10년(1684)에 옮겨서 무산부에 소속시켰다. 영조(英祖) 5년(1729)에 축성하였다. 둘레는 4,920자이다. ○병마 만호(兵馬萬戶) 1명을 두었다〉

양영만동보(梁永萬洞堡)〈읍치에서 북쪽으로 25리에 있다. 현종(顯宗) 15년(1674)에 부령부로부터 이곳으로 옮겨서 설치하였다. 숙종(肅宗) 10년(1684)에 옮겨서 무산부에 소속시켰다. 성의 둘레는 1,337자인데, 혹은 670자라고 한다. ○권관(權管) 1명을 두었다〉

○강탄파수(江灘把守) 3곳〈무산부 1곳, 양영(梁永) 1곳, 풍산(豊山) 1곳이다〉

『봉수』(烽燧)

호박덕(琥珀德)〈읍치에서 북쪽으로 75리에 있다〉

대암(大岩)〈읍치에서 동북쪽으로 55리에 있다〉

서현(西峴)〈읍치에서 동쪽으로 40리에 있다〉

쟁현(錚峴)〈읍치에서 북쪽으로 15리에 있다〉

남령(南嶺)〈읍치에서 10리에 있다. ○처음 시작하는 곳이다〉

『창고』(倉庫)

읍창(邑倉)

사창(社倉)〈상동사(上東社)·하동사(下東社)·어남사(漁南社)·상남사(上南社)·하남사(下南社)·연면사(延面社)·삼산사(三山社)·서면사(西面社)·북촌사(北村社)·무계사(茂溪社)·용면사(龍面社)·가린단사(加鱗端社)에 있다〉

『역참』(驛站)

무산역(茂山驛)〈부 안에 있다〉

마전역(麻田驛)〈읍치에서 동쪽으로 50리에 있다〉

풍산역(豊山驛)〈풍산진(豊山鎭) 안에 있다〉

「보발」(步撥)

마전참(麻田站)·관문참(官門站)·양영참(梁永站)·대암참(大岩站)·풍산역(豊山驛)이 있다.

『교량』(橋梁)

성천동교(城川東橋)〈읍치에서 동쪽으로 10리에 있다〉

북교(北橋)〈읍치에서 북쪽으로 5리에 있다〉

박하천교(博下川橋)〈읍치에서 서쪽으로 35리에 있다〉

서북천교(西北川橋)〈읍치에서 서쪽으로 55리에 있다〉

반교(半橋)〈대홍단수(大紅丹水)에 있다〉

『토산』(土産)

오미자·잣[해송자(海松子)]·자초(紫草)·노랑가슴담비[초서(貂鼠)]·연석(硯石)·바다에서 나는 여러 해산물, 어류·소금〈가린단사(加鱗端社)에서 난다〉이 난다.

『전고』(典故)

조선 숙종(肅宗) 조 때 북병사(北兵使) 장한상(張漢相)이 건장한 무사 한정필(韓廷弼)을 대동하고 저쪽 변방의 목재 채취를 허가하자 드디어 목극등(穆克登)이 경계를 정하는 일이 있게 되었다.

부록

1. 강역(彊域)

구 분	동	동남	남	서남	서	서북	북	동북
함흥(咸興)	홍원(洪原) 해(海) 70리	해(海)	정평(定平) 해 30리	정평(定平)	영원(寧遠) 정평(定平) 80리	영원(寧遠) 강계(江界) 150리	장진(長津) 110리 150리	북청(北靑) 장진(長津) 갑산(甲山) 300리
영흥(永興)	해	원전에 내용 없음	고원(高源) 19리	양덕(陽德) 250리	맹산(孟山) 250리	영원(寧遠) 210리	정평(定平) 30리	원전에 내용 없음
정평(定平)	원전 내용 없음	원전 내용 없음	원전 내용 없음	원전 내용 없음	원전 내용 없음	원전 내용 없음	원전 내용 없음	원전 내용 없음
고원(高原)	영흥(永興) 30리	원전 내용 없음	문천(文川) 20리	양덕(陽德) 120리	영흥(永興) 100리	원전 내용 없음	20리	원전 내용 없음
안변(安邊)	해 30리	흡곡(歙谷) 95리	회양(淮陽) 90리	평강(平康) 80리 105리	이천(伊川) 60리 170리	곡산(谷山) 180리 양덕(陽德) 120리	덕원(德源) 30리	해 25리
덕원(德源)	해	안변(安邊) 20리	원전 내용 없음	원전 내용 없음	안변(安邊) 영풍(永豊) 30리	원전 내용 없음	문천(文川) 15리	원전 내용 없음
문천(文川)	덕원(德源) 15리	원전 내용 없음	15리	안변(安邊) 40리	양덕(陽德) 60리 고원(高原) 50리	원전 내용 없음	고원(高原) 30리	원전내용 없음
북청(北靑)	이원(利原) 65리	원전 내용 없음	해	홍원(洪原) 55리	40리	함흥(咸興) 장진(長津) 홍원(洪原) 110리	갑산(甲山) 170리	단천(端川) 120리
홍원(洪原)	북청(北靑) 45리	원전 내용 없음	해	원전 내용 없음	함흥(咸興) 30리 50리	원전 내용 없음	함흥(咸興) 장진(長津) 북청(北靑) 110리	원전 내용 없음
이원(利原)	원전 내용 없음	원전 내용 없음	원전 내용 없음	원전 내용 없음	원전 내용 없음	원전 내용 없음	원전 내용 없음	원전 내용 없음
서천(瑞川)	길주(吉州) 65리	원전 내용 없음	해	이원(利原) 35리	90리 북청(北靑) 190리	갑산(甲山) 200리 250리	280리	길주(吉州) 270리

구 분	동	동남	남	서남	서	서북	북	동북
갑산(甲山)	장백산(長白山) 150리	단천(端川) 80리	북청(北靑) 120리	장진(長津) 150리	삼수(三水) 50리	80리	압록강(鴨綠江) 90리	무산(茂山) 80리
삼수(三水)	갑산(甲山) 20리	원전 내용 없음	갑산(甲山) 장진(長津) 110리	원전 내용 없음	후주(厚州) 120리	원전 내용 없음	압록강	원전 내용 없음
장진(長津)	원전 내용 없음	원전 내용 없음	원전 내용 없음	원전 내용 없음	원전 내용 없음	원전 내용 없음	원전 내용 없음	원전 내용 없음
후주(厚州)	원전 내용 없음	원전 내용 없음	원전 내용 없음	원전 내용 없음	원전 내용 없음	원전 내용 없음	원전 내용 없음	원전 내용 없음
길주(吉州)	명천(明川) 10리	해	해	해	원전 내용 없음	단천(端川) 120리	장백산(長白山) 20리	원전 내용 없음
경성(鏡城)	해 5리	해 명천(明川) 140리	명천(明川) 110리	명천(明川) 110리	장백산(長白山) 140리	무산(茂山) 80리	부령(富寧) 45리	원전 내용 없음
명천(明川)	경성(鏡城) 해 75리	해	해 170리	길주(吉州) 해 120리	길주(吉州) 46리	장백산(長白山) 200리	경성(鏡城) 30리	원전 내용 없음
부령(富寧)	회령(會寧) 70리	해	경성(鏡城) 해 60리	원전 내용 없음	무산(茂山) 경성(鏡城) 35리	무산(茂山) 회령(會寧) 80리	회령(會寧) 45리	원전 내용 없음
회령(會寧)	종성(鐘城) 50리	해	부령(富寧) 80리	원전 내용 없음	무산(茂山) 60리	원전 내용 없음	종성(鐘城) 30리 두만강(豆滿江)	원전 내용 없음
종성(鐘城)	경원(慶源) 50리	원전 내용 없음	해	회령(會寧) 50리	두만강(豆滿江) 1리	원전 내용 없음	온성(穩城)	80리
온성(穩城)	두만강(豆滿江)	경원(慶源) 40리	해	종성(鐘城) 40리	두만강(豆滿江) 25리	원전 내용 없음	두만강(豆滿江)	원전 내용 없음
경원(慶源)	두만강(豆滿江)	원전 내용 없음	경흥(慶興) 온성(穩城) 100리	원전 내용 없음	종성(鐘城) 35리	원전 내용 없음	온성(穩城) 30리	원전 내용 없음

구 분	동	동남	남	서남	서	서북	북	동북
경흥(慶興)	두만강(豆滿江)	후춘계(厚春界)	해	원전 내용 없음	온성(穩城) 70리	경원(慶源) 30리	두만강(豆滿江)	원전 내용 없음
무산(茂山)	회령(會寧) 110리 부령(富寧) 80리	경성(鏡城) 150리	장백산(長白山) 200리	원전 내용 없음	갑산(甲山) 230리	백두산(白頭山) 300리	두만강(豆滿江)	원전 내용 없음

2. 전민(田民)

구 분	전(田)	답(畓)	속전(續田)	민호(民戶)	인구(人口)	군보(軍保)
함흥(咸興)	5,088결	1,353결	3,004결	10,667호	71,510인	4,090명
영흥(永興)	5,034	476	2,810	9,370	54,970	9,362
정평(定平)	2,701	694	912	2,750	14,740	3,572
고원(高原)	1,719	198	762	2,293	9,580	1,814
안변(安邊)	2,401	405	2,446	5,476	32,770	5,797
덕원(德源)	659	140	846	2,030	11,190	2,654
문천(文川)	816	119	727	1,700	11,340	1,942
북청(北靑)	3,306	502	1,377	7,550	37,800	4,820
홍원(洪原)	1,186	290	363	4,036	15,480	1,953
이원(利原)	1,293	114	379	2,130	16,520	2,211
단천(端川)	4,385	111	8	4,590	37,020	4,021
갑산(甲山)	893	-	2,091	3,830	26,670	3,413
삼수(三水)	954	-	1,085	2,040	13,870	964
장진(長津)	179	-	667	1,380	8,960	1,052
후주(厚州)	184	2	140	1,528	6,510	320
길주(吉州)	4,012	281	920	8,680	68,470	6,493
경성(鏡城)	1,921	28	2,266	7,510	51,030	5,202

구 분	전(田)	답(畓)	속전(續田)	민호(民戶)	인구(人口)	군보(軍保)
명천(明川)	1,739	134	3,225	8,510	46,530	5,294
부령(富寧)	1,171	11	1,429	3,080	18,940	2,435
회령(會寧)	5,613	7	1,629	7,630	34,830	4,649
종성(鐘城)	5,507	41	2,705	5,830	25,390	5,366
온성(穩城)	1,454	12	1,766	3,276	15,780	2,841
경원(慶源)	3,534	31	2,492	4,220	19,030	2,796
경흥(慶興)	1,126	9	1,548	2,682	15,410	3,159
무산(茂山)	3,722	1	1,029	6,537	38,640	3,709

3. 역참(驛站)

고산도(高山道)·남산(南山)·봉룡(奉龍)·삭안(朔安)

화등(火燈)〈안변(安邊)에 있다〉

철관(鐵關)〈덕원(德源)에 있다〉

양기(良驥)〈문천(文川)에 있다〉

통달(通達)

애수(隘水)〈고원(高原)에 있다〉

화원(和原)〈영흥(永興)에 있다〉

봉대(蓬臺)

초원(草原)〈정평(定平)에 있다〉

평원(平原)

덕산(德山)〈함흥(咸興)에 있다〉

○거산도(居山道)〈북청(北青)에 있다〉

함원(咸原)·신은(新恩)

평포(平浦)〈홍원(洪原)에 있다〉

오천(五川)·자항(慈航)·제인(濟仁)

황수(黃水)〈북청(北靑)에 있다〉

혜산(惠山)·허린(虛麟)·허천(虛川)·호린(呼麟)·웅이(熊耳)

종포(終浦)〈갑산(甲山)에 있다〉

적생(積生)〈삼수(三水)에 있다〉

시리(施利)

곡구(谷口)〈이원(利原)에 있다〉

기원(基原)

마곡(麻谷)〈단천(端川)에 있다〉

영동(嶺東)·임해(臨海)

웅평(雄平)〈길주(吉州)에 있다〉

고참(古站)

명원(明原)〈명천(明川)에 있다〉

○수성도(輸城道)

주촌(朱村)·영강(永康)

오촌(吾村)〈경성(鏡城)에 있다〉

석보(石堡)

회수(懷綏)〈부령(富寧)에 있다〉

무산(茂山)·마전(麻田)

풍산(豊山)〈무산(茂山)에 있다〉

영안(寧安)·고풍산(古豊山)

역산(櫟山)〈회령(會寧)에 있다〉

종경(鐘慶)·무안(撫安)

녹야(鹿野)〈종성(鐘城)에 있다〉

무령(撫寧)

덕명(德明)〈온성(穩城)에 있다〉

마유(馬乳)·아산(阿山)

연기(燕基)〈경원(慶源)에 있다〉

강양(江陽)

웅무(雄撫)〈경흥(慶興)에 있다〉

모두 60곳의 역(驛)과 이졸(吏卒) 32,391명이고, 3등마 999필이다.

4. 봉수(烽燧)

사현(沙峴)〈남쪽으로 회양(淮陽)의 철령(鐵嶺)을 기준으로 한다〉

학성산(鶴城山)

사동(蛇洞)〈안변(安邊)에 있다〉

장덕산(長德山)

소달산(所達山)〈덕원(德源)에 있다〉

천달산(天達山)〈문천(文川)에 있다〉

웅망산(熊望山)〈고원(高原)에 있다〉

성황치(城隍峙)

덕치(德峙)〈영흥(永興)에 있다〉

왕금동(王金洞)

비백산(鼻白山)〈정평(定平)에 있다〉

성곶(城串)·초고대(草古臺)·창령(倉嶺)

집삼구미(執三仇未)〈함흥(咸興)에 있다〉

남산(南山)〈홍원(洪原)에 있다〉

육도(陸島)·불당(佛堂)·산성(山城)

석이(石耳)〈북청(北青)에 있다〉

진조봉(眞鳥峯)

성문(城門)〈이원(利原)에 있다〉

마흘내(亇訖乃)·오라퇴(吾羅堆)

호타리(胡打里)〈단천(端川)에 있다. 이상의 26곳은 남병영(南兵營) 관하이다〉

기리동(岐里洞)

쌍포령(雙포嶺)〈길주(吉州)의 성진(城津)에 있다〉

장현(場峴)·산성(山城)·향교현(鄉校峴)

녹반(綠礬)〈길주(吉州)에 있다〉

고참현(古站峴)·항포동(項浦洞)

북봉(北峯)〈명천(明川)에 있다〉

수만덕(數萬德)·중덕(中德)·주촌(朱村)·영강(永康)·장평(長坪)·나적동(羅赤洞)·강덕(姜德)

송곡현(松谷峴)〈경성(鏡城)에 있다〉

칠전산(漆田山)·구정판(仇正阪)·남봉(南峯)

흑모로(黑毛老)〈부령(富寧)에 있다〉

고현(古峴)〈회령(會寧)의 고풍산(古豊山)에 있다〉

이현(梨峴)·봉덕(奉德)

중봉(中峯)〈회령(會寧) 볼하(乶下)에 있다〉

송봉(松奉)·남봉(南峯)·운두봉(雲頭峯)·고연대(古烟臺)·오산(鰲山)

오롱초(吾弄草)〈회령(會寧)에 있다〉

죽포(竹苞)·북봉(北峯)

하을포(下乙浦)〈회령(會寧)의 고령(高嶺)에 있다〉

포항(浦項)

신기리(新岐里)〈종성(鐘城)의 방원(防垣)에 있다〉

오갈암(烏曷岩)·삼봉(三峯)·남봉(南峯)

북봉(北峯)〈종성(鐘城)에 있다〉

장성문(長城門)·북봉(北峯)

보청포(甫青浦)〈종성(鐘城)의 동관(潼關)에 있다〉

소동건(小童巾)·송봉(松峯)

중봉(中峯)〈온성(穩城)의 영달(永達)에 있다〉

견탄(犬灘)

시건(時建)〈온성(穩城)에 있다〉

고성(古城)·압강(壓江)

평연대(坪烟臺)〈온성(穩城)의 유원(柔遠)에 있다〉

사장(射場)·평연대(坪烟臺)

포항(浦項)〈온성(穩城)에 있다〉

미전(美錢)

전강(錢江)〈온성(穩城)의 미전(美錢)에 있다〉

장성현(長城峴)〈온성의 황척파(黃拓坡)에 있다〉

중봉(中峯)

마유(馬乳)〈경원(慶源)에 있다〉

장항(獐項)

성상(城上)〈경원의 훈융(訓戎)에 있다〉

후훈(厚訓)

남산(南山)〈경원에 있다〉

동림(東林)〈경원의 안원(安原)에 있다〉

수정(水汀)〈경원의 건원(乾源)에 있다〉

건가퇴(件加堆)

백안(伯顔)〈경원의 아상(阿上)에 있다〉

동봉(東峯)〈경원의 아오지(阿吾地)에 있다〉

서봉(西峯)·포항(浦項)

망덕(望德)〈경흥(慶興)에 있다〉

굴신포(屈申浦)

두리산(豆里山)〈경흥의 무이(撫夷)에 있다〉

남산(南山)〈경원(慶源) 조산(造山)에 있다〉

우암(牛岩)〈경원의 서수라(西水羅)에 있다. ○처음으로 생기는 곳이다. ○이상의 75곳은 북병영(北兵營) 관하이다〉

「간봉」(間烽)

호박덕(琥珀德)〈무산의 풍산(豊山)의 동쪽 합운봉(合雲峯)의 정상에 있다〉

대암(大岩)〈무산의 풍산에 있다〉

서현(西峴)〈무산의 양영(梁永) 만동(萬洞)에 있다〉

쟁현(錚峴)

남령(南嶺)〈무산에 있다. ○처음 생기는 곳이다〉

○자라이(者羅耳)〈남쪽으로 석이(石耳)와 합쳐진다〉

사을이(沙乙耳)

이동(梨洞)〈북청(北靑)에 있다〉

○후치령(厚致嶺)〈남쪽으로 이동(梨洞)과 합쳐진다〉

허화이(虛火耳)

마저령(馬低嶺)〈북청(北靑)에 있다〉

석이(石耳)·우두령(牛頭嶺)·남봉(南峯)

이간(伊間)〈갑산(甲山)에 있다〉

아간(阿間)〈갑산의 동인(同仁)에 있다〉

소리덕(所里德)〈갑산(甲山)의 운룡(雲龍)에 있다〉

하방금덕(何方金德)〈갑산의 혜산에 있다〉

수영동(水永洞)〈삼수(三水)에 있다〉

서봉(西峯)〈삼수의 인차외(仁遮外)에 있다〉

가남봉(家南峯)

서봉(西峯)〈삼수의 나난(羅暖)에 있다〉

옹동(甕洞)〈삼수의 갈파지(乫坡知)에 있다〉

송봉(松峯)

신봉(新峯)〈삼수의 구갈파지(舊乫坡知)에 있다〉

○차산(遮山)〈경성(鏡城)의 어유간(魚遊澗)에 있다〉

하봉(下峯)〈경성의 오촌(吾村)에 있다〉

고봉(古峯)〈종성(鐘城)의 줄온(乼溫)에 있다〉

송봉(松峯)〈경성의 보화(寶化)에 있다〉

동봉(東峯)〈경성삼(鏡城森)에 있다. 이상의 5곳은 본진(本鎭)이 처음 생기는 곳이다〉

○최세동(崔世洞)〈길주(吉州)의 서북쪽에 있다〉

동산(東山)·고봉(古峯)·서산(西山)〈이상은 서북쪽에 있다. ○처음 생기는 곳이다〉

「권설」(權設)

진보(鎭堡)〈경원(慶源)에 있다. 경원의 수정(水汀)을 기준으로 삼는다〉

금적곡(金迪谷)·소백산(小白山)·피덕(皮德)·회중동(回仲洞)〈종성(鐘城)에 있다. 이상은 행영(行營)에 보고한다〉

모두 140곳이다.〈원봉(元烽)은 101곳, 간봉(間烽)이 34곳, 임시로 설치한 곳이 5곳이다〉

5. 총수(總數)

방면(坊面)은 291곳이다.

민호(民戶)는 119,300호이다.

인구(人口)는 713,200인이다.

전(田)은 104,043결이다.

군보(軍保)는 156,498명이다.

장시(場市)는 40곳이다.

보발(步撥)은 76곳이다.〈대로(大路) 55곳, 별로(別路) 8곳, 간로(間路) 13곳이다〉

진도(津渡)는 10곳이다.

목장(牧場)은 6곳이다.〈3곳은 폐지했다〉

제언(堤堰)은 24곳이다.

동보(垌洑)는 25곳이다.

송전(松田)은 29곳이다.

단유(壇壝)는 4곳이다.〈갑산(甲山)·경원(慶源)·정평(定平)·영흥(永興)에 있다〉

사액서원(賜額書院)은 15곳이다.

능침(陵寢)은 8곳이다.

궁전(宮殿)은 4곳이다.〈함흥(咸興)과 영흥(永興)에 있다〉

창고(倉庫)는 250곳이다.

강방파수(江防把守)는 69곳이다.〈6진(鎭)은 강을 따라 있다〉

원문

함경도
영인본

大東地志目錄

卷十九

卷二十

大東地志卷十九

古山子 編

咸鏡道 號關北

本肅愼國地(唐虞三代曰肅愼 漢晉曰挹婁 北朝曰勿吉 隋唐曰靺鞨 渤海 宋元曰女眞) 漢
武帝元封四年置玄菟郡(今咸興 後爲夫餘所侵 徙郡句驪西北) 後爲沃
沮國地(沃沮在蓋馬大山之東 東沃沮界曰咸興定平洪原而狼林山以東黃草嶺兩嶺以南也 北沃沮界曰北靑利原端川而限以長白山 南沃沮界曰永興高原文川德源安邊而限以鐵嶺 西要則動山連亘大幹○東南北沃沮非別有三國 以地界而言之) 高句麗太祖王四年(漢光武建武丙
辰) 伐東沃沮 取其城邑 拓境東至滄海 晉初新羅北界
止于泥河(今德源北界) 唐中宗時渤海國南界至于永興 新

羅之末爲女眞所據 高麗成宗十四年以定平以南屬
朔方道 以都連浦爲界 靖宗二年稱東界 十年置三關
門(定州宣德元興) 築長城以備女眞 文宗元年稱東北面(或稱東面
東路東北路東北界) 睿宗二年擊逐女眞 置九城 四年還于女眞
復界以都連浦 仁宗三年金人專據 置曷懶恤品二路
(自咸興至鏡城) 終金之世無所變改 及金之亡 元人仍之(高宗四十
五年和州以北沒于元) 恭愍王五年改江陵朔方道(收復和登定長預高文宜
八州 宣德元興寧仁耀德靜邊五鎭 遣壽春君李壽山爲都巡問使 定疆域 復稱東北面 自沒于蒙古 凡九十
九年始復之) 洪武戊辰 始與江陵道分而自爲一道 稱朔方
道(蓋鐵嶺以北稱朔方道 以南稱江陵道 或分或合 稱號不一 而自初年至末年 公嶮以南 三陟以北 道稱

東界) 本朝 太祖六年命鄭道傳畫定郡縣地界 七年
置孔鏡二州 太宗十三年改永吉道 十六年改咸吉
道 世宗十九年命金宗瑞開拓六鎭 設置城邑 成
宗元年改永安道 中宗四年改咸鏡道 凡二十五
邑(南道十五邑 北道十邑)

巡營 咸興府

南兵營 北青府

北兵營 鏡城府

防禦營 吉州牧

討捕營 (永興 德源 洪原 甲山 三水 明川 會寧 慶源)

永興鎭管 (定平 高原○永興 定平 高原舊爲咸興鎭管)

安邊鎭管 德源 文川

北青鎭管 (洪原 利原○端川 舊爲北青鎭管)

鏡城鎭管 (明川○吉州 舊爲鏡城鎭管)

獨鎭 咸興 端川 三水 甲山 吉州 慶源
會寧 鍾城 穩城 慶興 富寧 茂山
長津 厚州

北兵營管 惠山 訓戎 潼關 高嶺 柔遠
美錢 魚遊澗 乫下 城津 造山
西水羅 (以上獨鎭)

咸興

(沿革)本沃沮地漢置玄菟郡後徙玄菟故府今所謂後還屬樂
浪稱不而城一云不耐濊居故沃沮濊雜云東漢建武六年以沃
沮為縣後高句麗太祖王伐東沃沮取之入南北沃沮盡于高句麗
唐中宗時渤海國置南京南海府新羅道也高麗初為女真
所據睿宗二年命平章事尹瓘擊逐女真三年二月築
城置鎮東軍咸州大都督府隸東界徙南界民戶一萬三千以實之四
年撤城還其地于女真仁宗四年金置曷懶路高宗四
十五年蒙古置哈蘭路郎曷懶路總管府隸雙城總管府今永興恭愍
王五年攻破雙城收復舊疆改為知咸州事尋改萬戶

府置營聚江陵慶尚全羅等道軍馬防戍 十八年陞為牧 本朝 太
宗十六年陞咸興府尹以府尹兼觀察使 世祖十二年置鎮
成宗元年降為郡以亂殺府人從李施愛之 中宗四年復
陞府尹又以觀察使兼年別置府尹三十三年復兼 英宗三十一 肅宗三十年
為獨鎮移鎮管于永興(邑号)咸平咸山(官員)府尹使觀察兼判官 鎮兵馬
節制使都尉守城將 ○各一員
觀察使兼府尹則置
(古邑)哈蘭府古縣在府南五里○元史地志云開元城西南曰寧遠縣又西南曰南京又南曰哈蘭
府又南曰雙城直抵高麗王都遼鑛輯覽云海蘭府德州四
蘭路總管府南至高麗界五百里元時海蘭府德州四
十五里高麗文宗九年始築城為宣德鎮後稱德
州防禦使 本朝初廢自定平來屬今稱宣德社 花陰
西三十里叚金元時所置今号其
古城曰閑堂城周六千五十一尺

(坊面)州東社五二十 州南二十 州西二十 州北十三 上朝陽西三十
下朝陽西北七十 東高遷二十北一百 西高遷百北十一 德川東十 四德
山東十六 元平北十九 加平北十六 岐谷北十四 川原西十二 川西
十三 連浦南十四 宣德南十七 朱地南十三 三平同上 雲田東三十南
東溟東十六 退潮東十五 甫青東十九 元川至東北大白山三百里 永高
山北一百五十里 岐川西北二百二十一
(山川)城串山北二里山腰有小泉 盤龍山北十里有馳馬臺 麒麟山北九十里
○德寂寺 德山東四十里 雲住山○東二十里新興寺 太白山東北三百里北青甲山界
白赤山有大小二山北一百五十里長津界二山相連高大重疊逕之蹊蚍 牛頭山東四十里
○逕海寺 五峯山北三十里○淨水庵 天宜山西七十里佛寺泛水庵 ○成雪峰山

東三十里 獨山北十里三 向宗山北一百里 千佛山西北九十里
○淨水寺西大十 中峯山西二十五里 狗頭山南三十五里德之廣浦麗史 ○頻水寺 宣
南雲山三里
稱狗頭浦 觀音房山北一百三十里三峯插天有龍淵深碧石色皓白 輦臺峯東二十五
里 鷹峯東二十里甚奇崛 石耳峯東二十里帰州洞一里一遇岩下麒麟金水
窟西七十里泉在石窟○奇峯聳立金小庵 小龜巢臺東南四十里岩石壁立五百餘尺前臨大海
水際瀆石斑有龜大 歸州洞東十五里 兎兒洞北十里 九德山洞東四十里咸關嶺路
舍音洞東北二十五里 松原東五里 十咸興坪南府之東西皆大野 (路嶺)咸關嶺
東北六十五里 咸關嶺東北七十里 咢邑嶺東北八十
南閑咽喉大路 車踰嶺東北二十五里 廢 咢邑嶺上
里車踰嶺上十里 中臺岩嶺東北九十里通洪原北青 龍
通洪原富民里 十五里
林嶺一云細田嶺東北九十五里 長嶺東北一百二十里 龍林嶺
中臺岩上十五里通北青
嶺路又詳洪原

北距元川十里至乭長嶺四十里通北青自松洞嶺至蘆洞嶺三十里通洪原

上三十餘里通北青 松洞嶺 一云箕洞嶺東五十五里咸關嶺下二十里通洪原 羅吃乃嶺 東五十里松洞嶺下十里通洪原 倉嶺 東五十里羅吃乃下二十餘里沿海通洪原爲本府東南咽喉 庚峴 東三十五里倉嶺下二十餘里通洪原 赴戰嶺 北一百五十里長津界通三水之江口要 路中嶺 西北一百二十里 黃草嶺 在中嶺北二十里長津界自此西北距雪寒嶺二百八十里又距長津二百四十里 元川峴 北一百十里 方古介 西北一百里中嶺一路 ○海 執三仇未沿浦青東溟退潮及龜景臺雲田浦微塵浦廣浦長者浦都連浦 城川江 一云君子河環城西源出寧遠狼林山東南流會黃草嶺水經中嶺堡右過釣山之水爲黑林川至獨山之陽爲岐川元川自東北來會由哈蘭洞至府西播爲二江一東南流經萬歲橋至本宮左過湖連川至蜂毯亭南流爲微塵浦石潭入于海一西南流大野中會中川爲元川源出太白山西廣浦都連浦至石潭合入于海 支樺皮嶺南流爲元川右過赴戰嶺川至一過崇右過大白亦三釜瀑水徑加平社右過千佛山水及小白亦山水會岐川爲

城川江 釣山川 出寧遠上釣山之東東流會黑林川 黑林川 西北五十里 岐川 黑林川下流元川會于此 赴戰嶺川 出赴戰嶺南入元川 三釜瀑川 出白岳南入元川壁立左右石色如磨中有石坎如釜者三瀑噴盤料次第瀉出 大白亦山川 南流至求高山直入元川 小白亦山川 南流會于佛山水入元川 白岳瀑布 在白亦山府西北九十里石壁削立百餘尺瀑流噴薄如散珠 中川 西十里出釣山東及金水寒會白雲天宜兩山之水東流入城川江西流之一派 平川 西十八里出白雲山入于廣浦 加乞罕川 西三十里出天宜山東支東流經朱地社八浦 廣湖連川 東十里出咸関中踰松洞羅吃乃諸嶺合而西流經德山驛雲住山歸州洞經府南入城川江 雲田浦 東南三十里 微塵浦 南三十里 廣浦 南三十里朱地社周七十里長三十里泓澄凝綠環混無歸浦中有龍岩距府三十里 長者浦 狗頭浦 都連浦 右四處在宣德社自定平東屬 石潭 南三十里雲田社衆水所滙 (島嶼) 花島 南四十五里周十五里種竹 松島 東南八十五里周三十里土地平衍有水蓴 川椒島 東九十里多產川椒

龍島 在微塵浦之南 小島二 在龍島傍 兄弟岩 在都連浦東

(形勝) 東北則崇山重疊西南則大野曠遠 北控四郡而限白山南睽六邑而阻鐵嶺 左有咸関摩天而制六鎮西有釣山雪嶺而通平安 居一道南北之衝堅城積甲控制得宜自古爲用兵之地 濱海而帶城川俯登和而通朔漢允 王業之根本洵觀察之雄鎮

(城池) 邑城 本朝睿宗元年築宣祖朝觀察使張晚改築周一萬二千六百五十九尺城門四砲樓十一有門者七水門二城廊二十三池四井十六東南城外有溝 德山古城 東北四十五里周四百九十七尺 白雲山古城 周一萬四千五百七十三尺 草原古城 在德山洞府東

北四十八里周一千一百四十七尺 退潮古城 東六十里周四千九百七十尺 中峯山古城 周一千三十九尺 吾老村古城 西北三十五里周一千七十六尺 宣德鎮城 高麗文宗九年始築城置鎮靖宗十年又城之 都連浦長城 高麗德宗時所築

(營衙) 巡營 本朝太宗十六年置觀察使營于本府世祖朝各置南北道觀察使成宗元年移營于永興府中宗四年復還 (官員) 觀察使 兼兵馬水軍節度使巡察使咸興府尹 都事 中軍 兼討捕使 審藥 檢律 譯學 訓導各一員

(鎮堡) 中嶺堡 舊有木柵肅宗十四年設堡二十一年築城北距舊長津柵一百九十里○別將一員 赴戰嶺堡 肅宗二十八年竪柵設堡西至三水之江口堡二百六十里○別將一員

(烽燧) 城串山 府內 草古臺 東三十里 倉嶺 東六十里 執三仇未 東八十里

(倉庫) 東倉 西倉 庫十四 俱在城內 交濟倉 南三十里海邊 社倉十七

處 宣德 雲田 東溟 退潮 南青 元川上 元
川下 永高山 東高遷 西高遷 加平 岐谷
岐川 宋地 德
山 朝陽 宮東

邑內場 三七 地境場 五十 中里 三八 高上 四九 初里 五十 松坪 四九

(驛站)平原驛 府南二里 德山驛 東北十里 三(撥站)平原站 德山站

(牧場)都連浦場 南四十里今廢許民耕作 舊牧官移在文川四論島 花島場

(橋梁)萬歲橋 在西門外城川江 橋長一百五十間

(土產)海松子 五味子 麝香 紫草 松蕈 石蕈 獺 山海水三種 獺

鼠 鮫 紅蛤 藿 塩 海蔘 蟹 蛤 外 魚物十五種

(宮室)本宮 南十五里雲田社 太祖潛邸時舊第 太祖北巡亦御焉 奉安 桓祖 翼祖 度祖 四王及王后位版 又奉安 太祖 神懿王后 神德王后位版 國初遣重臣守之 中間遣禮曹郎官 成宗朝置分內需司 宣祖壬辰燬 光海主二年重建 有正殿 殿前有豐沛樓 樓前有蓮池 殿後有 太祖手植六松 殿內藏 太祖

七

冠服弓箭橐鞬等物 慶興殿 在歸州東 太祖舊邸 獻陵碑文作峯州洞卽 定宗 太宗俱誕降于是 爲建 累經兵燹仍廢 孝宗九年重建殿宇三間○歸州洞有石耳峯峯下有讀書堂卽 太祖讀書之草堂 肅宗四十二年重建堂竪碑 正宗丁未立紀蹟碑于歸州洞○璿譜云 度祖誕降于咸興松頭等里云

(樓亭)樂民樓 卽西門城樓南挹滄海西呑大野川江環繞焉 無流亭 樂民樓西萬歲橋邊

光風樓 城丞府城東門 城樓十二 東門平門南門 華樓北門望洋樓西

七寶亭 南曰撫劍樓 又曰看劍樓 鳴劍樓 待勞亭 九天閣 侍雲樓 倚虛樓 倚天樓 壯士亭 並砲樓也 擊毬亭 東十五里雲田社 地連海門 綠莎平衍十餘里 俗號松原 太祖少時擊毬于此 顯宗五年始建亭

(陵寢)德陵 陵西北六十里加平社 穆祖大王陵 忌辰三月十日○直長一員 安陵 德陵同原 穆祖妃孝恭王后李氏陵 忌辰五月十五日○參奉一員○德安二陵初在慶興江外斡東地香角峯之陽 太祖四年還奉于慶興赤池之上 今稱陵坪 太宗十年自陵坪還奉于咸興 義陵 東二

十里雲田社○度祖大王陵 忌辰七月二十四日○奉事參奉各一員 純陵 東三十三里東溟社 度祖妃敬順王后朴氏陵 忌辰七月二十三日○奉事參奉各一員 定陵 東十里歸州洞 桓祖大王陵 忌辰四月三十日○奉事一員 和陵 定陵同原 桓祖妃懿惠王后崔氏陵 忌辰四月二十四日○參奉一員

(壇壝)祭星壇 南四十里都連浦 太祖潛邸時祭太白星于此 今本府致祭 花島祠 本府春秋致祭 松島祠

(祠院)文會書院 東北十里牛郎峯下 明宗癸亥建 宣祖丙子賜額 肅宗丙子御筆賜額

孔子 (別祠)宣祖丁未建 李繼孫 字引之驪興人官兵曹判書贈左贊成諡敬憲 俞絳 字絳之杞溪人官戶曹判書諡肅敏 李後白 字季眞號青蓮延安人官吏曹判書延陽君贈左贊成諡文淸 韓浚謙 字益之號柳川淸州人官領敦寧西平府院君都元帥諡文翼 南九萬 見太廟

八

李光夏 字啓而德水人 肅宗辛巳卒于燕京官判尹贈領議政諡貞翼 文德教 字可化號東湖開寧人官刑曹佐郎贈都承旨 ○雲田書院 顯宗丁未建 英宗丁未賜額 鄭夢周 趙光祖 李滉 李珥 成渾 俱見文廟 趙憲 見金浦 宋時烈 見文廟 閔鼎重 見楊州 ○彰義祠 顯宗丙午建 正宗乙卯賜額 尹卓然 字尚中號重湖漆原人 宣祖壬辰以本道監司有勞績官戶曹判書諡憲敏 柳應秀 晉州人 宣祖丁酉殉難官三水郡守贈兵曹判書 李惟一 龍仁人官甲山府使贈兵曹判書 韓仁濟 淸州人官南廣侯贈兵曹參議 南應祥 延安人官富寧府使贈兵曹參議 朴吉男 密陽人官軍資正 鄭海澤 東萊人官羅暖萬戶贈右尹 朴仲立 密陽人官防垣萬戶贈右尹 朴應豪 字天挺密陽人官僉正贈右尹 李希錄 全州人官司僕僉正贈軍器寺正 李思悌 全州人官禮賓判官贈軍器寺正 韓敘商 淸州人官禮賓參奉贈監察 金應福

字士寀慶州人官長
興庫直長贈監察
(典故)高麗顯宗六年女眞以船二十艘寇狗頭浦鎭溟
縣都部署擊敗之 文宗二十一年東界兵馬使奏判
官任希說等乘戰船巡行椒島遇賊船十艘與戰敗之
獲七艘斬獲甚多任希說又與元興鎭副使石秀珪等
又巡椒島夜至閭羅浦遇賊船八艘擊破三艘餘賊登
岸奔潰追斬三十餘級 二十七年東蕃海賊寇東京
轄下波潛部曲元興鎭將軍率戰船數十艘出椒島與
戰斬十二級 睿宗三年行營兵馬判官王字之拓俊
京與女眞戰于咸英二州斬三十三級又擊于沙至嶺

九

斬二十七級 四年女眞寇宣德鎭殺掠人物 東界
行營兵馬錄事王思謹等與女眞戰于咸州死之 高
宗四年丹兵金山兵趣入咸州遂入女眞地 恭愍王十
一年元行省丞相納哈出領兵數萬與卓都卿青之子趙
小生暉之子等屯于洪原之韃靼洞我 太祖戰於德山
洞院坪擊走之踰咸關車踰二嶺殲是日 太祖退
屯答相谷納哈出移屯德山洞 太祖乘夜襲擊敗之
納哈出還韃靼洞 太祖屯含音洞自以精騎六百踰
車踰嶺 太祖每當先射殺賊將賊奔北 太祖又踰
咸關嶺直至韃靼洞大戰賊大奔日暮乃退諸賊追急

太祖盡射殺之以鐵騎蹂之殺獲甚多還屯定州設伏
要衝乃分三軍左軍踰城串右軍由都連浦 太祖自
將中軍當松原遇納哈出戰於咸興坪射殺無數 太祖
以單騎轉戰引至要衝左右伏俱發合擊大破之納哈
出收散卒遁去於是東北鄙悉平後納哈出獻馬于
太祖以禮致意蓋心服之也 十二年元立德興君爲
王德興君名譓忠宣王孽子爲僧入元發遼陽省兵一萬納之王遣東北
面都指揮使韓方信屯和州備東北時女眞金三善三
介兄弟金馬糺之子聞 太祖往援西北亦寇邊方信遣忽
面兵馬使金以道等擊破之及德興君壓西北王遣我

十

太祖將精騎一千往援之三善三介誘致女眞寇忽面
三撒三命交州道兵馬使咸士達發精騎五百往擊之
三善三介陷咸州金以道棄軍走還方信進兵和州亦
潰退保鐵關和州以北皆沒爲官軍累敗 太祖自西
北面引軍至鐵關方信分遣諸將往討之 太祖與金
貴等三面進攻大破之悉復和咸等州三善三介奔于
女眞終不還 二十一年倭寇咸州 倭又寇咸州北
青州萬戶趙仁璧太祖女婿伏兵大破之斬七十餘級 辛禑
十一年上元帥沈德符遇倭于北青咸州之境斬先鋒
五十餘級 倭賊百五十艘寇咸州洪原北青哈蘭等

處殺掠殆盡元帥沈德符等與戰于洪原之大門嶺北諸將皆敗適德符軍亦大敗賊勢益熾我 太祖請往擊之至咸州伏兵於兎兒洞之左右率諸將進擊賊奔崩官軍乘之僵尸蔽野女眞軍亦乘勝縱殺餘賊入于佛山亦盡擒之○本朝 太祖七年幸咸興 世祖十二年前會寧府使李施愛叛于吉州殺節度使康孝文牧使薛澄新 上命龜城君浚等將六道兵三萬會于咸興施愛圍咸興觀察使申㴐登樓禦之力屈而死兒北青 成宗二十二年命咸鏡監司許琮征尼亇車野人大捷而還 宣祖二十五年倭淸正行長等同渡臨津

十一

分路進兵淸正兵尤精悍從谷山地踰老人峙出鐵嶺路嶺無守兵長驅以進咸鏡監司柳永立被執臨海順和兩王子聞賊兵在後疾行北踰摩天嶺而去

永興

(沿革)本南沃沮地後爲高句麗所取稱長嶺鎭高麗太祖二十三年稱博平鎭成宗十四年陞和州安邊都護府顯宗九年降爲和州防禦使高宗四十五年沒于蒙古詳下典故蒙古置雙城摠管府因合于登州後倂于通州忠烈王四年元歸于高麗恭愍王五年爲和州牧十八年陞和寧府尹少尹判官 本朝 太祖二年以外祖崔氏

諱閑寄封之鄕改永興府 太宗三年降爲郡以府人從趙思義搆亂 明年復陞十六年降和州牧牧使判官 世宗八年改永興大都護府 世祖十二年置鎭 成宗元年陞府尹移觀察使營于府 中宗四年降大都護府還移觀察使營于咸興 宣祖三十八年兼防禦使 肅宗三十年移咸興鎭管于府 仁祖十四年減防禦使 高原定平管

(邑號)歷陽(官員)大都護府使兼永興鎭兵馬節制使中營將討捕使一員

(古邑)永興西七十里高麗靖宗十二年築城置永興鎭文宗十五年改築 本朝太祖二年改本府號永興而因改鎭名爲平州 長平東南四十五里古補亮達高麗光宗二十年城長平縣二十四年城長平鎭恭愍王六年改爲縣置令 本朝來屬 耀德西一百二十里高麗顯宗三年始築城堡十四年城

永興 十二

耀德鎭恭愍王六年改爲縣置令 本朝來屬○又云顯宗十八年城北界顯德鎭顯德即耀德之一名 靜邊西北六十里高麗顯宗二十二年置鎭睿宗五年築城 本朝來屬 寧仁東南六十里一云淸源高麗顯宗二十二年置德宗元年築城 本朝太祖六年改築石城後來屬

(坊面)洪仁內府 福興西二十五 順寧南二十 德岐山東南四十五 長平東南五十 寧仁東南七十 里仁東六十 德興東北二十 長興北二十 靜邊西北七十 耀德西一百五十 橫川西一百七十 雲谷西南初一百八十於二百三十 兎音社 頭山社

(山水)聖歷山西二里 國泰山西十五里上有石井 釖隱山東四十里上有三井 大德山東四十五里○地興寺 七星山 天皇山東南十七里 四嘯山在德岐小社 鎭成山東南四十五里有長平縣古城 大博山西四十里蔓延○鎭靜寺 雄盤 小釖山西北九十里五峯山東支山上有池○圓明寺 屛風山西一百六十里其上平廣

中有大池 雪峰山西北三十五里 五峯山西北一百八十里 九未德與大博山相對
盃州谷父田峴下 龍岩洞東十五里 小倉洞西七十里 海棠山窟北十三里頭里山之東深不可窮
龜岩龍興江之左岸 〔嶺路〕橫川嶺 父田峴橫川之次倶西
二百二十里 自作嶺父田峴西走為鐵筧山城鐵筧南來為此嶺 屛風嶺自作之南倶西
二百里右四處盃山界 馬蹄嶺西北二百二十里寧遠界要害處 光城嶺東北三十里極
高險東安佛寺 有 黑石峴北二十五里 平湖嶺五峯山東支三處定平界 天奇
嶺在靜邊社 鳥嶺西三十里上有石塔 長平嶺自作之南屛風之北距二百二十里 竹田
嶺西南二百二十里高原陽德界 禿峯嶺西二十里國泰山南支○雲水寺 鈞山嶺西北
一百里 雲嶺西南一百八十里通陽德兔城鎭橫川社之 朴達嶺雲嶺南支 巨次嶺西南一百
九十里右三處陽德界 尹洞嶺東高原界 月項嶺西北八十五里耀德社 懸

十三

尾老嶺屛風南支

雲嶺月項南支 ○海內海東四十五里外海東北六十五里東南六十里 龍興江麗史云橫
江本朝河崙奉使至此遂名之距府北三里源出鐵筧古城之東東流為橫川又東南流右過雲谷川左過
耀德川東流為鐵水左過沸流水經濟北為濟仁浦經黑石里為龍興江經王生島至長平社為濟進浦右會
德之灘荊灘南至末應島入于海 橫川西一百五十里龍興江東流至庫宗興松魚灘合而東流 雲
谷川西南一百六十里源出竹田嶺雲嶺尾老嶺巨次嶺會而北流入于龍興江 耀德川西北
一百五十里源出父田峴馬踰嶺谷而南流入于龍興江 沸流水西北一百六十里源出平湖嶺五峯
山東南流為濟仁浦從鈞山過九未川至鎭靜寺東入于橫川 鶴鵠淵橫川東流過龍神堂至鎭靜寺
西絶壁下為此淵下有灘中有白石形如白馬 廣馬池浦西北十里水深莫測懸崖削立北有竇竇
口甚窄有源泉其中甚廣能容數百人 彌仁浦在靜邊社 濟仁浦北二里 鈞隱浦
東南三十里龍興江下流厓廣平而中有菖蒲蘆柳 四友浦東五十里有南北潭浦產鯔魚鯉魚

九未川

泉東十五里微溫而鹹浴之已疾 〔島嶼〕末應島東九十里連陸 猪島有大小二島東南六十里
蘆島 沙島 鞍島倶東南海中 松伊島 仇非島倶東海中 王生島龍興
江中
〔形勝〕東環滄海 西連疊嶂 山深水遠 野廣土沃
〔城池〕瞿歷山古城高麗光宗六年築城堡二十四年城博平鎭勝覽云周二千九百八十二
尺井一 鐵筧城西二百十里高麗成宗十四年築城蓋州者是周二千六百五十尺四面絶壁
舊有寘知筧故名 有土築長城西北三十里高麗高宗九年城和州宜州四旬而畢号曰鐵閔
遺址自盃山東屬
〔營衙〕中營仁祖朝置○中營將本府使兼○屬邑永興定平高原
〔烽燧〕城隍峙西五里 德峙北二十里
〔倉庫〕府君西三里 田稅倉西一里 交濟倉頭山社 頭山倉南三十里

十四

順社 寧坪倉東四十里長坪社 海南倉東南七十里 海北倉東六十里並寧仁社
王城倉東六十里 禿倉東三十五里並仁社 德倉東十五里德興社 龍興倉
北五里長興社 龍神倉西四十五里靜邊社 山倉西北六十里靜邊社 耀倉西一百三十里
耀德社 假倉西一百五十里耀德社 社倉西一百六十五里 山城倉西二百二十里
尾老倉西南一百六十里並橫川社 雲倉西南二百三十里 天乙倉西南一百六十
里 鐵水倉西一百十里並雲谷社

佈寧馱德耀 安身馱靜邊 靜山馱寧仁 平元馱永興 道化馱長平

〔驛站〕和原驛東四里 〔廢革〕平原驛 通化驛 〔撥站〕官門站
〔牧場〕末應島場築城二百七十把木柵七十七把有田畓牧子
〔橋梁〕龍興江橋北二里夏潦用舟

邑內五十 馬山界九 王城一六

〔土產〕箭竹諸島 鐵 五味子 松蕈 蜂蜜 石蕈 海松子 青礪石

大巨里三七 獺灘二七

享儀同 永禧殿

君子樓府內

製鰒蛤海參紅蛤䗯藿外魚物二十五種

(宮室)本宮 東十五里黑石里我 桓祖舊邸 顯宗八年奉安 太祖大王 神懿王后位版 肅宗丙子附 神德王后位版 正宗十九年建蹕 桓祖大王 懿惠王后位版

廟殿璿源殿 在本宮西南五里我 太祖誕降之地 誕降基非殿東一百五十步 太祖五年建

奉安 太祖御真 宣祖二十五年倭亂移安于屛風寺三十一年重建還宮 仁祖十四年因兵亂移安于沙島後還安 英宗三十一年以御筆豎碑○令參奉各一員

壇壝沸流水壇 高麗春秋降香祀以 本朝以大川載小祀 祭 宋應島壇 本府致祭

(祠院)興賢書院建 光海主壬子 丁巳賜額 鄭夢周 趙光祖 俱見文廟 (別祠)李繼孫 見咸興 ○精忠祠 肅宗乙卯建 正宗乙卯賜額 金慶福 官鍾城府使贈兵曹參判 李夢瑞 官長淵縣監 贈軍資僉正

十五

(典故)高麗靖宗五年都兵馬使朴成傑奏東路靜邊鎭為蕃賊窺覦之地請城之從之 十一年蕃賊百餘人侵寧仁鎭長平戍擄掠軍士三十餘人 睿宗三年行營兵馬判官御史申顥等以舟師擊賊于寧仁鎭斬二十級 明宗二年西京賊趙位寵兵陷和州兵馬副使崔均等死之 高宗四年丹兵寇高州和州陷寧仁長平二鎭 十六年東真寇和州掠人口牛馬長平鎭將陳龍甲遣人諭之皆棄去 十八年東真兵寇和州擄宣德鎭在咸興南界都領而去 二十三年東女真擄兵百騎自耀德靜邊趣永興舘 三十七年狄兵入高和州古城 四十年蒙兵三千來屯高和二州之境候騎三百餘至廣州焚燒廬舍 四十二年東真兵百餘騎入高和州 四十五年蒙古散吉大王領兵來屯高和州之地高和定長宜文等十五州人入保猪島東北面兵馬使申執平以為猪島人少城大守之甚難遂以十五州人徙保竹島在德源島狹隘無井泉人皆不欲執平強驅而納之人多逃散徙者十二三執平向僑寓竹島糧備乏守備稍解龍津縣人趙暉定州人卓青與朔方道登文州諸城人引蒙兵殺執平登州副使朴仁起和州副使金宣甫及京別抄等遂攻高城縣焚燒殺掠遂以

十六

和州迤北附于蒙古蒙古乃置雙城摠管府于和州以暉為摠管青為千戶 忠烈王十六年遣韓希愈屯雙城以備哈丹元叛王乃哈丹陷和州登州殺人為糧遣萬戶印侯禦之 恭愍王五年東北面兵馬使柳仁雨與我 桓祖攻破雙城趙小生暉之子卓都卿青之子逃入伊板嶺今摩天嶺北立石之地於是按圖收復舊疆 二十一年以我 太祖為和寧府尹仍為元帥以禦倭賊

定平

(沿革)本東沃沮地古補巴只一云宣威高麗成宗二年置千丁萬戶府靖宗七年始置關門為定州防禦使隸東界

高宗四十五年沒于元恭愍王五年收復陞都護府
本朝太宗十三年改定平以與平安道定州同號正宗八年
降縣十七年復陞邑號中山官員都護府使兼永興鎭管兵馬同僉節制使
一員

古邑 長谷西五十里古稱椵林一云端谷高麗成宗置長州顯宗三年築城置防禦使隷東界後降爲長谷縣本朝世宗四年來屬今補城內 預原南四十五里高麗睿宗十一年築城置豫州防禦使隷東界高宗時長豫二州俱沒于元恭愍王時收復本朝太祖七年以元興鎭來合爲預原郡世祖三年來屬邑號原城今禿山社 元興東南五十里高麗靖宗十年築城爲鎭置都部署使高宗時沒于元恭愍王時收復本朝太祖七年合于豫州今播春社

坊面 府內終十 朱伊北初十終二十 汝仁西初四十終五十 歸林南初四十終五

十 禿山南四十五 播春南初三十終四十 細柳南初二十終三十五 山知西南初十終三十 長谷西初二十終五十

山水 奐白山北四里 道成山西十里自萬年峯逶迤横亘數三十里至于金江之東○吠沙門寺 鉧山西一百餘里自寧遠狼林山逶迤南走横亘百餘里上鉧小有遮日峯加莫洞中鉧山有馬蹄嶺下鉧山有香爐峯千峯列戰萬壑争流人跡罕到 道安山東南六十里上有日近臺峯[illegible]俯海○道安寺 白雲山西北八十里咸興界○獻喜寺 堂山 靈山俱南四十里金江徑其前 城山南三十里禿山社 五峯山西六十里下鉧山東支高大重疊○龍淵寺雙溪寺曹溪寺 靜庵山西南四十里五峯山東支 成佛山五峯北支○成佛寺 道正山在歸林社東臨海○安心寺 南山南五里 三藏山西三十五里五峯山北支○三藏寺 望德峯東五里奐白山東支 萬年峯北十五里有靈隱寺 眞景臺西四十八里奇岩異石蹲蹲起伏上有

嶺路 元定峴南三十里道成山東支一云大城峴通永興大路 鶴岩峴 獐項 衍項右三處通寧遠細路 白土嶺西二十里新倉路 嶺城巨里西北三十五里 自咸興道寧遠路有古長城遺址小 塢峴南四十五里永興界大路 於峴 可豆乭嶺並西南永興界道靜遠社 馬踰嶺西一百餘里寧遠界○海東南五十里 金江南三十五里長溪川下流即杜川 長溪川源出上鉧山之加莫洞會中下鉧山白雲天宜二山之水東流會五峯成佛二山之水徑上中下倉及長谷古縣爲長溪川徑小倉千四萬析而東流環華原駅南爲金江徑播春之南入于海 道安浦東南五十里海邊 都連浦東北二十里見咸興 廣浦東十五里 都連浦入海處一依滙湾北附來如一巨湖廣浦之東都連浦之南爲宣德古鎭及狗頭浦自本府移屬咸興

城池 邑城周五千九百二十八尺井十池三北依古長城今額把○高麗靖宗十年城定州八百九間置城五日推防禦明弘化大和安陸 古邑城一云蓬萊城北九里周二千二百六十尺 長谷

縣城稱古長州城靖宗十年城長州五百七十五間置戍六田靜北蒿嶺掃[illegible]掃蓄壓川定遠 預原縣城補金江城靖宗十年城杜川置鎭後爲豫州周七百十八尺 元興鎭城靖宗十年城元興鎭六百八十三間置戍四日宋降壓廣海門道安 古長城高麗德宗時時築西踰大嶺東接都連浦三周其隍以禦女眞北乃三閑門之地 隨時里城南四十里周一千一百九十一尺東距預原古縣五里 細柳城在元定峴古峯上補剝尾城周四千二百二十八尺 汝委城西四十里周二百八十二尺 山知城南十五里 朱伊城北二十里

鎭堡 革廢 道安浦鎭本元興鎭之道安戍本朝築城置鎭有水軍萬戶中宗四年革

烽燧 王金洞南三十里 奐白山見上

倉庫 邑倉北二里 北倉北二十里朱伊社 新倉三處俱在汝仁社上倉距府八十里中倉距府五十里下倉距府三十里 山倉西南三十五里長谷社 南倉二處一在金江

北細柳社距府三十里一在海倉二處一在金江北播
金江南先小社距府四十里春社距府四十
五里一在金江帰林
社距府五十五里 草倉 草原驛傍

邑内一六
南陽二七
八寅三八

(土産)紫草五味子蜂蜜青鼠海松子蘿塩鰒紅蛤蟹外
魚物二十種

咸林驛長州
長春驛長州
通遠驛長州
長島驛定州
嫌串驛元興
宣德驛元興
巨川驛元興

(驛站)草原驛南三十五里有望雲亭○高山道察訪移居于此兼教養官 蓬萊驛八里
里(草廢)洒泉驛南五十里(撥站)草原站 蓬萊站
(津渡)甘祥津東南五十里安浦沿海小路道
(橋梁)金江橋南三十五里夏潦用舟 境地橋北二十里 蓬萊橋北八里 德
(浦橋)北十里 山知橋二處南十五里 南山橋南二里
(壇壝)嶴白山壇 高麗春秋降香祝致祭 本朝以北岳載中祀十九

(典故)高麗靖宗十年命東北路兵馬使金令器王寵之
築長定二州元興鎮城右司郎中金元鼎等率兵出屯
要路以備之遇賊戰有功 文宗十五年別將耿甫等
怨過賊二百餘人與戰敗之斬十數級 二十八年修
元興鎮城 三十四年東蕃作亂平章事文正兵馬使
崔奭等將步騎三萬分道往擊之出屯定州大破之擒
斬四百三十一騎 肅宗七年東女真來屯定州關外
王命平章事林幹伐之與戰于定州城外敗績女真乘
勝闌入定州宣德關城殺掠乃以尹瓘爲東北面行營
兵馬都統往討瓘與女真戰斬三十餘級我軍死傷過

半遂講和而退 睿宗二年邊將報女真侵邊王時在
西京以尹瓘爲都元帥吳延寵爲副元帥賜鈇鉞遣之
瓘延寵率兵十七萬至東界屯于長春驛 瓘自以五
萬三千出定州大和門中軍兵馬使金漢忠以三萬六
千七百出安陸戍左軍兵馬使文冠以三萬三千九百
出定州弘化門右軍兵馬使金德珍以四萬三千八百
出宣德鎮安海抳防兩戍之間船兵別監梁惟竦元興
都部署使鄭崇用鎮溟都部署使甄應陶等以船兵二
千七百出都連浦一女真本靺鞨遺種散居山澤未有統
心其勢漸横〇盈歌即金之穆祖有二子長曰烏雅束
即康宗次曰阿骨打更名旻即太祖元年乙未宋徽宗二十

政和六年高麗
睿宗十年也 高宗四年丹兵三萬寇定州燒桝又
陷豫州

高原

(沿革)本沃沮地高麗初置德寧鎮光宗六年改洪原縣
二十四年築城置知郡事成宗十四年爲高州防禦使
隸東界恭愍王五年改知州事 本朝 太宗十三年
改高原郡高州防禦時治在熊望山南顯宗十九年城
成宗二年移治于和山南以徙州治又徙蟠龍山南 本朝
二十二年又移于鉢山楓東山(官員)郡守兼永興鎮管兵馬同僉節制使一員
(坊面)郡内北終二十 上鉢山西十二 下鉢山東十五二 薪山南十二 山
谷西終一百十 一水東 西北終一百十

〔山水〕鉢山東一里 般東山北七里 鳳化山北二十里 熊望山北十五里峯秀拔上有井 九龍山西八十里有九龍淵○大乘寺 屈城山北十五里 伐羅山西十里 留鶴山西四十里 載靈山西一百里陽德界山勢皮此萬蜒爭流 盤龍山西十里○泉寺 梁道成山西四十里○鶴山寺 雪鶴山北三十里○靈萱庵 造山東二十五里 石山北三十里 晦雲洞九龍山東 龍寒洞留雲嶺下 〔嶺路〕花餘嶺西南一百二十里高谷深 山 竹田嶺西一百五里 麒麟嶺西一百十里三嶺陽德界 右土嶺西六十里 西北一百十里 莊佐嶺 大峨峙並郡西一百里右三嶺永興界 留雲嶺西六十里 嶺之西二十里岩竇湧泉成潭深黑無底峯回路轉樹木鬱紆四十餘里無人居 馬踰嶺西十五里 柏田嶺 尹洞嶺 淡岩嶺 吉峙 檜峴俱西北永興界 牛丑嶺 松峴並西文川界 ○海東四十里 德之灘一云道清淵源出載靈山花餘高泉

嶺竹田麒麟嶺東北流經隘守倉過九龍淵川經景倉由水東社過土嶺川經高宗塔不東南流爲長洲浦至郡北十里爲神堂淵至郡東北七里爲德之灘左過沙朴川東南流入于漕運浦魚鹽之利爲一道最 九龍淵西七十里出九龍山山高淵深東望大海 土嶺川在水東社 長洲浦 神堂淵竝見德之灘 沙朴川東十五里出鳳化山南流入德之灘 仇寧浦南十里出北寒洞東流入文川郡之斜灘 斜灘在南十五里 〔島嶼〕熊島在德之灘入海之口自永興來屬

〔城池〕高州時城在熊望山南光宗二十四年城高州一千十六間門六 鳳化山古城顯宗十九年築狄州治

〔鎭堡〕〔廢革〕隘守鎭西七十里古稱梨柄高麗成宗二年築城置鎭周一千五百六十八尺恭愍王九年來屬

〔烽燧〕熊望山北十里設烽山腰

〔倉庫〕郡內倉北十里 田稅倉東二十里 邑倉邑內 水下倉西四十里 水上倉西八十里 山下倉西六十里 山上倉西八十里 交濟倉東北三十里永興地

馹閑馹高〔驛站〕通達驛北九里 隘守驛在隘守古鎭 〔廢革〕巨防驛在隘守 〔撥站〕通達站一云官門站

〔橋梁〕德之灘橋北五里 仇寧浦橋南十里 沙朴浦橋北二十里

〔土產〕五味子 紫草 礪石 燈石出花羅山白石窯 石蕈 蜂蜜 硯石 梨 棗 栗 魚物十餘種

安邊

〔沿革〕本新羅比列忽三國史云基臨王三年巡幸比列忽樂浪帶方兩國歸服又炤智王三年幸比列城據此則基臨王以前已爲新羅有矣安邊 眞興王十七年置比列忽州

以沙飡成宗爲軍主 二十九年廢州 文武王八年置比列忽停命波珍湌龍文爲摠管 十三年罷之 景德王十六年改朔庭郡領瑞谷青山翊谿霜陰衛山 歸朔州 高麗太祖二十三年改登州 成宗十四年置團練使 顯宗九年改登州安邊都護府屬郡瑞谷汶山衛山翼谷派川霜陰鶴浦 高宗時定州以南諸城被蒙古侵擾移寓襄州再移杆城越四十年忠烈王二十四年各還本城 本朝 太宗三年降爲監務以府人趙忠義作亂 明年復爲都護府 世祖十二年置鎭管德源文川 成宗二年陞大都護府 中宗四年還降〔邑号〕朔方高麗成宗所定 鶴城〔官員〕都護府使兼安邊鎭兵馬僉節制使敎養官 一員

(古邑) 鶴浦 東六十里本新羅鶴浦景德王十六年改鶴浦為金壤郡領縣高麗成宗定号押戎顯宗九年來屬今鶴浦社 派川 東南九十五里本新羅波潤景德王十六年改派川為金壤郡領縣高麗顯宗九年來屬今派川社 出居 東北二十五里本新羅東墟一云加知斤景德王十六年改出居為井泉郡領縣高麗顯宗九年來屬今浪城浦廢鎮 汶山 西南三十里本新羅加支達達景德王十六年改菁山為朔庭郡領縣高麗太祖二十三年改汶山今文山社 翼谷 南六十五里本新羅於支吞景德王十六年改翊谿為朔庭郡領縣高麗太祖二十三年改翼谷今衛翼社 瑞谷 西三十五里本新羅首乙吞一云原谷景德王十六年改瑞谷為朔庭郡領縣今瑞谷社 霜陰 東三十里本新羅薩寒景德王十六年改霜陰為朔庭郡領縣今上通社 衛山 南五十二里本新羅地景德王十六年改衛山為朔庭郡領縣今衛翼社 右五縣高麗顯宗九年仍屬 永豐 西九十里本獸大伊高麗靖宗四年築城置鎮隸東界後改為縣 本朝初來屬

(坊面) 世清 邑內終東十 永春 南十終 新里 南二十五 毛只 南六十 衛翼 南初五十終一百餘 文山 南三十 方下山 西二十 瑞谷 西五十 永豐 西八十終二百 蛇洞 西二十五 上道 東二十 下道 東北三十 鶴浦 東九十 派川 東一百

(山水) 鶴城山 東五里形似鶴 釗峯山 西三十五里本名雷峯峭壁攢峯釗接戟立五峯特秀洞壑深邃 ○釋王寺在山之西我 太祖潛邸特建壯麗甲于一道 太祖 肅宗御筆有記飛樓 黃龍山 東南六十里有記湫泉不殊絶 ○昔賢寺新羅孝成王時建 鳥鴨山 東南五十里黃龍西支極高絶險山頂有池間禪有九設洞懸崖凡九層而皆有湫山險而黝碩峭而怒長谷漸窄僅容水道谷盡山回壁勢又掌不見水向去徑路皆盤石人跡罕到 雲山 東二十里 ○安心寺 風流山 西南九十里上有池東連鐵嶺西接青霞山 青霞山 西南一百十里淮陽界三防之水行回其西 花山 西十五里 法水山 南十里 騎竹山 東南七十里鐵嶺東支 君山 鳥鴨北支

加沙嵒西百三十里 有圓寂庵

屖峯排立拱抱鶴浦 沙峯 東四十五里海濱白沙隨流徙自成奇峯半入湖水 風向 鶴山 西六十里伊川古赤吞終境東有鶴翼洞

(路嶺) 鐵嶺 南八十五里青霞山東支為江咸兩道分界巨嶺嵯峨天勢遮截百曲羊腸險固無比嶺之一東走海上層層展開如張高下屏帳 支 板橋嶺 南六十里鐵嶺之東 法所嶺 板橋之東 平介嶺 法所東支 頓谷嶺 中介東支右五處淮陽界鐵嶺大路 其餘小路 黑峙 頓谷東支 吉峙 東南九十里黑峙東支 游古峙 東南一百里大路右三處歙谷界 老人峙 西五十里路甚峻極道永豐有寶城庵 朴達嶺 西六十里 烽燧嶺 西南八十里右二處道伊川古赤吞 泄雲嶺 西南八十里道伊川楡津 九曲嶺 西一百二十里通陽德 甲串嶺 九曲南支 車踰嶺 西一百八十里甲串南支 牛嶺 車踰南支 美哉嶺 西一百八十里右四處谷山界 防墻峙 西南一百七十里伊川界自永豐道伊川 炭嶺 九曲南支在永豐西 法水峴 東南二十里 飛雲嶺 東三十里道鶴浦即比忽嶺之轉 鞍岾

堤堰 三

瑞谷縣南 ○海 東北二十五里出居霜陰鶴浦派川皆沿海 南大川 源出水分嶺東流北徑青霞風流之陰為三防之險至高山過鐵嶺之水至富平左過泄雲嶺之水經龍池院為深川右過毛只川左過釋王川至府西五里為官渡東北流左過蠏川為釗鋒浦入于海 翼谷川 西南六十里源出烽燧泄雲兩嶺東流會真澗之水經翼谷古縣至富平入南大川 毛只川 出烏鴨騎竹兩山又會諸嶺之水北流入南大川 釋王川 西三十里出內鶴山東流會釗鋒山之水又會文山社之水東流入南大川 蠏川 出向鶴北支東流徑大野入釗鋒浦 深川 在富平 派川 俗云沛川東南九十里出黃龍出東流入海 漢川 西二十里出老人峙東北流經瑞谷古縣及奉龍馱至德源界為縣川入于海 永豐川 源出文川蘆洞嶺西南流會諸嶺諸谷之水經永豐古縣及上魚下魚出于伊川防墻之口為臨津江之源 釗鋒浦 東北二十里南大川下流 浪城浦 釗鋒浦北五里海口東有二小島 鶴浦 東五十五里周三十餘里水深而空明清澈四面皆白沙沙中海棠透開爛若雲錦無微風乍吹細

沙去小則成堆大則成峯朝暮遷徙一日之內變化莫
測後則峯巒隱岡窈窕婉宛似遠似近前則淸波細浪
激灂平鋪似動似靜湖中小西南一百五十七(鶴島)
峯峭起有勝似縣名田元帥臺溫井里防墻時之北
國島在押戎縣之東去岸十餘里周五里水際白沙如陳四面石壁削立後則不粧撐起攢立下有詭瀲
岸石平圓排列一面可坐一人不色白方直長短若一
毋一條其頂各戴一小石佇而不而視可悚可愕有一小
崖撐舟而入漸窄不能容舟甚巉宛使人魂悸其圖石
排列者可坐千人遊觀者必艱於此又有水磨小圓不
長五六十尺
者右李穀記　女島在國島之北浪城浦之東
(形勝)東北則環以滄海西南則阻以巨嶺百川奔注千
幹綿亘爲一道水陸之衝
(城池)邑城周一萬三百五十八尺　鶴城周三千九百三十尺□新羅孝昭王築此列忽城周
一千一百八十步□高麗靖宗十一年城登州六百二間門十四水口二　霜陰縣城高麗顯宗十六

二十五

年築　派川縣城高麗德宗元年築　永豊縣城高麗靖宗四年築　黃龍山古
城　老人峙古長城築于嶺上有古烟臺　軍營古址在釋王寺之南古東界行
營　三防有上中下三防以間路但由長谷直通分水嶺古者三處設防之地谷勢峭削指列又水深緣
崖僅通抵
京捷路
(鎭堡)(革廢)浪城浦鎭今出居縣古址有水軍萬戶　本朝置鎭中宗四年革　翼谷縣
凝川貢所　鶴浦縣押戎戍今稱戎串　壓霜陰縣福寧卿富今
平右三處各有校尉隊正左軍右軍寧塞　鐵垣戍在派川社海口谷界有小石城　歙香燈戍
東四十里霜陰縣右四處高麗時防守
(烽燧)沙峴南四十里　鶴城山見上　蛇洞北二十五里
(倉庫)府倉　軍餉倉竝邑內　毛只社倉南二十里　高山倉南七十里　高

山倉南七十里衛翼社　奉龍倉西三十里瑞谷社　南山倉南山驛　浪城倉
東北三十里下道社　瑞谷倉在瑞谷社　鶴浦倉鶴浦南邊　永豊下倉西一百五十里
永豊上倉西一百十五里
深浦驛派川　煙池驛鶴浦　追風驛霜陰
(驛站)高山道南六十里察訪一員移在安平華原驛　南山驛西南二十五里　奉龍
驛西北三十里　朔安驛東二十里　火燈驛東五十里　(撥站)高山站　引豆
門站　方下山站
(津渡)浪城津在浪城浦　蛤津霜陰縣北　磨差津派川下流
(橋梁)南大川橋西五里三防之水至此匯環滂深東岸斗起如龜形俗號龍墟其前白沙平衍
入艢官渡　南山橋在驛前　龍池院橋南五十里　深川橋　高山橋右道
淮陽大路　蟹川橋　漢川橋右通北大路

二十六

邑內場三八
(土産)箭竹出壓戎串國島　五味子　紫草　松蕈　蜂蜜　鰒　海蔘　紅
蛤　外魚物二十種　鹽　海松子
(樓亭)駕鶴樓府東　花山亭府南　龍堂亭南三里　飄颻然亭西五里
(陵寢)智陵在奉龍驛北五里距府三十八里翼祖大王陵忌辰九月十日□直長參奉各一員
○泰封主弓裔墓西南一百二十里三防路左石築數丈此若烟臺今半頹
(壇壝)熊谷岳三國史云熊谷岳在比列忽郡新羅以北鎭載中祀高麗廢
(祠院)玉洞書院明宗丁卯建肅宗壬午賜額　李繼孫見咸興　金尚容見江華
趙錫胤見開城
(典故)新羅文武王二十一年沙湌武仙率精兵三千以
戍比列忽　景明王五年靺鞨別部達姑冠北邊道由

登州時高麗將堅權鎭朔州率輕騎大破之匹馬不還王書遣使謝高麗○高麗穆宗八年東女眞寇登州燒州鎭部落三十餘所 德宗元年城派川縣備契丹 靖宗九年東蕃賊船八艘寇瑞谷縣虜四十餘人 文宗四年東蕃賊寇派川縣 宣宗八年兵馬使奏安邊都護府境內霜陰縣最爲邊地要害乞築城壘以防外寇制可 明宗六年（金世宗十六年丙申）金人以兵船十餘艘侵掠東海霜陰縣 高宗四年右軍與丹兵戰于登州敗績陣主吳守楨死之 二十二年蒙古兵侵安邊都護府 四十年東眞三百騎圍登州（去年東眞兵二千入北境） 四十

二年蒙兵屯宿鐵嶺登州別抄夾攻殲之 四十四年東眞三千餘騎入登州分司御史安禧設伏於永豐山谷挾擊斬獲甚多 恭愍王十年紅賊二十九人至安邊邑人詐降饗之乘醉盡殺之 二十一年倭寇東界安邊等處掠貢米萬餘石（辛禑）九年倭寇安邊府○本朝 仁祖十五年二月南兵使徐祐甲欲進兵南漢沈器遠不許後罷兵帰本道時蒙古兵三萬回軍自嶺西向北道搶掠無異入寇祐甲遇於鐵嶺上擊殺甚多蒙古佯敗先據安邊藏兵溪壑間南道兵曾然前進爲蒙兵迎擊軍兵殺盡見殺德源府使裵命純南虞侯韓震

英洪原縣監宋沉俱死之（即古南山釖洞鶺峴之下俗呼爲釖洞戰場）

德源

（交河本泉井口一云於乙買）

【沿革】本新羅泉井（一云於乙買）眞興王改井泉（三國史云文武王二十一年取之景德王改名築炭項關門註云今湧州）景德王十六年仍以井泉郡隸朔州領縣三（松山 蒜山 幽居） 高麗太祖二十三年改湧州成宗十四年改宜州置防禦使隸東界後改知宜州事 本朝太宗十三年改宜川 世宗十九年改德源郡二十七年陞都護府（以四代御鄕）【邑號】東牟（高麗成宗所定）德州宜春宜城春城【官員】都護府使（兼安邊鎭管兵馬同僉節制使後營將討捕使）一員【古邑】蒜山（南二十五里本新羅買尸達景德王十六年改蒜山爲井泉郡領縣高麗置鎭溟縣見下）

松山（東北二十五里本新羅夫斯達景德王十六年改松山爲井泉郡領縣高麗置松津鎭見下）○鎭溟（高麗改蒜山爲鎭溟縣令隸東界又号圓山縣又補水江圓山今爲補元山蒜山今呼見山本朝初來屬）龍津（高麗改松山爲松津鎭隸東界恭愍王五年屬文川辛禑五年析置縣令本朝世祖四年來屬剡縣北龜山明孝二社屬于文川）【坊面】縣社（鎭溟縣地）府內（東西各十里）北面（北三十五里）長林（西南三十）赤田（南二十五）湧州（南終十五里湧州時古治趾府十里）龍城（東北龍津縣地）○湧珠里（南十里赤田社我 穆祖自三陟移居于此仕高麗爲宜州兵馬使鎭高原以衛元兵 翼祖誕降于此後徙于慶興又徙于咸興松頭等里 度祖誕降于此未幾還于赤田社居焉 正宗丁未竪紀蹟碑○穆祖自德源移居于幹東 翼祖襲爲千户璿源譜畧云 穆祖入仕元朝爲南京五千户所達魯花赤又地志云 翼祖避禍于赤島遂徙于咸興詳慶興府）

楡峴北三十五 奉龍峴 瀑布嶺細路

〔山水〕盤龍山西三十里文川界○曹溪寺西南三十里雲石寺明寂寺俱西二十里 長林山府西北五里山之西支有安養寺距元山五里東南十里我太祖少時讀書于此 東高山北二十七里有女妓岩○萬景臺在山上高挿天際上有萬景庵洞觀南北山川又望東海觀日出 琵琶山北十里野中見山南二十里 拔山北七里 松山東十五里東北二十里 留玉峯南十七里

〔嶺路〕馬樹嶺一云馬息嶺西三十里通陽德及安邊永豐 眞石嶺南二十里通安邊龍大路 奉

○海自北城社至元山浦環府之東界或七里十里十五里 府內川出盤龍山東流經府南入于海 北面川出馬樹嶺東流經府北五里入于海 龍津川北二十里文川院峽川下流經龍倉入于海古云泥河 一名泥川新羅北界止于泥河者此也 赤田川東十里出馬樹嶺南流經二十里安邊之南入于漢川 縣川流經元山之南入于海 下元山浦東南二十里一周圍繞三面海環峙如湖西南通大路商舶比舸艫迷津居民以漁採為業北通六鎭及沿海諸邑

堤堰三

海峽貨物委積為關北第一都會 鎭溟浦鎭溟古縣東南四里縣川入海處

〔島嶼〕竹島東十里高麗高宗四十五年龍津縣人趙暉叛以和州定州以南十五城人民合入此島以避兵至今館舍民居遺址尚存 新島牛牧 草島 牛牧 連島一云李陸 長德島 所里島 熊島 豆島 同老島 北島 女島 已上在府東海中

〔城池〕古邑城南十里高麗高宗三年築周四千三百七十尺 顯宗七年城宜州時城也置戶二十二尺此即尹瓘所置九城之一 鎭溟古城八周二千二百五十尺山城三 龍津古城一云郎門周三千四百二十尺門五 高麗顯宗八年城湧州 鎭溟縣五百尺門四 濱海周北十三里井一○顯宗十九年城龍津鎭 鐵關城周一千五百一尺井一 間門六○顯宗十九年修龍津鎭城 鐵關城三國史云慈悲王十一年新羅文武王十五年築鐵關城 王十三尺徵何瑟羅州人築城於泥河一名泥川今龍津川東 史綱目云新羅北界止於井泉郡 景德王築炭項關門疑今德源鐵關之地 高麗史云高宗九年城宜

元山 吾三兩 元山下十三兩 野沐 三八

州和州四句而畢號曰鐵關者非此也

〔營衙〕後營 仁祖朝置○屬邑安邊德源文川高原 後營將本府使兼

〔烽燧〕長德山東南十里 所達山北二十里

〔倉庫〕府倉 軍倉府內 元倉 交濟倉並元山浦邊 龍倉龍津海邊

〔驛站〕鐵關驛北六里或十里 〔革廢〕長富驛 龍津朝東驛 〔撥站〕官門站

〔橋梁〕牛橋北十五里 方下山橋北五里北面川 南川橋南五里府內川 赤田川橋南十里 見山橋南二十里右並大路

〔土産〕五味子 蜂蜜 箭竹竹島 海松子 梨 紫草 古里麻 江瑤柱 海蔘 紅蛤 外魚物二十種 鹽

〔壇壝〕所達山壇府本春秋致祭

〔祠院〕龍津書院肅宗乙亥建丙子賜額 宋時烈廟見文

〔典故〕高麗顯宗卽位之年造戈船七十五艘泊鎭溟口以禦東北海賊 十九年東女眞賊船十五艘侵龍津鎭虜中郞將朴興彦等七十餘人 文宗卽位之年遣兵部郞中金瓊自東海至南海築沿邊城堡農場以扼海賊之衝 三年海賊奪鎭溟兵船二艘而去兵馬錄事文揚烈率兵船二十三艘追至湫子島未詳大敗之斬九級焚其部落屋舍三十餘所斬二十級而還 四年鎭溟都部署副使金敬應率舟師擊海賊三艘于烈島未詳斬數十級 肅宗元年鎭溟都部署使及文州防禦

判官李順蹊等與海賊戰敗之斬十七級　二年東女
眞賊船十艘寇鎭溟縣東北面兵馬使金漢忠遣判官
姜拯戰與克之獲船三艘斬四十八級　明宗四年將
軍杜景升擊趙位寵西京賊至宜州賊兵列車城門以拒
之景升擊拔其城　高宗六年蒙兵與東眞遣兵來屯
鎭溟城外督納歲貢　十四年東眞寇定長二州遣諸
將率三軍禦之自安邊府眞指賊屯所知兵馬使金仁
鏡與戰于宜州我軍敗績　二十一年蒙兵引東眞兵
攻陷龍津城　二十二年東眞兵陷鎭溟城　恭愍王
二十一年倭掠鎭溟倉其後始設兵船後移于安邊府

三十一

之浪城浦

文川

(沿革)古號妹城一云均城伊　高麗成宗八年築城高麗史兵志云成宗三年城文州五百七十三間門六爲文州防禦使隷東界後合于宜州
忠穆王元年析之改置知文州事　本朝　太宗十三
年改文川郡移治于戢眉山下舊治在東五里(官員)郡守兼安邊鎭管兵馬同僉節制使
一員
(古邑)雲林西三十里高麗顯宗六年置雲林鎭築城周一千二百十三尺後爲防禦所　本朝初廢来屬今仍稱鎭司
(坊面)郡內終十草開南十里雲林西初二十終六十都之郎北三十明

黃石岾

孝東三十龜山東北四十右二社自德源龍城縣劃付本郡
(山水)戢眉山東一里盤龍山西南二十五里德源界○雲興寺千佛山北二十五里山北有青蓮寺距郡四十里天寶山千佛東支北三十里普賢山西十五里鰲山北四十里廣野中
頭流山西五十里陽德界雄盤重疊東高山南十五里德源界○道昌寺玉女峯東五里上有井蓮臺峯北十三里刹城峯西北二十里笕洞西北五十里
文浦洞頭流山東北支(嶺隘)車破嶺東北五里花餘嶺西五十五里高原陽德界蘆洞嶺西南四十里安邊永豐界鞍嶺普賢山南支灰峴泥峴頭流山北支高原界
巨文峴柤峴俱在雲林社亇訖乃嶺西六十五里通陽德○海東三十里自南至北環五十里配岐川西北三十里源出頭流山東北流至德平會亇訖乃嶺松魚淵川爲配岐川東流至郡北三十里爲箭灘左過高源仇寧浦從鰲山至東北五十里爲文州浦與高原德之灘

文川

三十二

合入于永興龍興江入海之口爲濟進浦院岐川一云石川三國時稱泥河源出盤龍山蘆洞嶺文浦洞東流經郡南及德源龍城社入于社箭灘文州浦濟進浦並見上(島嶼)
四訥島東四十里周八十里馬島東北四十里濟進浦海口種竹環海四方煮鹽之處
(城池)古邑城東五里稱伊均城高麗成宗所築劍尾城北二十五里金場城北三十里俱有遺址○濟至浦戍今濟進浦以永興高原船卒戍之本朝成宗二十年罷
(烽燧)天達山北二十里
(倉庫)司倉軍資倉郡內明孝倉東三十里龜山倉東北四十里俱海邊都之郎倉北三十里雲林倉西三十里
(驛站)良驥驛古名德寧東五里(步撥)官門站
(橋梁)院岐川橋郡南配岐川橋俱南北六橋

箭灘場

(土産)鐵箭竹海松子紫草五味子蜂蜜紅蛤古里麻鹽
礪石海蔘蟹蛤外魚物十八種
(牧場)四訥島場咸興監牧官移在于此 馬島場

節文樓

(陵寢)淑陵東十五里草闊社 翼祖妃貞淑王后崔氏陵忌辰九月二十日○奉事參奉各一員
(典故)高麗高宗四十六年王使郎將金器成賚國贐如蒙古屯所慰之器成至文州趙暉之黨在寶龍驛今奉龍驛
與蒙古兵三十餘人殺器成掠國贐

北青

(沿革)高麗初為女真所據渤海亡而女真據有之至于咸興 睿宗二年
擊逐女真翌年置邑邑號未詳 四年復還女真後沒于元稱
北青

三十三

三撒 恭愍王五年收復置安北千戶防禦所二十一年
改北青州萬戶府置安撫使兼萬戶 本朝 太祖七
年改青州府 太宗十七年復稱北青以與忠清道清州同音改
世宗九年陞都護府 世祖十一年置鎮管端川利原洪原○端川
今為獨鎮 稱兵馬節度副使兼都護府使又置判官未幾減
副使十二年置南道兵馬節度使仍兼府使 景宗元
年別置府使減判官(邑號)青海(官員)都護府使兼北青鎮兵馬僉節制使
守城將一員
教養官一員
(坊面)老德即府內 德城北三十 聖代北九十終一百九十 泥谷北一百
車書西北一百 佳會西三十 平浦西北九十 大陽化 大俗厚 海

弓行社

圓寂寺泥谷 萬興寺車書 門巖寺東六十廣山 洞裏庵青海館 東海寺東十五聖德 大洞寺北二十五大德 上庵寺東八十厚山 僧房寺西二十竹寶 妙洞寺北八泥谷 原鈍庵北八十鹿 白岩寺東六十平浦

岸並南四十 仁厚 良家 中山並南十五 小陽化南十六 小俗
厚南四十五 鍾山南三十五 梁川東十 中坪東三十五 居山東七十 甫青
東四十五 坡山北一百四十
(山水)連德山西北二里一云靈德 大德山北三十里 立石山東六十五里山上有
石北麓又有立石高三十六尺 聖代山北一百五十里端川界延袤
廣十二尺如樹碑又有小庵
甚廣支麓重疊 竹坡山西北十里 九中山東五里 三十 太白山北一百里咸興洪原界
甲山之交 清涼山西四十五里 僧房洞寺 大洞山北二十里 望德山北五
雄盤高大
十五 天鳳山南二十里 竹岩山東三十五里 雁山東十里 長津山南五
里遠延九十里 嚴主山西五十五里 鰲山南二十五里 賀天山南四十五
曲前臨大海
里轉立坪中 正陽山南四十里 甑峯東三十里 觀音窟西北八十二里
左郊右湖

三十四

窟中有水北流 廣石臺北十里中山洞盤石上可容數十人 侍中臺東六十八
為甲山坡川北四十(嶺路)餡加嶺西南三十里大路 蔓嶺東六十里洪原
岸里 海立石北五里 八里 蔓嶺 厚致嶺通洪原大路 下有觀音寺有窟 虛
界間有軋者介峴北一百里 大路
大峴嶺北一百四十里 馬底嶺北一百六十里甲山大路 界
火耳嶺南有黃水驛 太三嶺通甲山
長石嶺西三十里 小峴西四十五里通洪原平浦 盜直嶺自長毛老驛直嶺通于平浦 盜
十里 嚴坡嶺東北通于利原界自慈航驛 嚴坡 太白山 嶺
院洞四 通于利原院洞三十里 一百里
自車書內山踰此嶺通于金昌嶺北一百里端川界 香嶺北三十一
咸興元川界井洞四十里 還社 乭長嶺西九十里咸興元川社 道○
十里道甲 龍林嶺咸興高 還社
山西南界 咸興
海東六十里 南大川源出金昌嶺西南流至濟仁驛南流會
左過梨洞川至德成社右過厚致嶺香嶺之水至慈航驛南流至
廣石臺右過竹坡清涼山之水經府南五里左過太白山之水為於汀灘至龍義

堤堰一

洞盧川坪之水右過東書社之於汀灘 北三十五里 梨洞川 北一百二十里出厚致嶺
水爲南大川至薪津入于海 北四十五里出馬兒坡山川北流會伐成浦川會于黃
嶺西南流入南大川 坡山川 北一百五十
水 黃水川 北一百二十五里出香亮山川 北五里出太白
川 嶺東北流合于坡山川 十里出厚致嶺西支合
山東北流合 伐成浦川 于坡山川 右四川甲山府虛川
于黃水川
江之上流 鷲山湖 南三十五里周二十里 吐羅湖 南三十六里周十五里 長津湖
南五十里周十里 湖湳浦 南五十里周十里 箏淵 西南五十里周十里有荷 九龍池
北九十五里 觀音窟之西石間迸作 九窩滙水爲池前有蟆蛤岩甚奇 島嶼 松島 南六十里 陸島
南九十里越在洪原縣龍原社之南連陸陸入于海產鷹甚佳

形勝 後負重峽前臨滄海北阻厚致東限摩天巨岳縱
橫百川縈回爲東北十五邑之要衝

三十五

兵馬評事 中宗七年革

城池 邑城 本朝中宗十二年築後又修築周一萬一千三百四尺濠環城外城門四西南二門有
荒城砲樓十三壕池四井泉九有 弘道洞城 北二十五里俗名城峙
暎淵亭開睡亭暎瑭亭挑戈亭
里周六千七百八十尺 泥堂城 北十九里周四千七百七十五尺 多灘臺城 南二十里
周一千六百二十一尺 虛川坪城 東三十四里周三千四百九十七尺城內人家櫛密世傳肅愼十
故都 別安臺城 東二十里周九百七十尺 龍義洞城 北二十里周一千一百二十尺 蒼
蒼洞城 北十里周一千三百八十九尺

營衙 南兵營 本朝世祖十二年平李施愛亂以南道距北道遙遠設營于北 官員 咸鏡
南道兵馬節制使 兼水軍節度使中宗四年減兼水使後復兼 中軍即兵馬虞候
侯審藥各一員 屬營 前營洪原左營甲山中營永興別中營端川右營三水後營德
源○鎭堡十一 ○長津浦戍 南四十七里舊以本府船卒防戍

烽燧 陸島 見上 佛堂 南五十里 山城 中山社 石耳 甫青社 者羅耳 北二十五里 沙乙耳 北四十里 梨洞 北七十里 厚致嶺 見上 虛火耳嶺 見上 馬
底嶺 見上

倉庫 倉六庫六 並在城內 居山倉 赤津倉 在汎海臺 海倉 在長津 耳津
倉 陽化倉 小陽化 陸島倉 在海邊 右六倉 平浦倉 東書倉 聖代倉
三岐倉 沉谷 濟仁倉 坡山倉

驛站 居山道 東五十五里○察訪兼別中司一員移在利原縣之施利驛 五川驛 南二
里 蒞航驛 北四十五里 濟仁驛 北七十五里 黃水驛 北一百四十里 撥站 舊
院基站 五川站 大嵬站 濟仁站 黃水站

橋梁 南大川橋 西南五里 魚隱灘橋 北三十里 樟項橋 北四十里

三十六

壯北樓

土產 石茸 松蕈 眞蕈 五味子 蜂蜜 海松子 紫草 漆 鐵 貂
鼠 獺 藿 鹽 江瑤柱 鰒 螺 海蔘 紅蛤 魚物二十六種

祠院 老德書院 仁祖丁卯建 肅宗丁卯賜額 李恒福 見北靑 金德誠 見洪
川 鄭弘翼 字翼之號休軒東萊人官副提學贈吏曹判書諡忠貞 閔鼎重 見楊州 吳
斗寅 見坡州 李尙眞 字天得號晩庵全義人官右議政諡忠貞 吳道一 字貫之號西坡
海州人官兵曹判書典文衡贈左贊成

典故 高麗恭愍王十一年元行省丞相納哈出據瀋陽
時趙小生誘引納哈出入寇三撒忽面之地東北面都
指揮使鄭暉累戰敗績遣我 太祖禦之 見咸興 倭寇
北靑 辛禑十年遼東都司遣女眞千戶白把把山率七

十餘騎奄至北青州萬户金得卿東夜焚其營擊斬四十人把把山遁歸○本朝 世祖十二年前會寧府使李施愛舉兵叛遣四道都摠使龜城君浚及魚有沼康純等大戰于洪原又戰于北青又戰于蔓嶺施愛敗遁欲入虜中吉州人許惟禮誘賊黨縛送軍前斬之見明川

洪原

(沿革)古楠洪肯 高麗恭愍王五年收復後始置洪獻縣監務 本朝 太祖七年改洪原屬咸興府 太宗二年析置縣令未幾還屬咸興 世宗十五年復置縣監設邑于新翼社二十年移于今治(官員)縣監兼北青鎭管兵馬節制都

洪原 三十七

尉前營將討捕使一員

(坊面)新翼南終十 蘆洞西十三 富民西北三十 好賢北十九 景浦東二十 龍原東四十

(山水)鶴山東七里 豆蕪山北七十里咸興界有隱寂寺獅子項水閣橋龍津橋頻有出遊之致皆遊賞處 黃加羅山東三十里海邊一云龍臥山 香坡山北九十里吉楠妙峯北青界有樂寺廣 照浦山東二十里 靈覺山東四十里有普門華藏之興寺高如騰空俯臨滄海庵 中峯北五十里 尹所德東二十里 韃靼洞西南三十里深谷中有興福庵 直洞西北四十里

(嶺路)咸關嶺西三十里嶺路崎嶇岩谷深險嶺底西谷中有靈泉隱仙二庵 太祖大破納哈出于此 車踰嶺西四十里通咸興德山洞今廢 古邑乭嶺西五里 西四十中臺詳咸興 岩嶺西三十里 龍林嶺西北五十里右三鎭細路又見北青 松洞嶺西南五十里 羅

吃乃嶺西南六十里 禽嶺西南四十五里通咸興退潮社 炭峴西南七十里通咸興雲田 以上九嶺詳咸興 大門嶺東三十里通北青大路辛禑時沈德符與倭戰于嶺北敗績 茂樹嶺東四十里北青界 松峴東十里大路 ○海南四十里 西大川一云新翼川出豆蕪山南流右過車踰嶺龍林嶺之水經縣西五里至門岩入于海○門岩南十里海岸有石壁立如門 東大川一云栗原水一云龍原川東三十五里出香坡山南流經北青之車書社會二社至耳浦右過照浦山四谷之水經黃加羅山入于明浦 明浦南四十里有瀦澤周六七里有龍窟四谷海為北青洪原兩邑之交 水出照浦山四流而東流入于東大川

(島嶼)馬養島一云馬郎耳島東六十里北青陸島之東周九十里居民富繁專事魚鹽 穿島一云穿串南五里其穴相通其上可以射候

(城池)邑城周八百六十一步東南二門井二 要原古城東三十里周九百八十四尺 大門關照浦山一支自西而東走又南迤至海而止循嶺有城城有三門以通行路西曰大門中曰中

堤堰二

三十八

門南曰石門石門在海濱三門相距皆三里

(營衙)前營肅宗六年置○前營將本府使兼○屬邑北青洪原利原

(烽燧)南山南三里

(倉庫)邑倉邑內 富民倉西北二十里 山倉北五十里 海倉東二十里 要津倉東三十五里 交濟倉東五里 好賢倉好賢社

(驛站)咸原驛西二十五里 新恩驛西四十里 平浦驛東四十里 (撥站)新恩

站 大門站

(牧場)馬養島場屬咸興監牧

(津渡)魴魚津東五里 右看津東二十里 要津東三十里以上沿海小津

(橋梁)西水橋西大川 夢尚橋東十里 車水橋東大川 樂民橋東六

十里海邊入馬養島田此
邑內場五十靈谷臺一六(土產)海松子五味子紫草鼎石出車踰嶺鼠獺雀鹽江瑤柱
鰒紅蛤海蔘文魚古里麻外魚物十八種
(典故)高麗恭愍王十一年納哈出入冠我　太祖大破
納哈出于韃靼洞詳咸興　辛禑十一年倭冠洪原

利原

(沿革)古稱時利高麗恭愍王時屬于福州今端川　本朝
世宗十八年割端川之摩雲嶺迤南時間施利兩社及
北青東界多寶社以北等地置利城縣　正宗朝改利
原(邑號)阿沙見龍御天歟觀城(官員)縣監兼北青鎮管兵馬節制都尉一員

鏡德北十五里
(坊面)多寶西南三十終時間東四十終施利西四十終
(山水)城山西八里鎮山西二十里靈鷲山西十五里岩壑崎嶇檜山西四十里
北青五峰山北十五里雲達山北十六里多寶山西南二十五里崎岩塞戕ㆍ多寶
界
庵萬德山東二十里○福興寺七星岩又有多寶塔及碑文星岩東三十里海邊石勢重疊
侍中臺西南三十里海邊外浦之西詳北青者路嶺蔓嶺西南三十五里火項嶺西二
十里厳坡嶺西北三十五里甲山以上北青界道摩雲嶺東北三十五里端川界大路長
津峴道摩雲南支東三十里端川累所洞小路城峴東三十五里通端川可庵洞平坦不峻中路朴
佐驛嶺東北三十五里道端川中路松楸嶺北二十五里下田嶺北二十五里
凡色嶺西北三十里今廢以上七嶺右三嶺端川梨德嶺西北四十里○海南五ㆍ
南大川南三里出檜山及厳坡凡色火項等嶺東南流入于海東大川東三十里出梨德嶺

堤堰四
東流經佐馱谷口之坪南流入于海者外浦西南三十里龍浦湖東八里東有浪石臺前臨
大海羣仙洞東十三里臥龍潭西二十里蓮池東十五里穿串西南三十里海邊一
云窟串有岩形如虹門(島嶼)加次島東三十里海中與端川卯島對川椒島南三十里海中
産川及鰒椒凡家岩東二十三里洲大小對峙海中蜃樓岩南二十里海中烏曷岩
東二十里海中
(城池)邑城周三千二十六尺井三古城在城山周九百九十五尺時間城東二十五里周九百十二尺
摩雲嶺關古築長城其尾接于海亦名門峴其次為長城峴長津峴今只有門基
(烽燧)城門峴在城上眞鳥峯南十里臨海
(倉庫)邑倉在邑內谷口倉傍馱南倉南十里海邊西倉西十里交濟倉
在者外浦英宗壬戌設

(驛站)施利驛南五里○居山察訪移在于此谷口驛東三十里(撥站)羅下洞站
西南三十里施利站　谷口站
(橋梁)南川橋南四里牛溪橋東七里東川橋東三十里院橋南十七里
(土産)鐵漆五味子紫草貂鼠獺雀鹽多士麻石蕈蜂蜜
江瑤柱紅蛤文魚鰒海蔘外魚物十五種
(樓亭)浩浩亭東望大海前臨平野同波亭施利使撫樓　東松亭
南松亭東南六七里松林延袤三四里海堧松畔

端川

(沿革)女眞之吳林金村高麗睿宗二年擊逐女眞築城廊七百七十四間　三年置福州防禦使置戶七千隸東界四年撤城還

于女真未幾為金國全疆高宗時沒于元稱禿魯兀恭
愍王五年收復 辛禑八年陞置端州安撫使 本朝 太
祖七年改知端州事 太宗十三年改端川郡守 肅
宗四十六年陞都護府為獨鎮 古端州西十三里何多里 (邑號)甑山 (官員)
都護府使 兼端川鎮兵馬僉節制使別中營將協守將監牧官 一員
(坊面)利上 東三十里 利下 東五十里 斗日 北一百八十里 何多 西二十里 馬岩
西四十里 波道 北二百里 福貴 西一百里 水上 西北二百三十里 水下 西北一百里 高
滿 東七十 廣泉 新安 西北一百十 新滿
(山水)道德山 西二十三里 天鳳山 西二十六里 五峯山 西南三十里 迴
山 南十五里 德應州山 北二十里 雲住山 一云山北十里 都羅和吐羅山 在一

端川 四十一

北一百九十里竟旦憩之北西至檢義德三十里一在西北一百里加堆山之北 開花山 北一百里
運華山 北三十里 五峯山 東三十里○華藏寺 加堆山 西北一百里 鳳鶴山
東六十里 懸德山 北四十里山頂平潤如臺四面峻截如城一陽僅通人跡○隱仙寺 天樞山
西北十里 九南蓮山 西六十里 豆里山 北二百餘里吉州界 聖代山 西一百五十里
北界 青甑山 一在西二里一在北一百里一在北二百里 鷹峯 北二百餘里 姑蘊峯
杉峯 俱西北八十里 遠項長谷 西五十五里 新洞長谷 西八十里 檢義德
北一百十五里乭豆西二十里 加德 北一百十里 祖龍德 西一百里 楸德 西六十里 鰲
德 北十五里 汝剌德 北四十五里 金富巳德 北六十里 蔬德洞 北一百四十里
魚背洞 北八十七里 梨洞 北六十里 降祥洞 西九十里產銀 隱龍德 北一百六
十里 紅軍坡 北一百三十里 女妓坪 北一百八十里 雙龍坪 西三十里 豆彥台

松田

坪 南十五里 遊仙臺 南三十里海邊一峯突起峭峻項高平可坐數百人眼界通豁 海望臺 東六十里吉州界臨海陡絶峯
向沙汀 南十五里海邊白沙隨風作峯 松田 南十里海邊長五里
摩雲嶺古名亮外嶺懸崖百曲
(嶺路)摩雲嶺 西南三十里大路 長津峴 西南四十里摩雲下七里通利原貞洞里 佐驛
嶺 西四十里摩雲上二十里通利原貞洞里 城峴 西六十里佐驛上二十里通貞洞至 松楸嶺
西七十里城峴上十五里通利原末洞里 下田嶺 西九十里松楸上二十里通利原梨德里 凡邑
嶺 西一百十里下田上二十里通梨德里右二處今廢 梨德嶺 西一百二十里凡邑上十五里右八
處利原許利原界 馬兒峴 西一百二十里梨德上二十里 祖龍德嶺 金昌嶺
西一百九十里踰嶺合為一路右三處通北青聖代 新洞嶺 西北六十五里由沙里德嶺抵黃土峽堡
由黃土嶺通甲山 福貴嶺 南二十里抵摩雲嶺大路 黃土嶺 西北二百五十里通甲山 趙
哥嶺 西北二百里 天水嶺 西北二百六十里 斗山嶺 西北二百八十里 馬騰

四十二

鷹峯嶺北二百里
斬刀嶺北
沙鉢嶺北

嶺 北二百八十五里右五處甲山界 驅雲嶺 北一百五十里 翁項嶺 北一百四十里絶險
右二處廢堡南崇 藿嶺 北一百三十里下有石穴產鍾乳穴口堡通人行八十餘步不壁如削成堂宇
容鍾乳所凝義檯窕如人 巧乭豆嶺 北一百十里 沙鉢嶺 北百餘里西踰檢義德嶺二十
嵒乭豆二十里通甲山 檢義德嶺 北百餘里自乭豆東至崇義堡五十里其間有此嶺 葛坡
嶺 北一百二十里板幕上三十里西接梨洞通吉州陽子坪中路 板幕嶺 北八十五里坡嶺上十里
坡嶺 東北八十里照美上五里 照美嶺 東北七十五里蛇角上十里 蛇角嶺 東北七十
五里防阿上十五里 防阿嶺 東北七十里摩天上二十五里右五處通吉州玉鼎閬 摩天嶺
東北七十里古云伊板嶺在長防上二十五里通吉州大路摩天一支雄高遮截天設金城以限南北樹木成
林防抵長谷可以埋伏狙守 長防嶺 東北五十里牛脂上五里今廢 牛脂嶺 東北四十五里
龍德上十五里 龍德嶺 東四十里沙器上十五里 沙器嶺 東四十五里東至胡打十五里中路

太四處道吉代長浦嶺東六十里牛脂下三十里要路
州晚春洞自嶺南至海三里自胡打堡東
至城津五十里其間有○海南十里南大川南二里源出
此嶺右十二處吉州界五里豆里小里及抹
全洞西流至山殞青洞東折而經懸古介南流過加德川
西折而經甑山及魚背洞又東流經古城倉姑鎮峯東
南流經府治而南右過福福大川西南十里源出加堆
大川至鳥局岩入于海山東南流經殞訖坪
會天樞白蓮西山北大川東北二十里源出豆里山及
之水入于南大川新刀馬騰二嶺南流殞龍坪
舊堡左過葛坡嶺以下七嶺之龍淵南二十里周十五
水西經德應州山南入于海里深五六丈水色
深黑傍有峯當門淵東五里周十里甘湯仇未津東七汝每串
聳拔平沙如練
津東十里雙城津東十里梨浦津東三十里猪項津津東四十一云射浦
五里五里
里吾羅堆津東五十里胡禮津東六里十胡打里津東六十里沙飛
大津南十里農所洞津西南四十里利原界(島嶼)卯島東南二十里水
五里鳥入此卯育

四十三

堤堰四

鳥局岩南十三里南大川入海之口其形如帆水禽羣集其上

(形勝)東限巨嶺南環漲海爲嶺北十鎮之會路 千山
綿亘三川奔注地多荒磧絶壑沿海間有郊原

(城池)邑城本朝世宗三十一年築周一千九百四十八丈九尺門三砲樓六井 英宗九年修築
八道德山古城周三千九百二十八尺 德應州山古城周二千七十一尺有
大池 因緣峴古城西四十里周二千九十八尺 古營田山城南七里周二千九十
八尺 甫耳峴古城南十五里周百六十八尺 九路洞古城南三十五里周七百三十
七尺○路洞壘南三十里 小麻谷站小壘東北五十里右二壘世祖丁亥征李施愛時所築

(營衙)別中營 肅宗朝置○別中營將本府使兼○屬邑端川屬鎮梨洞別中司居山道

(鎮堡)梨洞鎮 北九十里宣祖四十一年移崇義堡于梨洞仍稱梨洞鎮 英宗二十一年革胡

打里堡東合城周四百六十七尺○兵馬萬戶一員(革廢)乭旦堡北一百里城周八百六十尺使洪原
軍卒防守中宗二十四年移于舊堡北六十里城周
一千八百尺置兵馬萬戶景宗三年移設于胡打里城周
鎮青堡西北一百六里成宗十九年築城周一千三百八十二尺使洪原軍卒防戍燕山主八年又移
于舊堡西九十里築城周八百四十三尺置權管後又移
移于甲山地東南距本府二百三十里東拒乭旦一百
里 甑山堡西北一百九十里二十三年置權管後革 中宗 胡打里堡 東六十里 景
宗三年移乭旦堡于此城周一千四十尺 英宗二十
一年革屬梨洞鎮○隱龍德火底自舊堡三十里西至
馬騰嶺四十里○隱龍德大阪之上
檢義德三十里 崇義堡 置權管在驅雲嶺北 宣朝四十一年革屬
于梨洞○自梨洞東北至葛坡嶺三十里○自梨洞西
至古城十里處石峴五里虛項德峴三里松峴三里又
由甑山倉五里甑山峴上二十里驅雲
嶺二十五里市場峴十里乭旦堡十里

(烽燧)甑山西南十五里 乙訖乃東十五里 吾羅堆東五里 胡打里東四十里

四十四

邑內場一六

東六十五里

(倉庫)邑倉 二 新洞倉 柑田倉俱西四十里 古城倉西北一百二十里
津倉交濟倉俱東三十里 海邊一處 梨洞倉在鎮 麻谷倉在驛

(驛站)基原驛南五里 麻谷驛東北四十五里 (撥站)忠信院西南十里 三基
原站 麻谷站 ○自府西至殞龍坪三十里新洞嶺三十里國師嶺三十五里古城倉二
十里新里洞口七十里黃土峽廢堡二十里黃土嶺二
十里通甲山○自府東北至麻谷四十五里西北國師
嶺三十里梨洞三十
里踰萬坡嶺通吉州

(牧場)豆彥台場周三十五里○監牧官一員本府使兼

(橋梁)南大川橋南五里 福大川橋西南十里 北大川橋東北二十里

(土産)鐵銀金銅鉛玉青黃白烏四色俱出梨洞惟青色爲國用 硯石 滑石 火

石石蕈蜂蜜薩多士麻昆布藿鹽鰒文魚紅蛤海蔘鰠
鼠獺紫草五味子魚物十四種
(樓亭)挹灝亭南二里南大川上包大野川刹平郊 共民樓 瞻雲樓並府內
(典故)高麗恭愍王五年千戶丁臣桂領兵過伊板嶺與
女眞戰敗之虜其魁傳首京師 辛禑九年遼瀋草賊四
十餘騎侵掠端州端州萬戶陸麗青州萬戶黃希碩千
戶李豆蘭追至西州衛海陽等處斬渠魁六人餘皆遁
去 胡拔都寇端州上副萬戶屢戰皆敗李豆蘭與胡
拔都遇於吉州坪與戰大敗之我 太祖又至縱兵大
破之胡拔都僅以身免 十一年倭寇端州東北面上

四十五

元帥沈德符與戰敗績○本朝 宣祖二十五年評事
鄭文孚與倭戰于端川三戰三勝

甲山

(沿革)本高句麗地渤海時爲率賓府地金時爲都統所
屬恤品路後屢經兵火無人居高麗恭讓王三年始置
甲州萬戶府 本朝 太祖朝置虛州縣 太宗十三
年改甲山郡 世宗二年陞知郡事十九年置鎭以郡
事兼兵馬節制使 端宗二年復爲萬戶 世祖六年
復置鎭陞都護府(邑號)虛州夷山(官員)都護府使兼甲山鎭兵馬僉節
制使左營將一員

(坊面)邑社府內 別害西南六十里 鎭東東三十里 虛麟西四十五里 虛川
南十惠山北十九二里東十南五三雲寵北十八同仁北十五三呼麟
南五會里北五十熊耳南十八終浦南二一十百別社北十七利加
十在刹京縣南十五里 [illegible]中宗三年剝屬于本府
(山水)天鳳山東八里資福寺○長坪山東十五里白頭山北三百五十里詳茂
山○山海經稱不咸山唐書稱長白山一統志云在故
會寧府南六十里遼史地志云在冷山東南千餘里黑
水發源於此部混同江剝大木爲舟形如機即機艘舶
國方累云長白山高二百餘里錦豆千餘里山之上有
渾回關門周八十里源漲流廣鴨綠混同愛津三江之
水出爲鴨綠向山南西流入遠東之南海混同自山北
流入北海愛繹東流入東海○甲山以北崇山峻嶺層
疊繞繞靈宿數日而後始至其頂說者奇於遂云高二
百里耳白山之路巨木彌山泰天巖日徃往有僅木樸
遠必透而避之以是百里之行而二百里爲○枝長白

甲山

四十六

羅漢馬山

山有二一曰白頭也一曰鏡城所在長白也太白山有
二一曰白頭也一曰咸興所在太白也或以白頭山爲
漢之義馬山者誤甫多會山北一百九十里茂山界白頭山正幹望德山北八十里豆
里山東二百里飛鳳山北八十里○鳳棲寺向德山四面十里有大不州削高三十
餘丈奉天臺在惠山東西水羅德自惠山北渡吾川飛非水至北時韓德支當
自西水羅德北渡動川自介水臨水北至北二十南山南
建水至此北登白頭者曾經過爲馬山西五里四
西多會山東北九十里開野可耕作胃
里肇宕寶支野中甘坪宗朝觀察使南九萬獻議請設
鎭堡乩者堆甘坪之南香洞西南一百十里龍洞南八十五里塔洞惠山之東(嶺路)
馬底嶺南一百二十里北青界熊耳嶺南七十五里半頭嶺南五十里並通北青路
大阿間嶺北五十里惠山嶺北八十里○自惠山鎭東北至動川巨里四十五里自介水四
十五里臨漣水四十五里虛項嶺五里綠楚峴東北九十里
白頭山一百二十里定界碑八十餘里

柏德嶺長俄

馬山嶺東北一百十五里諜山峙之東自此通茂山西北川吾老村嶺東南九十里黃土嶺東南七十五里東至頗青舊堡三十里鷹德嶺東南一百里右三處端川界榆皮峴南五十五里亐羅漢嶺惠山東北七十餘里盧項嶺北二百三十里嶺上有三池後項嶺馬山之次漁隱嶺一云雪嶺東一百四十里右三嶺茂山界厭德嶺西二十五里通三水分土嶺西北一百里三水廣生遷北九十里○自方鶴水所至長坪山四十里蘆隱洞山四十里豊坡德四十里廣陵四十五里茂山浴四十五里自本府至吉州不過二百餘里其間有二嶺皆不甚高峻觀察使南九萬啓閭欲穿道而未果○鴨綠江即惠山江北九十里源出白頭山之大池伏流南出左過臨連水自介水動川飛非水吾時川經惠山鎭盧川江自南來會折而西北流入三水界盧川江源出北青乎致嶺之觀音察北流經泥谷社爲黃水川左過終浦社之水至鷹德嶺之北左過熊耳川至雲盧沉左過呼麟川至府南十五里右過二里社川經府西右過鎭

四十七

東川北流右過同仁川西折而經盧麟馭西而又北流右過雲寵川入惠山江熊耳川南八十里出北青太白山等地北流會東西諸谷之水經香間熊耳馭龍洞等地入盧川江呼麟川源出別害社東流經呼麟馭入盧川江二里社川東南二十里出豆里山西流入盧川江鎭東川一云加ケ川出漁隱嶺西流經鎭東堡前及府北二里入盧川江同仁川源出後項嶺西流經同仁堡之北入盧川江雲寵川源出寶多會山西南流經甘坪及飛時風山之北雲寵鎭之北入盧川江

麟浦北七十里龍洞南五十五里

(形勝)北鎭長白而限鴨水南控太白而界馬嶺千山南來衆水北注山水綢繆以成別區

(城池)邑城周三千三百尺砲樓十五門四井三內城自北體城至東城周二千尺東北高峯西北抵江井一南有廣野外城自體城西連長坪山古築至盧川江五百二十五尺江邊有永保壘

自同仁堡由雲城館雪嶺通吉州西北鎭

城東十三里周二千六百尺盧川江口行城長二千八百尺

(營衛)左營孝宗朝置○左營將本府使兼○屬邑中山屬鎭惠山雲寵同仁鎭東

(鎭堡)惠山鎭北九十里城周二千三百二十尺井一○兵馬僉節制使一員○有掛弓亭服戎臺雲寵鎭北六十五里成宗十九年築城周一千四百六十七尺○兵馬萬戶一員鎭東鎭東十五里城周一千四百九十五尺中宗七年置權管後陞萬戶○兵馬萬戶一員同仁堡北三十五里城周一千三百五十一尺中宗七年置○權管一員(革廢)雙青堡東南一百二十里有權管詳端川黃土峽堡東南九十里南距端川二百三十里城周一千三十一尺有權管右二堡自端川來屬哲宗元年庚戌領議政鄭元容奏罷加ケ堡北十里城周一千二百九十二尺世祖六年移設于鎭東堡寧坡堡世祖二十六年置世祖六年移設于雲寵鎭榛遲達堡北一百二十六里世祖初年合屬于惠山鎭棻遠堡世祖五年革安定堡世祖三年革新安

四十八

堡北一百十里革屬惠山鎭右五堡古址今在江外而本係我國地

(烽燧)石耳南八十里牛頭嶺南五十里南峯南十五里伊間北二十五里阿間北五十里所里德北七十里何方金德北八十里

(倉庫)邑倉府內別害倉西南七十里二里倉東南三十五里鎭倉四惠山雲寵同仁鎭東驛倉四盧麟呼麟熊耳終浦

(驛站)終浦馭南一百十五里熊耳馭南七十五里呼麟馭南五十里盧川驛南五里盧麟馭西四十五里惠山馭北九十五里(撥站)終浦站熊耳站呼麟站盧川站盧麟站

(橋梁)加ケ橋北五里熊耳橋南七十里浦項橋西三十里雲寵橋北八十里鎭東橋東七里

【土産】銅硯石水泡石礪石俱出雲龍五味子石蕈蜂蜜海松子貂鼠獺鯨項魚

【樓亭】受降樓 定遠樓 二樂亭俱在城內

【壇壝】白頭山壇英宗四十三年命設壇于望德山以望祭焉 躋中祀

【典故】本朝 中宗十三年初野人逮古乃與諸部結連犯甲山府多擄人畜而去至是以李之芳爲防禦使尋罷不遣 宣祖二十五年倭寇大至南兵使李渾奔入甲山叛民殺兵使傳首于倭又斬本府使而降于倭

三水

【沿革】古渤海顯德府界地後爲女眞所據金時屬曷懶

三水 四十九

路後爲元所有 本朝初爲甲山府地 世宗二十三年置三水堡萬戶以扼賊路二十八年陞爲郡 端宗二年復爲萬戶 世祖六年復爲郡七年陞都護府九年又降郡 肅宗二十二年降萬戶以謀逆罪人李東標胎地 三十六年陞都護府以本郡僻在絕北與六鎮無異

【邑號】三江【官員】都護府使兼三水鎮兵馬僉節制使右營將一員 知 本府舊治初設於舊乫坡 世祖八年移于今治

【坊面】邑社邑內 館洞南初十終一百 好野洞東二十 財田東十 羅暖西北六十 仁遮外東北三十 小農北六十 乫坡知西北九十 舊乫坡知西北一百 自作仇非西九十 魚面西一百二十

道氣社

【山水】五峰山南八里 白階山西三十里有大小二山三峯奇秀 銀山南十五里

注岩山東二十五里 小農山小農堡西 聳秀來德西南六十里東沙洞東洞西洞其在近地 雨注岩東二十里登此望白頭山如在咫尺 立石在乫坡知社 戎洞南八十里 四松坪在舊乫坡知西厚州界

【嶺路】所羅洞嶺東南三十里通甲山 李方嶺北二十里 長嶺北三十里 向山嶺西六十里自作仇非社通 水永洞東二十里 東山嶺西八十里 李松嶺西南一百五十里長津界而江口之間六十里無人處 令城嶺西二十里 雲坡嶺在羅暖社 獻峙雲坡嶺之南 蛇洞嶺西南十里 新路嶺西南九十里 城坡嶺西南十里 者之嶺在魚面社右三處之在羅界厚州界 鋤乙耳嶺西南一百六十里長津界 斗之仇非 古隱仇非右二處在羅暖小農之間 甘長別路在乫坡知鎮北別路回邊水涯石路也 免別路在舊乫坡知堡東 沙里古介在乫坡知社 衝天嶺在舊乫坡知社

○鴨綠江東北三十五里甲山之惠山江西北流至仁遮外鎮

五十

南左過沙水洞水經羅暖小農至乫坡知左過長津江經免別路舊乫坡知堡四松坪西北流入于厚州界

沙水洞水一云仁遮川源出府南一百五十餘里甲山長津兩邑衆峽諸谷之水北流經戎洞沙水洞銀山洞過東洞西洞及大小自潛山之水經府前至仁遮外堡前入鴨綠江

長津江一云烏梅江自長津界北流經魚面自作仇非至乫坡知鎮西入鴨綠江

本府背筑欒窮谷道路阻隘如李方洞積生洞申元節洞烏甘德乙山德虛空橋黔隱遲達等處無一步平地

朴洪島在羅暖堡北江中

【城池】邑城孝宗七年築周五千七百三十五尺砲樓八井三 鴨綠江行城西北六十里長一千五百十七尺

【營衙】右營肅宗十九年置○右營將本府使兼○屬邑三水屬鎮乫坡知仁遮外羅暖小農舊乫坡知

【鎮堡】乫坡知鎮西北一百里 中宗六年自舊乫坡知移于此城周三千五百尺○兵馬同僉

節制使 仁遮外鎮東北三十里自鎮東距惠山鎮三十里 成宗二十年置權管城周一千
一員
五尺燕山主八年自甲山移 羅暖鎮北六十里燕山主六年設城周三千
屬本府○兵馬萬戶一員 八十里燕山主六年置權管一員設城
三百六十尺○小農堡西北一千三百尺○權管後陞僉使城周一
兵馬萬戶一員 小農堡西北一百二十里燕山主六年置權管後陞僉使城周一
舊乫坡知堡西北一千五百七十尺初置權管後陞僉使城周中一
宗六年移僉使於新乫坡知(革廢)魚面鎮西一百二十里
還降爲權管○權管一員 馬梅江邊城周
一千九百十五尺 置萬戶後降自作仇非堡城西九十里
權管 肅宗十三年復陞萬戶後降 城周七百
六十 置權管右二 小農舊堡西北三十五里
鎮 純祖癸酉革 有舊築遺址 甘坡農
堡 西南一百里中宗十三年 田元京堡 詳未
築城周三百二十八八後廢
(烽燧)水永洞東十西峯西十里 仁遮外鎮 家南峯二十里 羅暖鎮東西
峯 羅暖鎮 乭洞 西五里 乫坡知鎮 松峯 舊乫坡知堡南十里 新峯 舊乫坡知鎮西
西五里 西五里

置字上疑有一個字

十里
(倉庫)邑倉庫 餉倉 並邑內 鎮堡倉五 各在鎮堡五處
(驛站)積生驛 南五里 (撥站)積生站
(橋梁)虛空橋 東一里 館橋 南五里 農坪橋 北二十里
(土産)鐵 五味子 海松子 松蕈 石蕈 蜂蜜 貂鼠 獺 餘項魚
(樓亭)鎮戎樓 觀德樓 並府內 撫劍亭 南五里 洗劍亭 仁遮外鎮
東江環樓 下北 挹翠亭 羅暖鎮東山川
望湖山萬疊 秀麗開野十里
長津
(沿革)本咸興府之漢摩仇非社 本朝 顯宗六年設
長津堡樹柵置別將 距咸興府二百八十里一云三百八十里者誤 顯宗八年復設長
津柵別將
舊置中廢 正宗九年置鎮陞兵馬僉節制使十一年
陞都護府移治於三水府之別害鎮 南距舊堡九十里 憲府
九年還降兵馬僉節制使 哲宗十年復陞(官員)都護府
使 節制使 兼長津鎮兵馬僉節制使防守將 僉一員
(坊面)別害 府內 神方 東北一百 江口 東北一百三十 廟坡 東北六十 舊鎮 南一
百
(山水)蓮華山 東南二百餘里咸興界疊嶂嵂崒雄偉傑特萬壑奔走山頂無樹木只有細草蔓香
最高於羣山五月始解氷七月復有雪 狼林山 南二百餘里盤據咸興寧遠江界三邑之交詳寧遠
白亦山 大小二山東南二百餘里咸興界 蘆灘德 北十里 新田德 北一百七十里
咸德 東北一百五十里 黃鐵坡 之北 赴戰嶺 屛風坡 東一百四十里 殞溪洞

東北三十里 江界洞之南 新田德 (路)五萬嶺 北五十里 一云烏梅嶺 十萬嶺
一云是蔓嶺 北一百餘里 並寧州界 蔥田嶺 西五十里 通江界 雪寒嶺 南一百里 嶺西爲
江界地 自嶺東南距咸興二百八十里 狼林山一支北
走爲雪寒蔥田十萬五萬冲天紫芝等嶺 漢書稱單單
大嶺 高句麗本紀云竹嶺 勝覽云薛列罕山 赴戰嶺 東南二百
嶺 單音蟬 狼林山 即漢書所謂蓋馬大山 咸興
五十里 自江 黃草嶺 西南二百二十里 走爲樺皮赴戰 大白山 太白亦山 一支
口 通咸興 起爲狼林山 李松嶺 自東北一百八十里 三水界 爲此太
嶺 因起爲長城 咸興 東北五南一支北走爲鋤乙耳嶺 右
右二嶺 通咸興 保古介 東北五 南峽別路 三東北八十里三水路
遮至于此 長津江 流源出大小白亦黃草嶺北
津江環其地 ○長津江 流左過馬岱川雪寒洞川
雪閑 舊長津要害道 十里
經加毛老爲沙介水經舊長津漢摩非倉左過羊巨水
出雪閑之隘由蘆林左過德寶洞川五萬嶺川環府東
爲清津江經中江倉廟坡舊堡左過兄弟水折而東流
經神方仇非舊堡赴戰嶺之水自南來會經江口舊堡

何難嶺 樺皮嶺 寧州嶺 鋤乙耳嶺

折而北流經咸德由李松嶺經魚面舊鎭爲魚面江一
云烏梅江經自作仇非舊堡至乙山德右過三水府之
大洞院水至架坡知赴戰嶺川源出赴戰嶺之北流
鎭西入于鴨綠江經芙蓉鐵坡屛風坡由桃
木巨里投盧所上下鋤乙耳會東西家峽馬岱川源出
諸谷之水全江口舊堡西入于長津江狼林
山入于風流洞川東二十里出屛風坡雪寒洞川西四
長津江之南入于赴戰嶺川十五
里出雪寒嶺與開谷洞德實洞川蔥田嶺東入于長津
川合流入于長津江一出雪寒嶺北一出
江開谷洞川出開谷嶺合于雪寒塞洞川五萬嶺川出五萬嶺南流入于長津江兄
參水出十萬嶺南流入于長津江梁巨水南十里沙介水南一百二十里右九水見
長津江

鎭字似是革字之誤
(城池)邑城本別害鎭城燕山主七年築周一千三百五尺井二
(鎭堡)(革)(廢)別害鎭燕山主七年置權管 中宗十五年陞萬戶 宣祖二十九年陞兵馬僉節制

五十三

使 正宗朝移府神方仇非鎭東北一百十里東北距
治于本鎭仍革三水二百三十里燕山
主八年設城周一千三百五十七尺江口堡東北一百
井一 中宗十五年以權管陞萬戶四十里八距
三水二百里有權管廟坡堡北六十里距三水二百
木柵周五百二尺十里城周一千八百尺
仁祖十五年置權管右三處 純祖癸酉革○右三處
本府設邑後來屬並魚面自作仇非補三水西六鎭
(倉庫)邑倉二處漢學非倉南八十里屛風坡倉東一百三十里中江倉
東北五十里
(津渡)西六鎭之間津渡五處
(土産)鐵鉛五味子海松子松蕈石蕈貂鼠獺餘項魚
(樓亭)鎭北樓峽中開平郊大江中流

厚州

(沿革)本朝 世宗朝設厚州堡屬于茂昌郡 世祖初
年以雜胡侵掠空其地 英宗七年本道觀察使南九
萬請設鎭厚州十年移魚面萬戶於厚州陞僉節制使
顯宗六年罷之還移爲魚面萬戶 正宗二十年復設
鎭置僉節制使以魚面廢堡爲鎭所 純祖二十二年
陞都護府移治于厚州堡古址以廢茂昌之祥霸坪來
屬一云厚州古址舊有僉使燕山主十一年以犯越事革罷後設把守(官)都護府使兼厚州鎭
兵馬僉節制使防守將一員

東舊加乙坡九十里
(坊面)邑社 茂昌西至古郡一百三十三里
(山水)祥霸坪西 蓮池坪東 蓮池二 金中坪南 竹岩坪西

厚州 五十四

乞德嶺南
羅信洞西 東臺岩府東鴨綠江邊 竹岩茂昌之東有岩屹立直臨鴨江層疊挺拔有如
竹節其形巉巖道不能直通斜避(路)者之嶺
小竹岩邊有時介舊堡有大澤
蛇洞嶺 新路嶺 城坡嶺 東山嶺右三水並見 河山 李松嶺
嶺 竹田嶺 懷德嶺右並茂昌見 獐項 鞍峴並東○鴨
綠江內三水舊加乙坡知西北流環府城左過古厚州堡又經茂南
昌古郡左過葡萄川入于開延古郡界○自本府大岩至小茂
昌江外有泉洞三洞城入直洞門岩洞北水洞蔥田嶺之
岩大小葛益洞大水洞二洞兄厚州江源出塞峰流經
洞此背十二道溝之所經也 券厚州江東塞浪洞北流
五萬洞至大小厚州左洞冬懷德嶺之水經馬沙洞稗項
德大板幕文柱非五統冬乙德應嶺板幕加懷德都浪者
之洞古邑洞至府前入于鴨綠羅信洞源出懷德嶺北
江自發源至入江爲二百餘里羅信川流經側三巨里
東邊者甲山𧾷水砧之坪至羅信洞入葡萄川源出懷德嶺北
于鴨綠江自發源至入江爲七千餘里

四松坪川

流由側三中三初三之坪從莫從嶺之東至蔔洞入于鴨綠江自發源至入江爲六十餘里 三水府志云府北二百里有三十里大野中有二大澤澤邊有壘高數丈西有十八峯東則鴨綠江山水秀麗土品甚沃此指厚州也 南九萬設厚州議云土地平衍郊野廣濶田地肥沃地形漸下風氣漸下五穀皆熟

(城池)邑城臨江而築周

(鎭堡)(革廢)南山堡西北五十里 時介堡西北一百十一里右二堡與茂昌同設同廢

(烽燧)

(倉庫)邑倉 茂昌倉

(土産)與三水長津大同

(樓亭)

大東地志卷十九

大東地志卷二十

古山子 編

吉州

(沿革)肅愼沃沮高句麗渤海靺鞨女眞代有其地高麗睿宗二年擊逐女眞畫定地界東至火串嶺北至弓漢嶺西至蒙羅骨嶺以爲我疆於弓漢里村築城城廊六百七十間號吉州三年置防禦使置戶七千四年撤城還于女眞仍爲金之全疆高宗時沒于蒙古稱海洋一云三海陽 恭愍王五年收復恭讓王二年置雄吉州等處管軍民萬戶府以英州雄州及宣化等鎭合屬 本朝 太祖七年置吉州牧 世祖十二年李施愛以州叛討平之 睿宗元年降吉城縣監割州北永平等地別置明川縣 中宗七年革明川縣來屬復爲吉州牧別置判官八年復降爲縣還置明川縣 宣祖三十八年復爲吉州牧舊爲鏡城鎭管十五年爲獨鎭 英宗二年置防營

(邑號)雄城

(官員)牧使兼吉州鎭兵馬僉節制使咸鏡北道兵馬防禦使南道後衛將一員

(古邑)雄州高麗睿宗二年逐女眞於火串嶺下築城廊九百九十二間置寧海軍雄州防禦使置戶一萬 英州逐女眞於蒙羅骨嶺下築城廊九百五十間置安嶺軍英州防禦使置戶一萬 宣化鎭逐女眞築城置鎭右二州一鎭睿宗四年撤城還于女眞仍爲金之全疆後沒于元恭愍王五年收復恭愍王二年併于吉州 ○睿宗二年自咸州至公嶮鎭築九城爲界立碑先春嶺三年置英雄福吉四州及公嶮鎭防禦使副

使判官置咸州大都督府又城咸州及公嶮鎮睿宗二年築英雄福吉三年二月城咸平公嶮鎮三月築宜州通泰鎮平戎鎮四年金康宗烏雅束五年撤吉州崇寧通泰眞陽三鎮英福咸雄四州宣化鎮麗史云築宜城通泰平戎三城與咸英雄吉福州公嶮鎮爲北界九城一云英福咸雄四州崇寧通泰眞陽宣化公嶮五鎮爲九城○咸英雄福吉五州公嶮通泰平戎崇寧眞陽宣化六鎮凡十一城而九城之數前後互現其時置戶之數又各不同縣置撤去名号各異是可疑也○公嶮鎮麗史吳延寵傳女眞復圍吉州城殺陷王復遣延寵救之行至公嶮鎮賊遮路掩擊我師大敗散入諸城據此則公嶮鎮當在吉州界矣一云今慶源府一云在先春嶺東南向頭山東北一云在松花江瀆者皆誤也其時尹瓘兵力僅及於兇門關以南矣先春嶺一云在豆滿江北七百里尹瓘拓地至此城公嶮鎮遂立碑嶺上刻曰高麗之境一云在慶源東北七百餘里有尹瓘定界碑二說俱誤○按

二

睿宗時用兵不出于端吉二州而高麗女眞界以都連浦則自都連浦至兇門關七百里摩天嶺五百里則定界之碑不出此二處矣若以豆滿江北七百里爲是則公嶮先春俱在於寧古塔以北應不必如是矣當作都連浦北七百里爲是○隨錄云高麗地理止於吉州鏡城以北無載尹瓘本傳亦未有見

【坊面】向初南六十終向二西北二百餘終向三東北三十終多初南六十終多二東南四十終西初西南六十終西二西六十終

【山水】長白山西北二百餘里本州及明川鏡城茂山甲山之交界周圍千餘里亞於白頭詳茂山豆里山一云圓山長白西支也西北一百九十里其東又有小豆里山成佛山西北四十五里○成佛寺長水寺長德山東十里○鎮南寺雪峯山西南四十二里○復興寺向院山南三十里有白塔刀山西北四十四里西山西北九十里高峯西北七十五里鷹峯西一百三十里楡德西六十五里金錫德西十五里金尙德西八十里蘆洞

西三十里致靈洞西四十里中山洞西七十里伊川洞西六十里玉泉洞西六十八里西大洞西北九十里斜下洞西北五十里就之洞北三十里達德在城泮松林金萬德西三十三里場洞南六十里塔坪西南三十五里院坪西南三十里湯子坪西九十里晩春洞西一百里防墻西四十四里獐項西南四十九里

【嶺路】將軍坡嶺北六十六里明川界西大洞嶺西北九十五里豐浦嶺一作介浦西南七十五里通城津鎮摩天嶺西南一百二十里路關南關北之所分大防阿嶺同上蛇角嶺西南一百二十五里右二處通端川麻谷昭美嶺同上坡嶺西南一百二十里右二處通端川水永洞板幕嶺西南一百二十里國師嶺右五處今廢通端蔦坡嶺西南一百十五里道端川梨洞中路長防嶺西南一百二十里端川又別德今廢通半賭嶺同上端川項中路樟伐長浦嶺西南一百十五里踰嶺道端川華藏要路沙器沙器嶺

三

楡津鎮浦鎮并南七十里

西南一百四十里龍德嶺西南一百三十八里右十二處端川界詳端川起雲嶺北一百九十里明川界雪嶺西北二百餘里甲山界○海自州之東南至于西南或五十里七十里九十里浮瑞川源出長白山之雪嶺東南流會大洞水經梨德舊堡及西北鎮斬刀嶺之西川經州西三里南流至多信浦入于海西大洞川源出斬刀嶺右過斜下洞西北東古南流合于浮瑞川斜下洞川源出沙鉢嶺東南入于浮瑞川舊塔坪川源出鷹峯嶺東南流經成佛山之陽南入于浮瑞川臨濱川源出雪峯南流經舊堡及衆事坪塔坪至院坪東南流入于海楡津川源出蛇角嶺東南流經防阿嶺有二穿島入于海雙浦川源出萬坡嶺東南流會板幕嶺之水至楡津入于海多信浦南五十里蔦坡嶺之水經昭美嶺西南九十里出長防入海伐長浦嶺東流至城津入海湯子坪溫泉西四十里柳蒲洞溫泉北三十里川洞溫泉西四十五里軋者介洞

堤堰二 石勝樓南門

溫泉西十三里(島嶼)洋島東南七十里海中島凡有三其二海夫居之其一屬明川卯島東南

海中穿島西南一百里双行院傍有奇岩屹立海中如虹門小舟由其中出入

(城池)邑城周一萬六百尺曲城五瓮城四砲樓五有東西二門井十二多信城南三十一里号江城周一萬五千七十五尺內有十池高麗史云雄州在南吉州在北距雄州古城吞布城在多信城下周二千八百五尺古山城南三十四里周四千四百五尺泰神城南五十一里周三千一百二十一尺○按此諸古城置九城時英州雄州宣化十鎮皆在此中

(營衛)防營宣祖三十八年置防禦使光海主元年罷六年後兼仁祖五年罷之肅宗二十七年設防營於城津四十年還移本州英宗二十二年又移于城津二十五年復還本州

(官員)咸鏡道兵馬防禦使一員本州牧使兼(鎮屬)城津西北

(鎮堡)城津鎮南九十里本所波溫古城此亦九城時所築也光海主六年改築周一千三十四步

四

井四孝宗五年築外城起後峯三巔左右延亙谷百數十步其兩尾至于海而止城北有鎮北樓北門曰續海樓曲城有洗劍亭東城入海處曰望洋亭北城入海處曰望海亭西城入海處曰軒鯨臺○兵馬僉節制使兼防守將守城將一員○長白之一支南遮而為摩天嶺又東馳入海為城津左右前三面皆海獨後一面連陸而高峯峙為為一道南北交界之衝

西北鎮西北四十里一名陽小鎮顯宗十四年革將軍坡斜下北德萬澗三堡來屬以萬戶陞僉使英宗二十五年移設于敗賊橋隘口木栅一千五百五十尺○兵馬同僉節制使一員

(廢革)西北鎮西北六十七里城周一千五百四十二尺英宗二十五年以水突移于今鎮

製德堡西北六十二里校城周五百五十三尺合于將軍波

將軍波堡北六十六里城周一千四百六十四尺中宗十六年革製德堡令于此置萬戶

德萬澗堡西北九十一里中宗八年築城周五百尺舊設木栅

斜下北堡西四十三里城周九百五十三尺成宗二十五年革萬戶置權管右三堡顯宗十四年革屬西北鎮

(烽燧)歧里洞西南九十五里城津鎮西十里鰒浦嶺西南八十里場峴南五十五里山城南三十八里鄉校峴南三里綠磐東北十里(烽閒)崔世洞北二十里

東山一作長古城北四十五里高峯西北七十五里西山西北九十里

(倉庫)邑倉防營倉邑內東倉東南十五里海倉東南五十五里西倉南七十里臨溟倉南七十里右三倉海邊院坪倉西南三十五里新倉南十五里西北倉西北二十里嶺東倉鎮倉二處城津城中驛軍倉臨溟駅

(驛站)嶺東驛南九十里臨溟驛南六十里雄平驛南五里(撥站)嶺東站

臨溟站山城站雄平站

(橋梁)南大川橋南七里溟川橋南六十五里鰒浦川橋在鰒浦川

(土產)鐵五味子石蕈松蕈大口魚文魚鰱魚松魚黃魚

五

銀魚古刀魚洪魚麻魚魴魚鯖魚明太魚鰈魚鰒紅蛤

蟹蛤紫蟹海蔘藿昆布藿古里麻多士麻海獺水獺貂

鼠樺皮塩

(樓亭)壓海亭在摩天嶺上環千疊雲山對萬里鏡海臨海亭臨溟駅傍

(祠院)溟川書院顯宗庚戌建肅宗丙子賜額趙憲見金浦

(典故)高麗睿宗二年遣平章事尹瓘知樞密院事吳延寵率步騎十七萬伐女真瓘過大乃巴只至文乃泥村賊入保冬音城瓘遣崔弘正攻破之瓘又遣李冠珍拓俊京與左軍攻石城大破之又遣崔弘正金富弼李俊陽擊位伊洞斬一千二百級中軍破高史漢等三十五

村斬三百八十級虜二百三十人右軍破廣灘等三十
二村斬二百三十級虜三百人左軍破深昆等三十一
村斬九百五十級瓘自大乃巴只破三十七村斬二十
一百五十級虜五百人造捷　瓘又分遣諸將畫定地
界東至火串嶺北至弓漢嶺此即先春嶺西至蒙羅骨嶺以
爲我疆置雄英福吉四州　瓘又城英福雄吉州咸及
公嶮鎭今明川之平山古城永遂立碑于公嶮以爲界此所謂立碑先春嶺
者也○按自吉州至慶源北七百里之先春嶺者爲一
千三百里則尹瓘之兵力至於此乎自咸興以北旋爲
金之金疆一百二十年先春之一片殘石豈能得全乎
碑文有高麗之境四字又爲胡人剝去者尤極可笑
三年女眞步騎二萬來屯英州城南拓俊京出官軍

六

敗之斬二十級獲兵仗馬八匹　女眞兵數萬來圍雄
州城崔弘正開門出擊大敗之俘斬八十級獲車馬兵
仗　瓘延寵率精兵八千出加漢村瓶項門今鬼門關小路遇
伏軍潰瓘延寵入保英州女眞酋長阿老嘆等四百三
人請陣前請降男女一千四百六十餘人又降于左軍
兵馬判官庾翼等與女眞戰于吉州死之　尹瓘吳
延寵自定州勒兵往救吉州之圍行至那卜其村阿之
古村太師烏雅束金之康宗遣人請和林產英州廳壁記云高麗睿宗謂左右曰
女眞本高句麗之部落聚居于蓋馬山東世修貢職被
我祖宗恩澤深矣○按蓋馬山今之狼林山漢玄菟郡
之西蓋馬縣地也狼林
以東爲高麗女眞分界　女眞設柵圍雄州城吳延寵

至雄州擊女眞破走之　四年女眞圍吉州吳延寵引
兵救之師大敗　行營兵馬錄事長文緯等與女眞戰
于崇寧鎭斬三十八級　行營兵馬判官許載金義元
等與女眞戰于吉州關外斬三十級獲其鐵甲牛馬
還女眞九城議者皆言女眞弓漢里外連山壁立唯有
一小徑可通若設關城塞小徑則其患永
絶及其攻取水陸道路無往不通與前所聞
絶異○按此即鬼門關尹瓘用兵不過於此辛禑九年
我　太祖大破胡拔都于吉州○本朝　宣祖二十五
年十二月評事鄭文孚率諸義兵與倭戰于吉城縣之
雙浦鎭破之　城津敗倭大掠臨溟鄭文孚率輕騎襲
之設伏夾擊大破之

七

鏡城

(沿革)高句麗之後渤海有之置龍原府女眞稱弓龍耳
因爲金地後沒于元高麗恭愍王五年收復　本朝
太祖七年置鏡城萬戶　定宗二年陞爲郡設營以兵
馬使兼知郡事　世宗十八年陞都護府以兵馬都節
制使兼府使別置判官　英宗三十二年別置府使三
十四年復兼鏡城鎭管明川溫森森坡在德(邑號)龍城雄城(官員)都護府
使咸鏡北道兵馬節度使兼判官兼鏡城鎭兵馬節制都尉南道左衛將守城將各一員
(坊面)龍城北四十吾村西一百老溫南五十漁郎南一百二十明澗
南一百四十朱村南六十皆終境

〔山水〕祖白山西五里雪峯山北三十里龍淵寺長白山西一百十里本府之
主幹萬派皆發源枝于此詳茂山府分諸王山南四十五里瀆海中峯山南一百里○新
寂寺雲住山南六十里藏寺萬景庵○鈘五峯山○南榛林寺南六十五里白鹿山
南一百四十里江陵山瀆海○龍岩寺三十里牟德駄南朱村五臺岩德山川上
流立岩南一百二十里臥岩西南一百七十里雲加委川上流笠岩南一百十
五里右三岩高可百餘尺松岩德山川之口
鼎峙甚奇怪溫川入海之口八貞島德南七十里元帥臺南十里海
邊學士臺海之口八景臺南一百里大川野有蓮池前臨水中臺八景
臺東十里許廣野中阿時洞甫老知川上流西南北三洞大良化里南一百里海邊有廢
縣基古之良川縣云〔嶺路〕虛修羅峴西北山兩邑之交富寧茂巨門嶺西北五里茂山五十
界馬蹄嶺西北六十里茂山界五峯嶺之南森森坡獐項西北三十五里鬼門
鏡城
八

閑南一百二十里詳明川府○海自龍城川之東至明澗社之未沿海長二百餘里魚游澗
北十五里出盧終羅峴東南流長一云兵村川
川經魚遊澗鎮入海上流有立岩德山川出馬騎嶺東
流經兵村堡及府南四十五里出長白山東流經朱村舊堡永康駅前入海
二里入海有元帥臺
海于甫老知川洞及甫老知舊堡出長白山東流入于海
川南八十里源出長白山之南過明川府爲朱村川經朱村倉駅洞入海
雲加委川經寶化堡五峯山之南森森坡之陽右過明川府之大川爲
明澗川右過漁郎浦經南一百二十里出長白山東流下三十里東流入海
水經廣岩入于海臥龍城川北三十里富寧府之大漁郎浦
之明澗川長者澤南九十里瀰漫一洞長十里東流入海無界澤一云武溪
湖南一百十里五里廣十三里東流入海武溪湖之
長九里廣六里長清池東北二十八里東蓮壤北十里
龍淵西五十里錐峯溫泉西三十里四里雲加委溫泉西一百十里沙津

梨津吾梨津楊花津楸津麻田仇未右六處在明澗社
川七寶山之東北自明澗南一百三十里明
陡入海西並在其終處〔島嶼〕西水羅島者吉云卑羅島長
〔形勝〕西鎮長白東環滄溟千峯層疊百川縈回北塞七澤八海之
邑之會南關一道之衝
〔城池〕邑城周四千六百十尺曲城一砲樓五門四井四十四壕池六南山古城西南五里
周三千二百八觀山古城南八十七里周一十
十九尺井二二百七十五尺池二
〔營衙〕北兵營本朝定宗二年設營置兵馬使後改兵馬
使〔官員〕咸鏡北道兵馬節度使馬都節制使世祖十三年改兵馬節度
馬虞兵馬評事世祖元年置無水軍節度使鏡城都護府使中軍兵即
候宗四年復置仁祖十五年罷
養官以侍役肅宗八年無六鎮教頭
文臣擇差審藥各一員前衛富寧左
屬衛南道衛鏡城中衛
九

茂山右衛明川後衛吉州
〔鎮堡〕魚游澗鎮西北三十五里舊置萬户○兵馬僉節制使一員城周一千八十九尺
混鎮西三十五里城周一千六百九十尺○兵馬萬户一員森森坡鎮南一百二十
四百二十三尺○兵馬萬户一員吾村堡西十一二十里城周一千二
兵馬萬户一員○權管一員〔革廢〕甫老知堡南六十
寶化堡南九十里城周一千一百九
九百十尺○權管英宗寶化堡防戍處後移今樹柵
三十三年四十里周二百尺有權管南五十五里
洞堡西北六十七里城周三百三十八尺梂坡堡西一百十里甫伊堡一西
百里土城今未詳
土城
〔烽燧〕壽萬德南一百二十里中德南一百十里朱村南八十五里永康南五
十五里長坪南三十里羅赤洞北五里姜德北三十五里松谷峴北四十五
里

里右元烽遮山 西北 魚遊澗 下峯 西 吾村古峯 西 兜溫 松峯 西 寶化東峯
森森坡後 右五處間烽初起

(倉庫)邑倉 兵營倉 並城內 龍倉 北三十五里 龍北倉 北十五里 溫南倉 南三十里 永倉 永康驛 寶倉 南六十五里 朱倉 南九十里 山倉 南九十八里 漁北倉 北一百里 漁南倉 南一百十五里 新倉 上同 東倉 南一百十五里 西倉 上同 鎭堡倉 五鎭堡五處

(驛站)輸城道 北四十里龍城之地。移在富寧[illegible]驛。察訪一員 屬驛二十二 吾村驛 東二十里 永康驛 南四十五里 朱村驛 南九十里 (撥站)輸城站 吾村站 永康站 朱村站 雲委院站

(橋梁)吾村川橋 西二十里 魚遊澗橋 北七十里 兜溫川橋 雲加委川橋 右南北大路 明澗川橋 南一百三十五里

(土産)貂鼠 獺 麝香 蜂蜜 五味子 松蕈 昆布 藿 塔士麻 藿 旋鐵 箭竹 海蔘 紅蛤 魚物十八種

(樓亭)威遠樓 百一樓 並城內 靖北樓 尹文甫公廟傍

(祠院)彰烈祠 顯宗庚子建 丁未賜額 鄭文孚 字子虛號農圃海州人 仁祖乙丑坐詩案被禍 官兵曹參判 贈左贊成 諡忠毅 壬辰以北評事討倭 李鵬壽 字仲恒公州人 宣祖癸巳戰亡于端川 贈持平 崔配天 字仲立江陵人官判官 贈司僕寺正 姜文佑 晉州人官僉使 贈判決事 池達源 字士進忠州人官參奉 贈戶曹佐郎本府儒生 李希唐 癸巳戰亡 宋溪滿戶 李麒壽 公州人贈戶曹佐郎 徐遂 利川人贈戶曹佐郎 朴惟一 忠州人贈戶曹佐郎 吳慶獻 海州人贈判決事 右十人壬辰擧義討倭

(典故)本朝 宣祖二十五年倭清正踰淮陽鐵嶺日行數百里 兵馬使韓克諴遇賊於海汀倉敗績 克諴適入鏡城被擒 二十六年時倭分據北關列邑鎭堡 前評事鄭文孚等與諸處義兵將倡起義旅 傳檄南北州郡 衆至七千餘 入屢戰盡復陷倭諸城 獻捷于 行在所 上駐永柔縣 二十七年自壬辰以來藩胡肆行寇鈔 永達堡 在穩城 易水部野人因倭亂驅諸部寇鈔尤甚 鍾城穩城之境受其害 北兵使鄭見龍密發六鎭兵馬 以降倭為先鋒 猝襲巢穴 胡人據山為壘 終日拒戰 降倭負椑先登 官軍繼之 城遂陷 盡殲胡人老少七八百口

明川

(沿革)本女眞弓漢里村 高麗睿宗三年逐女眞置公嶮鎭 即永平山古城 四年還于女眞 本朝 睿宗元年置明川縣 劃吉州長德山迤北之以明原驛為治所 屬 中宗七年革屬吉州 八年復置 宣祖三十八年陞都護府 移治永平古城 尋還今治

(官員)都護府使 兼鏡城鎭管兵馬同僉節制使 南道右衛將討捕使 一員

(坊面)阿間 南六十 上汚禾 西三十 下汚禾 自府內東三十 上加 南一百 下加 南一百二十 上古 東九十 下古 東南一百五十 右皆終境

(山水)長白山 西北一百六十餘里詳茂山府 永平山 南三十里 馬乳山 南一百六十四里海邊。 大洞寺 松德寺 七寶山 東南五十五里千峯疊嶂競秀 石勢嶒嶸雕鏤嵌空奇巧之狀

然若神功東把萬里鯨灘海西連千疊嶺峽有千佛萬獅羅漢金剛雨傘鍾閣板臺交椅卓子露積等峯金剛天神觀音龍子德宗三間等窟開心臺會像臺大藏洞四谷〇金剛浮屠石林金藏開心中岩隱峯曉峯石門等寺 白鹿山 東五十五里鏡城界〇頂溪寺大寺 坐了山 東南十里 五峯山 東七十里右二山七寶東支 菊花臺山 南一百二十五里海邊環屏層崖削立千仞 擅據海濵延袤甚廣 崇山 南三十里山頂奇岩屹立 瓢山 東南二十里峯起環壁 豆里山 東北四十里 泉德 南五十里 麻田洞 西五十五里 吐了洞 菊花臺小之北 立岩 府北汚未川下流

(嶺路) 永豐嶺 南五十五里 古站峴 西南三十五里一云汚未嶺 地境峴 西南四十五里右二峴通吉州大路 五峯嶺 西北四十里森森坡鎮路 別安臺嶺 西三十五里吉州界 將軍坡嶺 西北九十里 起雲嶺 西北一百四十餘里 大長鼓嶺 西北一百六十里 石耳嶺 西北一百五十里 鬼門關 北三十里鏡城界大路〇高麗史云東女眞位

伊界上有連山自東海岸崛起至我北鄙嶮絶荒翳人馬不能度間有一徑俗謂瓶項言其出入一穴而已若塞其徑則女眞路絶故邀功者往往獻議請出師平之睿宗三年尹瓘吳延寵率精兵八千出加漢村瓶項小路為賊所敗〇瓘按公嶮鎮先春嶺弓漢里加漢村俱在兇門關以南矣置吉州北至弓漢嶺以為我疆則弓漢嶺是先春嶺 〇海 東七十里九十里東南一百五十里南一百二十里 大川 一云汚未川一出大將鼓項東南流經斜了洞一出起雲嶺東南流經將軍坡大寺洞至府西南合而北流經府西至文岩右過甑山川東流經兇門關豆里山右過七寶山川與鏡城雲加委川合入于海 甑山川 出甑山下湫洞北流折而西流經府北入于汚未川 七寶山川 東三十里出七寶山北流經豆里山之東入于汚禾川 阿間川 南六十里源出永平山南流經菊花臺山東入于海 黃津 東六十五里自鹿山水入海處西有溫泉 上古津 東九十里 木津 同上 下古津 東南一百三十里 楸津 東南一百五十里七寶山水東南流入海處 露積仇非津 馬乳山西南 黃岩津 南一百三十里

三達津 南一百三十里阿間川入海處 (嶼島) 松島 黃津邊海中肰極端妙下環岩穴上立茂松 洋島 去陸稍遠有漁戶數十傍有嵳大島險不可居 卵島 洋島之南岩石險峻不通舟楫鷄屬卵育

(城池) 邑城 中宗十二年築周四千九百七十尺門三井四池一 坐了山古城 東南八十里周二十五百二十尺

(鎮堡) 在德鎮 北三十里宣祖三十八年設于永平山古城移合斜了洞堡于此號在德城在古站北層山之上周四千九百尺井三池一〇兵馬萬戶一員純祖朝革廢移于鬼門關之南小斜了洞舊址 斜了洞堡 西北三十里城周一千三百七十三尺置萬戶中宗十二年降權管宣祖朝合于在德鎮 將軍坡堡 西北九十五里城周一千九百六十五尺 大寺洞堡 西二十九里城周八百三十一尺 小斜了洞堡 北三十里鬼門關之南偏水麗城周四百四尺今在德鎮

(烽燧) 古站峴 西南四十五里 項浦洞 西南二十里 北峯 北十里

(倉庫) 邑倉 山倉 西北三十里 德倉 四十五里 坪倉 西南二十五里 古倉 西南四十五里 阿倉 南四十五里 新倉 南七十里 上加倉 南一百里 下加倉 南一百二十里海邊 西倉 東南一百二十里 東倉 東南一百五十里海邊 上古倉 東九十里 下古倉 東南九十五里

(驛站) 明原驛 北五里 古站驛 西南四十里 (撥站) 古站 明原站

(橋梁) 大川橋 在德鎮北 北橋 甑山川下 古站橋 西南二十八里

(土產) 石蕈 樅松山七寶 龍鬚 一莖直長數尺細如筋堅如骨用押筆管 海錯魚 蟹等同吉州鏡城

(樓亭) 統軍亭 南樓 並府內 八角亭

(典故) 本朝 世祖十二年李施愛兵敗到明原驛北為

麾下李珠等所縛致元帥幕下伏誅(詳北青)

富寧

【沿革】本鏡城石幕之地 本朝 世宗十三年以東良北女眞往來之衝始置寧北鎭節制使十六年移鎭于伯顔愁所石幕舊鎭則以土官千戶守之三十一年省富居縣移民戶于石幕劃本縣掘浦以西屬會寧府鐵掛峴以南黃節坡以北屬之還治于石幕陞富寧(取富居寧北以爲號)都護府【邑號】寧山【官員】都護府使(兼富寧鎭兵馬僉節制使 道前衛將)一員

【古邑】富居(東六十里本鏡城富家站 本朝太祖七年劃屬慶源府爲治所 世宗十年移慶源治

富寧 十四

于舊家而別置縣于此稱富居縣三十一年來屬今懷綏驛是其地)

【坊面】石幕(自府內南終六十) 青岩(南九十至海) 上茂山(西北一百餘) 下茂山(自府內東三十北三十) 虛修羅(西三十) 連川(東南七十) 東面(東六十) 板長(自東至北終五十) 東三里(東七十並終境) 右

【山水】豆里山(一云圓山 東十二里) 石幕山(南十里山底以石爲幕故名) 青岩山(南九十里海邊山石皆青) 田峯山(南六十七里) 清溪山(一云殯溪山東南二十里○隱寂寺) 冬郎山(東六十七里四面岩石磊落○龜石寺) 雲峯山(一云雲龍山東六十八里○龍湫寺) 驄騎山(東南八十四里海邊○青龍寺) 伏胡峯(東六十四里冬郎山之南) 內沙峯(東北四十八里) 兄斧岩(南十九里兩岩對峙) 多葛洞(東三十里) 虛通洞(南二十七里) 千水岩(西北三十里) 葛麻德(東北四十里) 茂山堡 東良洞(北二十里)

【嶺路】車踰嶺(西北七十里茂山界大路) 偵探嶺(西三十八里茂山界) 茂山嶺(北四十里) 古大路(茂山嶺西北十里) 梨峴(古大路西北十五里) 鞍峴(梨峴西十二里) 葛麻德嶺(東北四十里) 加應石嶺(東北四十五里 右六處會寧界) 廣朝嶺(東南六十里) 栄嶺(東南七十里) 錢掛峴(東六十五里會寧界) 墨山嶺(東七十里) 生禮峴(東三十里) 多葛嶺(東三十里)

○海(東八十里東南七十五里南九十五里) 大川(源出車踰嶺東流經梁永萬洞廢茂山茂山三舊堡會茂山嶺葛麻德嶺之水折而南經流府城東二里會雲峯山之水經兄斧岩玉蓮洞廢茂山鎭右過偵探嶺之水爲鏡城龍城川入于海) 富居川(源出雲峯冬郎二山南流經校長社懷綏驛會南浦池東浦池之水入于海稱三日浦沙同津臨海有海邊臺高四十尺距府八十五里) 資壯津(南六十里水色澄澈淡寒不氷雖大水流沙不壞) 葦潭(東八十里) 頓浦津(東南六十八里) 昆浦津(東南五十八里出南錫洞經廣濟院入于海) 青津(南九十五里出青貪洞入于海) 穿串

十五

(東五十八里有山斗入海中數里其上高平有岩當前其實如門漁舟可通)

【城池】邑城(周三千一百三十九尺甕城一門四砲樓四城廊十二井二) 富居縣城(周二千七百三十一尺○縣之西山有古塚萬餘皆石槨未知何時物也)

【鎭堡】廢茂山鎭(南五十里 肅宗三十六年移設于玉蓮廢堡城周二千七百六十四尺門二井一○兵馬萬戶一員)

【廢革】茂山堡(北十八里 世宗十八年築城周一千七百四十二尺二十年置萬戶 見下) 廢茂山堡(西北四十五里 中宗四年移茂山堡于此以舊堡土地磽确又與賊境相遠故城周一千七百六十四尺井一 肅宗朝移設于玉蓮廢堡 見上) 梁永萬洞堡(西北五十里 中宗八年築城周六百七十尺 茂山設邑後移設于茂山府北仍廢) 玉蓮堡(舊有萬戶後廢 肅宗朝移設廢茂山堡于此)

【烽燧】漆田山(南四十五里) 仇正阪(南二十五里) 南峯(南五里) 黑毛老

北二十五里 右元烽 老峯廢茂山鎮西

(倉庫)邑倉 石倉南五十里 青倉南六十五里 連倉東五十五里 古倉東六十里 浦倉東七十里 板倉東六十里 上倉北三十里 舞袖倉西北五十里 泉倉西南四十里

(驛站)石堡驛東一里 懷綏驛東六十里富居古縣輸城察訪移在于此 (步撥)獐項站 官門站 盧古院站 廢茂山站

(橋梁)盧通橋南十五里 射亭橋南五里 南橋外南門 石毛老橋北五里 古茂山橋北十七里右南北通行大路

(土産)鐵 翎 鼠 獺 海松子 五味子 海錯魚物與鏡城同

(祠院)崇烈書院 勝和樓府內

(典故)

會寧

(沿革)本女眞之斡木河一云吾音會 本朝 太宗朝斡朶里部里童孟哥帖木兒乘虛入居 世宗十五年兀良哈殺孟哥父子斡木河無酋長 東史云明永樂時斡朶里部落猛哥帖木兒入居于斡木河宣德七年七姓野人攻斡木河殺猛哥父子蕩其居少子凡察及朶耳伊等得免乞徙於慶源 武備志云孟哥見殺其弟凡察及子童倉逃居朝鮮 博物典彙以童倉所居為建州祖地 十六年移寧北鎮富寧于伯顏愁所鍾城行營尋以斡木河西北當賊衝且斡朶里遺種所居特設城堡令寧北鎮節制使兼之然其地距鎮阻隔聲援懸絶是年夏別置鎮于斡木河以置圓山細谷洞高郞岐阿山古富居釜回還等地為界稱會寧鎮置節制使尋陞為都護府使別置判官二十三年割鍾城吾弄草西界來屬

(邑號)鰲山 會山 (官員)都護府使兼會寧鎮兵馬僉節制使北道前衛將討捕使一員 判官宣祖朝減

釜回還在坊垣鎮南

(坊面)內南終十 內北終十 外北東二十五 乫下一里南八十 乫下二里南六十 雍熙一里東四十五 雍熙二里北三十 上里南四十 下里西二十 圓山東五十 魚雲洞東九十 高嶺北三十 細谷東七十 靈山南六十 古豐山上同 櫟山東南一百二十盡于海濱右皆終境

沙五峴 鈐峴

(山水)鰲山西北二里壓豆滿江 圓山東二十五里小山突起於平野 靈通山東南六十里○天柱寺 五峯山南十八里中一峯最高上有三泉 嚴明山東南八十里 小豐山東南二十三里 花豐山北二十五里上有宋帝塚云 崇德山東五十里 錦山北三十里 奉德山西南十里 六雲頭峯在乫下鎮翠岩高丈撑列半西瞰豆滿長江盤流如帶東望鏡城大野沃平如砥 饅介岩東南一百四十三里岩高十餘丈中有穴水常湧出其東一里又有岩壓海相對兩岸千尺下有深潭 洪安洞在靈山社 魚雲洞○東南九十里○大興寺

(嶺路)車踰嶺西南七十五里茂山富寧界 茂山嶺南八十里富寧大路通 加應石嶺東南八十里右富寧界 細谷嶺東五十五里鏡城界 蘆田項西六十里茂山界 全以尙嶺東南八十里 錢掛峴東南七十九里富寧界 上門嶺西十五里 下門嶺西十六里 竹苞嶺北十五里 萬坡嶺東南一百五十里嶺上有三岐 亏羅漢嶺西南

五十里○海東南一百五十里豆滿江西六里八下川東北三里出圓山北流徑
鰲山之下入豆滿江豐山川南二十里源出錢掛峴全以尚嶺茂山嶺北流徑古豐山堡至靈道山北
過靈邊山川徑小豐山至府城西一里馬城川入于豆滿江即古之斡木河靈道山川出加應石
嶺全以尚嶺北流入于豐山川車下川西二十二里出梨峴車踰嶺北流入豆滿山魚雲洞
川東六十里出嚴明山北流入鏡城流溪高浪岐川一云櫟山川東南一百四十里出嚴明山
南流入海菩提院川東南一百五十里出加石嶺東流入于高浪岐川應真珠池東南一百
四十八里高浪岐紫淵東南一百五十里菩提院川中
〔城池〕邑城世宗朝築中宗二十年改築周二千三百八十三步甕城五雉城十九砲樓二十有東南
二門井十二外環以塼子城豆滿江行城西北三里文宗元年始築中宗四年退築長一
萬一千七百二十尺古山城東三十里周三千九百八十尺有二池補龍洞雲頭城在車下鎮

肅宗壬辰烏喇摠管穆克登定界時土人指城外塚謂
皇帝陵克登令人開塚傍有短碣上書宋 皇之墓四
字克登令大其封築而去始知金人五國城即雲頭城
而但云宋皇不知是徽是欽○按宋史徽欽梓宮俱還
而今乃謂宋皇之墓則其時梓宮出於秦檜成和之姦
許撤又按金之五國城在上京東北千里上京即會寧
府今寧古塔地則雲頭城
城的非金之五國城矣
〔鎮堡〕高嶺鎮北二十里世宗二十三年置肅宗五年改築周三千七百尺雉城四甕城四砲
樓二十井二十五池一鎮北五里有五臺宗寺○兵馬僉節制使一員車下鎮西五十里中宗四年
設于補項洞口上乭岩下置僉使光海主元年築于外土
城後廢肅宗七年復置僉使英宗七年移設于雲
頭古城城周一萬八千二百二十尺甕城城一雉城八砲
樓十六尺塹處一萬三千八百七十尺城門四井十七
○兵馬僉節制使防守將一員古豐山鎮南六十里成宗十九年築城周二千二百五尺井三
中宗朝置萬戶顯宗二十五年移于新豐山仍結舊基
于茂山僉使鎮肅宗二十七年還屬本府○兵馬萬

戶一員〔革廢〕豐山鎮南二十里肅宗三十六年移鍾城府細川權管于此爲萬戶城周一千三十
八尺城門三肅宗十年移屬于茂山府仍廢車下鎮西南二十五里中宗四年置城周六千二十
尺井五英宗七年移于雲頭古城圓山堡東三十五里城周二萬餘尺池三湊一寧北堡
東十三里雍熙堡北三十一里梨豐堡南十里櫟山堡東一百十里肅宗六年置
萬戶翌年廢○江灘把守九處高嶺二處本府四處車下三處
〔烽燧〕古峴古豐山鎮南梨峴南八十里奉德西南六十里中峯西五十五里
松峯西四十里南峯西六十五里雲頭峯西五十里古烟臺西二十里鰲山
府之鎮山吾美草北十五里竹苞北二十里北峯北三十里下乙浦北四十里內
池德東十五里
〔倉庫〕邑倉新倉南六十里櫟倉東十里海邊東南一百五十里細倉東五十里細谷

靈倉東南六十里靈山魚倉東南八十里魚雲洞下倉西二十里下里
〔驛站〕古豐山驛南六十里寧安驛府城內櫟山驛東南一百二十里〔步撥〕
古豐山站獨德站官門站高嶺站車下站
〔土産〕鐵五味子貂鼠獺海錯魚鹽與鏡城同
〔樓亭〕制勝亭城內○府城東門回駕鰲樓南回武儀門東南砲樓回靜邊樓
〔祠院〕顯忠祠肅宗癸未建丁亥賜額鄭文孚見鏡城申世俊平山人本府校
生官僉知贈兵曹參議吳允廸海州人官軍資主簿贈戶曹佐郎崔彥英海州人官軍器
主簿贈戶曹佐郎許濯陽川人官軍器主簿贈戶曹佐郎鄭餘慶迎日人官禮賓奉事贈戶
曹佐郎李希內廣州人官守門將贈戶曹佐郎尹岦坡平人官禮賓奉事贈戶曹佐郎吳
遵禮廣州人官守門將贈戶曹佐郎

【典故】本朝 世祖五年春正月兀良哈大護軍金這乙輿阿乙車合兵千餘潛屯會寧長城外毁木柵入寇都節制使楊汀率營兵七百餘人邀擊大破之斬五千餘級賊棄牛馬器仗而遁 宣祖二十五年臨海順和兩王子自江原道聞倭兵在後疾馳踰摩天嶺到會寧府府吏鞠景仁叛縛二王子及金貴榮黃廷彧黃赫李瑛文夢軒李銖等送于清正清正單騎入城並留置陣中還屯安邊並送于日本翌年秋解還

○清崇德年間寧古塔烏喇兩處人戶持部標文來貿農牛農器食鹽後以為例逐年開市 市供總數 公

二十

市牛一百十四首（出會寧等六鎭） 犁二千六百箇（出北道十邑） 鹽八百五十五石（出北道十邑內茂山不入） 回禮牛價（分六等） 一等（每首羊裘一領小青布二疋） 二等（每首羊裘一領小青布一疋） 三等（每首小青布八疋） 四等（每首小青布七疋） 五等（每首小青布六疋） 犁價（每箇小青布一疋） 鹽價（每石小青布一疋）

鍾城

【沿革】本女真之愁州 本朝 世宗十七年置鍾城郡于寧北鎭（即伯顏愁所今行營）以鎭節制使兼知郡事（以愁濱林川鹿野防小造山時及地民戶屬之）等 二十二年移郡治于今治所（以寧北鎭爲都節制使營） 二十三年陞都護府（置判官後減○徙邑南界民戶以實之）鍾山【官員】

都護府使（兼鍾城鎭兵馬僉節制使北道左衛將）一員

【坊面】邑社 東豐（東四十五） 西豐（東南二十五） 鷹谷（東三十） 潼關（北三十） 香峴（南二十） 古邑（南七十五） 防垣（南五十） 長豐（東南一百五十） 鹿野（南一百五十） 防山（東南一百四十） 造山（東南一百九十海邊右皆終境）

【山川】小白山（南四十里夏雪猶在） 童巾山（北二十五里形如覆鍾） 羅端山（東三十五里慶源界） （東五十里慶源界） 廣德山（東四十里上有龍潭） 禁山（東五里） 飄山（東三十五里慶源界） （一在南五十里） 林泉山（東南八十里） 校烟臺（東四十五里中有泉四面絶壁形如校木望） 候臺（北二十里俯臨豆滿江削壁二百餘天） 斛岩（東四十五里形如橫斛） 【路嶺】葛坡嶺（東南一百八十里會寧界） 國師堂嶺（北十里大路） 柳城洞嶺（東南一百二十里） 姜八嶺（上同） 松尙峴（東南一百四十里） 八郞峴（東四十里右廢穩城界） 鹿野峴

五鳳寺 雲住寺 大聖寺 獨德寺

鍾城 二十一

（東南一百五十里會寧界） 香峴（南二十里） 小白嶺（南四十里） 獨德峴（南五十里右行營路） 赤洞嶺（東五十里慶源路） 茂察嶺（東南六十里慶源界） 德山隅（東北二十里通穩城）

朴達嶺 巖中滿峴（東南） 建峙（東）

○海（東南二百餘里造山社） 五龍川（一云吾美川長豐防山鹿野諸谷之水會而北流至慶源） 洛溪（洛溪上源過會寧雲洞川至行營東過中秋溪至慶源） 下流過小白山之水東流經龍岩穩城過德川惠至慶源 源地經燕基驛爲吾美川至乾原堡南入于豆滿江 潼關川（西北十八里出甑山西北流入于豆滿江） 豐川（府北一里出羅端山西北流入于豆滿江） 中秋溪（出會寧花豐山東流經行營南一里） 入于五海洋 龍川 楡津（俱在造山社海邊） 【島嶼】草島（造山社海中）

【城池】邑城（世宗二十三年築周四千八百八十二尺又內築中城府使李英以城有門四曲城九甕城四） 在城南鎭西樓 鎭戎樓 在城西倚虛樓 在城東鎭北樓 在城北樓 童巾城（壁一千一百二十一尺中有大池） 樓在城內 二十七里周六百三十二尺

山形聳出如鍾四面粧以鍊石池底鋪以礴石池畔又有石平如砥城南角有小路 豆滿江行城 ○自

在豆滿江邊石築長六萬二千四百八尺土築長八萬五千六百尺本稱長三千五百八十二尺

潼關渡豆滿江經甫青浦渡舍春川有古城號南京其西北又有山城其地名未可攷

(營衙)行營 即寧北鎮古城南距鏡城本營二百七十里西南至會寧府四十五里東至慶源一百二十里北至本府七十里東北至穩城一百四十里在四邑之中央 世祖三十年設北道節度使行營常時則留鎮鏡城豆滿江氷合之時出鎮 行營與諸鎮相表裡爲聲援 城池 有舊築城 仁祖十二年改築周二千六十二步曲城四城門四砲樓十三井五池一 屬衛 北道前衛會寧左衛鍾城中衛穩城右衛慶源後衛慶興

(鎮堡)潼關鎮 北二十里城周二千九百八十二天○兵馬僉節制使防守將一員 防垣鎮

二十二

南三十里城周二千四百十八尺○兵馬萬户一員 八(革廢)細川堡 南五十里城周一千五百七十七尺舊有權管 肅宗三十六年移合于會寧豐山鎮 東豐堡 東四十里土城周一千四百四十尺 西豐堡 東二十里土城周一千八百十一尺 鷹谷堡 東三十里土城周一千一百二十一尺

○江灘把守二十處 潼關三處本府十四處防垣三處

(烽燧)浦項 南五十里 新岐 南四十里 烏曷岩 南二十里 三峯 南十里 南峯 南五里 北峯 北九里 長城門 北三十里 北峯 北八十里 甫青浦 北二十里

(權設)金迴谷 東六十里 小白山 東南三十五里 安德 南十里 五回仲洞 南六十五里 右只里報行營

(倉庫)邑倉 古邑倉 行營城外 東豐倉 東三十五里 浯溪上倉 南九十里 浯溪下倉 南七十里 鹿野上倉 東一百五十里 鹿野下倉 東南一百二十一里 造山海倉 海邊 防山倉 東南一百四十里

(驛站)鍾慶驛 府東城外 撫安驛 行營城外 鹿野驛 東南一百五十里 (撥)防垣站 官門站 潼關站 (間撥)防垣站 細川站 撫安站 鷺岩站 東穩城三十里

(土産)鐵 出海邊 研石 紫色者佳烏硯石稱卯石出五龍川極佳 海錯 魚物等同鏡城

(祠院)鍾山書院 顯宗丙午建 肅宗丙寅賜額 鄭汝昌 見文廟 奇遵 見高陽 柳希春 見潭陽 鄭曄 見廣州 鄭弘翼 見北青 金尚憲 見太廟 鄭蘊 見廣州 趙錫胤 見閑城 俞棨 見林川 閔鼎重 見楊州 南九萬 見咸興

(典故)本朝 世宗朝李澄玉初守富居屢立戰功威

二十三

名大振五鎮之設尤有功焉鎮北邊後代金宗瑞爲都節制使至 端宗癸酉擧兵叛朝廷密遣朴好問輕騎馳代之澄玉殺好問自稱大皇金帝勒兵將渡江據金舊都鍾城都鎮撫李行儉以計留鍾城誅之 一云鍾城節制使鄭種斬澄玉以獻 宣祖十六年藩胡栗甫里尼湯介以萬餘騎分路入鍾城塞虞侯張義賢等以騎步兵百餘人守江灘拒戰軍官權德禮見殺餘皆還走入城被圍數重萬户崔浩等以強弩射之賊退其後栗甫里尼湯介再圍防垣堡崔浩等登城力戰虞候張義賢等自鍾城府來援中外合勢開門大擊賊遂敗退適入深處亦復寇邊

衆甫里領數萬騎圍潼關鎮僉使鄭鯤助戰將朴宣等力戰却之 三十八年忽剌溫野人入寇陷潼關鎮殺僉使金伯玉而去虞候成祐吉率留防軍數千夜渡江直擣虜屯乘其未備而擊敗之虜衆遂散收被虜男婦而還

鍾城

(沿革)本女眞之多溫平 本朝 世宗二十二年始置鍾城郡徙慶源及吉州以南安邊以北諸邑民戶實之二十三年陞都護府置判官後減判官二十四年置鎮 仁祖八年降縣以梁士福梁洪等謀叛伏誅十一年復陞(邑號)鍾城 鍾城(官員)都護府使兼鍾城鎮兵馬僉節制使北道

中衛將監牧官一員

(坊面)瓦洞東十里 美錢東二十里 浦項東十里 永達洞西南三十二里 周原北十里 長忠洞南四十里 粟遠西八十里 於厚西二十五里 堂洞南一十里 汁浦西一十里 黃拓坡東二十七里 德川南一百二十里 德山南一百五十里 德明南一百六十里 安和南二百六十里 海邊在四社越在慶源慶興西界鍾城東界

(山水)南山南五里 小甑山南十五里 雲住山南三十五里 北松山東三十里 塔香山南一百十五里 萬壽山南一百十五里 大甑山南三十六里 松眞山東南一百九十里慶興界 金蓮德東南一百九十五里 鐵桂德在松眞山下周六十里峯巒秀麗洞開澗土肥泉甘 塹(嶺路)慶閔嶺東南四十五里慶源界大路 塔峴南一百八十里 黃嵩嶺南松亭峴南 ○海南二百六十五里安和社 豆滿江北五里

黃拓坡川東三十里出慶閔嶺北東流入豆滿江 南山川出雲住山北流入府西五里入豆滿江 (島嶼)大草島在海津社海中周二十里形如覆釜悪石嵳峩 小草島大草島東 ○江外地 橐駝山北三十里 右地山西北東三十里 龜市火山粟遠鎮西二十里 仇乙山北粟遠鎮 件加堆山南火龜岩峰西北二十里 奪石 指坪西十里粟遠鎮 國土嶺山東橐駝立岩 附撫夷城黃拓坡城外有二石矗立雲漢 大洞 旯吾洞右二嶺駝山南 橐下田洞東美錢鎮十里 小也之洞黃拓坡堡東 分東江粟遠鎮西三十里東流入豆滿江 三漢川美錢東十五里

(城池)邑城周一千五百五十六步甕城四十二砲樓二十八城廊十六井二十五有東西南北門 長十四萬三千七百六十八尺文獻備考 豆滿江行城 云鍾城長城長四十里鄭蘭宗爲北兵使時

築

(鎮堡)粟遠鎮西十八里城周三千六百八十七尺井四 兵馬僉節制使一員 美錢鎮東二十五里城周三千六百三十九尺井三 成宗十五年設置 兵馬僉節制使一員 永達鎮南三十里城周三千三百九十尺井一 兵馬萬戶一員 黃拓坡堡東南二十五里城周一千六百九十尺井一 權管一員 (革廢)永達堡南十六里土城周一千六百四十尺 世宗二十四年設後移今鎮 黃拓坡堡東十里土城周一千五百六十尺 中宗二十八年設置後移今堡 周原堡東三里土城周五百十三尺 時建堡西二十三里土城四百五十二尺 豐川堡東十里土城周一千五百六十尺後合于美錢鎮 樂土堡南四十五里有上城址 ○江灘把守十五處 七處永達 二處美錢 三處粟遠 三處本府 一處黃拓

(烽燧)小童巾西南四十五里 松峯西三十五里 中峯西三十里 犬灘西四十里 時建西三十五里 古城西二十五里 壓江西二十里 坪烟臺西十三里 一云平峯

射場(西四里) 坪烟臺(北五里) 浦項(東十四里) 美錢(東二十五里) 錢江(東四十里) 長城峴(一云東峯 東二十五里)

(倉庫) 邑倉 社倉(長忠洞 德川 德山 德明 安和 海津)

(驛站) 撫寧驛(府內) 德明驛(南一百三十五里) (步撥) 永達站 官門站

黃柘坡站 (間撥) 德明站 鷲岩站

(牧場) 大草島場(中宗六年移于蟒川地 顯宗六年復設 ○監牧官本府使兼)

(土産) 貂鼠 獺 溢 鰭魚 鹽 等物同鏡城

(樓亭) 鎮邊樓(城內)

慶源

(沿革) 本女眞之孔州(一云匡州) 本朝 太祖七年因古址 慶源 二十六

修築石城以其地有 德安二陵(詳慶興) 且肇基之地陞

慶源府(剏鏡城府龍城以北屬之) 太宗九年移治于蘇多老古營

(在東林北五里)城 設木柵以居因女眞入寇徙民戶倂于鏡城

郡邊虛其地十七年剏鏡城豆籠耳峴迤北之地復置

邑於富家站(古富居縣 今㯹綏驛) 陞都護府 世宗十年又移治

于會家川北(徙南界民戶以實之) (邑號)㯹城 (官員)都護府使(兼慶源鎮兵馬僉節制使 北道右衛將 討捕使)一員

(坊面) 邑社 壓下(北二十) 衆圍(東十五) 安原(南十) 古乾原(南五十) 有信(南九十) 古阿山(南七十五) 東林(南三十五) 城川(南五十) 新乾原(東南五十) 新阿山(東南九十) 訓戎(北三十) 海津(南一百六十) 海邊(西爲穩城終境)

(山水) 甑山(西三十里 鍾城界 山頂有石如甑 ○淨水寺) 向岳山(一云希岳山 南八十五里)

慶興界 雲峯山(南二十里) 馬乳山(北二十五里 山頂有石如馬乳) 羅端山(南三

十里 鍾城界 七寶山上有石) 惠我山(西二十里 有西洞 一里山頂) 東林山(三

七十四里 石序立 謂之七寶 居基 北有周四十里 觀江外山川)

東南四十里 石硼成城 鑿石開徑 臨江險隘 登臨之周四十里 觀江外山川 ○

里 伏胡峯(東十里) (路)鐵嶺 慶閑嶺(西十八里 城界大路) 穩城界 塔峴(南八十五里 穩城界)

海(南一百六十五里) 豆滿江(東十五里) 會家川(出甑山 東流經府 南一里入豆滿江) 所

下川(北八十里 出慶閑嶺 東流入豆滿江) 衆圍川(南十里 東流九十里 入豆滿江) 安

原川(南三十里 出羅端山 東流入豆滿江) 五龍川(南十五里 詳鍾城) 林成洞川

(南二十九里 出羅端雲 入豆滿江) 琵琶洞(海津社) 連陸 西入海 邊一大 (島嶼) 瑚島

峯 二山 入豆滿江 中

(東十六里 豆滿江中 仁祖十五年 江水分派橫流 爲島 周二十里 藪薮之所 出毛明之所 莽作一獵場)

(城池) 邑城(世宗二十六年築 宣祖三十六年改築 仁祖七年加築 周一千四百七十五步 周五千八百十一尺 城門四曲城八 井七) 東林城(在東林山上 周五千八百十一尺 太宗九年修築 極險

峻 東南北絶壁 衛主 西有十餘里 長縣城 自鎮北舊

谷村間 褥比東望 孚春 都落諸地 渡會家川 大堡

野中有土城 名曰縣城 內有六井 豆滿江 龍飛御天歌云

㫌閑城 東距訓春江七里 城西距豆滿江二百五十步)

(鎮堡) 訓戎鎮(北二十五里 城周三千二百四十二尺 井五 ○兵馬僉節制使 防守將 一員)

山鎮堆堡(東南七十五里 城周一千八百七十尺 後移阿山堡于此 仍補爲 ○兵馬萬戶 一員 本 加 阿

乾原堡(南五十里 中宗十一年築城 周一千四百五十八尺 井一 ○權管一員) 安原堡(南三

十里 周二千七百四十尺 井一 ○權管一員) (廢堡) 鎮北堡(東十里 周六百四十三尺) 古

阿山堡(東南六十里 城周二千八百三十尺) 古乾原堡(南五十里 城周二千五百二十尺)

古阿吾地堡(東南八十里 有土城 成宗十九年移于慶興) 吾美草堡(南四十五里 土

城周四百八十五尺古阿山鎮北有信堡南八十七里吾美章三堡中宗十一年並革有土城戍

宗九年革○江灘把守十四處三訓戎三處本府三處安原三處乾原三處阿山二處

(烽燧)中峯西北三十里 馬乳北二十一里 撞項北三十里 城上北三十里 亭訓北九十里 南山南七十里 東林東南十里 水汀東南四十五里 件加堆東南七十里 伯顔東南九十里 (權設)進堡南四十里

(倉庫)邑倉 社倉古乾原 古阿山 有信 東林 淤津

(驛站)馬乳驛府內 燕基驛在古乾原堡 阿山驛東南七十里 (撥站)訓戎站 官門站 安原站 乾原站 阿山站 (撥間)燕基站

(牧場)慶源場 百塞孫要有慶源場 監牧官以邊將兼

二十八

(橋梁)撼項橋 南一百五十五里海邊湖 水長一百五十步廣三步

(土産)江海之産與穩鍾諸邑大同

(樓亭)綏軍亭 府內

(壇壝)豆滿江壇 在東林城內 本朝以北瀆載中祀 俗稱龍堂

(典故)本朝 明宗九年革串野人骨幹不等入寇慶源北道兵馬使李思曾遣兵擊却之斬五十九級 宣祖十六年藩胡尼湯介入寇陷慶源府北道兵馬使李濟臣連狀告急以吳沄朴宣爲助防將領勇士八千先赴援國內大震穩城府使申砬領精兵先赴援入城賊圍之三匝砬殊死戰賊遂退去又圍乾原堡富寧府使金

義贇力戰却之賊又寇安原堡兵勢甚盛進圍鍾城守將省撫国志申砬方援阿山賊又圍訓戎鎮作衛橋四面攻城僉使申尚節晝夜拒戰矢盡力竭城將陷申砬與茱遠僉使李璞從黃拓坡間道直馳突圍賊乃退尚節與砬追賊斬七十級直擣其部落而還 一云李濟臣遣諸將分三路渡江掩擊諸胡巢穴焚其糧械積震斬三百餘級全軍而還

○會寧開市之後岩丘賴達湖户人及厚春人來易牛犁釜於慶源後以爲例間一年開市 市供摠數 公市牛五十首 犁四十八箇 釜五十五坐 右出慶源穩城鍾城 回禮牛價等分五 一等無首鹿皮大三領中四領小十領 二等無首鹿皮

二十九

大三領中四領小七領 三等無首鹿皮大四領中三領小六領 四等無首鹿皮大三領中三領小五領 五等無首鹿皮大二領中四領小三領 犁價無角小鹿皮一領換 釜價無尖小鹿皮二領換

慶興

(沿革)本孔州之地 本朝 世宗十年移慶源府于會家之後以距孔州古址隔遠難於守禦復修孔州舊城差萬户兼孔州等處僉節制使十七年別置孔城縣判官 以近民户三百屬之 以僉節制使兼知縣事十九年以 穆祖肇基之地陞爲慶興郡二十五年陞都護府 純祖三十三年移治于撫夷鎮

(官員)都護府使 兼慶興鎮兵馬僉節制使北道後衛將

一員

坊面 造山 南六十里 海汀 東南八十 西水羅 南八十 阿吾地 西三十 撫夷 南三十 蘆郎山 南十五 撫安 西南六十 雄耳 西南七十

山水 白岳山 西南六十里 絶頂石間有水 水旱不渴 慶源界 山極高峻 松真山 西南七十里 穩城界 海邊 山多瀦澤 ○普賢寺 三洞山 西二十里 咸林德 南二十五里 前有陵坪 赤池 衆耕洞 西二十里 蟹岩 川 衆耕邊 汝音皇坪 西十里 望海臺 西水羅鎮

東海邊 陵坪 南三十里 有二陵 初在豆滿江東斡東地 德陵 安陵 太祖四年移葬于陵坪 太宗十年又移葬于咸興 德陵回南 香角峯之陽 安陵 千佛山之陽 ○赤池在其中 ○香角峯 或云上角山 興路嶺

慶興鎮 造山北 複嶺 即赤地西嶺 胡傒項 白岳山東 地境嶺 弓浦嶺 地脫嶺 牛岩嶺 浦項嶺 ○海 南六十五里 ○自豆滿入海之

慶興 三十

堤堰 一

口沿東北學春界謂之 慈海 金史稱貫雅海 豆滿江 自府東至東南入海處 稱慈濱江 金史稱蘇濱

水 衆耕川 西二十五里 出穩城之松真山 東流逕慶源上倉及本府衆耕洞 左過萬壽小川 東入豆滿江 小城川 西南三十五里 出松真山 北流合于衆耕川 撫浦 南六十里 五里許有倉 浦東臺槽 洞浦 南二十五里 赤池 南三十里 陵坪周十餘里 池畔建亭 名射芯臺 池水北通豆滿江 池中有圓峯 高三十步 圍九十步 四面泗洳 正宗十一年立紀蹟碑 鯉遊池 赤池之南 大池 入赤島通 一在造山社 一在撫安社 一在雄耳社

鹿屯島 東南八十里 豆滿江入海處 有居民田甚良 赤島 南八十里 海中 去岸不遠 周七八里 石色皆赤 狀如伏龜 翼祖自德源移居于府東三十里斡東 為千戶 女真諸千戶忌而欲謀害之 翼祖避禍于此島 陶穴而居 仍徙于咸興 其基猶存 號翼祖 正宗十一年立紀蹟碑 楸島 麻田島 二島在楸島之下 右 卯島 赤島南十十五里 周十十 在豆滿江中 鳥局岩 西水羅東海中 ○江外地 串羊岳 東六十里 時入接卯育

錢坪 納納古坪 斡東 東三十里 下有金塘村 有山曰黑角峯 峯下 翼祖自德源移居于此 一云自東林城移居于此 單串 東六十里 八池 小池凡八 在楸島之東

城池 邑城 本撫夷堡城 周三千二百四十尺 井二 赤池古城 在赤池上 甚危險 板洞古城 西二十五里 四面斬截 內有大澤

鎮堡 撫夷鎮 南二十五里 即本府舊治 太祖七年築 世宗二十三年移于此 年增廣改築 周五千二十六尺 曲城五 甕城三 砲樓一六 井五 東門曰洗兵樓 城門三 ○兵馬萬戶兼東部將一員 阿吾地鎮 西二十里 重修城周二千八百二十五尺 中宗元年設 四年廢 成宗十六年 九年 慶源阿吾地堡移設于此 仍稱舊号 ○兵馬萬戶兼西部將一員 造山浦鎮 南六十里 古鎮 邊堡 城周一千五百七十九尺 ○水軍萬戶兼守城中軍一員 西水羅鎮 南八十里 城周八百七十七尺 四尺 置旗管 ○水軍萬戶兼南部將一員 (革)(廢) 鹿屯島古堡 土城周一千二百四十七尺 距造山

三十一

江灘把守六處 豆灘雍處 造山撫夷處 本府二處

堡二十里 有造山萬戶所管兵船 宣祖十九年 募民屯種 敵虜大入殺掠殆盡 阿吾地古堡 北三十里 距豆滿江五里 城周二千一百尺 中宗四年移設于此 十六年還今鎮

烽燧 東峯 阿吾地鎮東 西峯 西南三里 浦項 南十五里 望德 撫夷鎮東 屈申浦 南三十五里 豆里山 南四十五里 南山 造山鎮南 牛岩 東南七十里 ○初起

倉庫 邑倉 撫安倉 西五十里 海汀倉 東南七十里 海邊 蘆郎倉 南六十五里 海邊

驛站 江陽驛 府內 雄撫驛 在阿吾地 (革)(廢) 雍耳驛 西九十里 (撥) 阿吾地 站 官門站 撫夷站 造山站 西水羅站 終

橋梁 東川橋 車橋 洪槽場橋 二十五里 俱在西南

土産 鐵 貂 獺 魚物二十二種 鹽 藿 塔士麻 昆布

(典故)本朝 明宗九年草串野人骨幹不以五百騎寇造山堡城殺潛助防將崔漢貞射殪其酋長賊遁去 宣祖二十一年時錢藩胡屢入慶興殺掠人畜北兵使李鎰巡到慶興遣虞候金遇秋領四百騎乘氷渡江曉襲楸島鞁胡斬三十三級繼發吉州以北諸鎮兵二千餘騎潛師渡江夜襲時錢鞁胡焚二百餘家斬三百八十餘級

茂山

(沿革)本藩胡老土部落所據 宣祖三十四年藩胡撤歸 顯宗十五年移富寧府之茂山鎮于三峯坪(今府治)

茂山 三十二

茂山堡在富寧北十八里 中宗四年設于富寧西北四十五里 宣祖三十三年陞僉使 顯宗朝移鎮後富寧置廢

茂山堡 肅宗十年陞都護府(劃富寧府之車踰嶺虛修羅以西會寧府之蘆田嶺以南及豐山堡屬之)

(邑號)三山 鰲戴 (官員)都護府使(兼茂山鎮兵馬僉節制使) 北道中一員 衛將

(坊面)豐山(東北八十五) 梁永(北三十) 茂溪(東北七十) 上東(東六十) 下東(東三十) 所岩(東四十) 上南(南六十) 下南(南三十) 漁南(南二百) 延面(南三十) 西面(西七十) 三山(西一百二十) 北村(北五十五) 龍面(北六十) 加鱗端(東南二百六十 海邊富寧府東界)

(山水)鶴棲山(東二十五里) 檢德山(南八十里) 三山(西七十里) 蘆隱山(西南一百三十里) 分水嶺(西北二百八十餘里) 連枝峯(分水嶺之次) 小白山(連枝峯之次) 桃峯(小白之次) 虛項嶺(桃峯之次) 寶多會山(虛項之次西南二百二十里甲山界形如白雪屹立雲霄) 沙伊峯(寶多會之次) 緩項嶺(沙伊南支其次爲雪嶺長白山大幹) 蘆隱山(西南一百三十里尖峯獨立衡天) 甑山(西南二百里) 南甑山(西一百四十里) 北甑山(西六十里分界江外) 平項山(北甑山之北) 笠帽峯 甘土峯(有石城周回廣大) 三台峰 加乫峯 陽甲山 豐坡德(西百十里) 三長坡德 國師坡 玉石岩洞 柳洞 天坪(虛項嶺之南四環爲坪) 蘆坪 三峯坪(府內) 大角峯(以上皆白頭東南而本府之西界也程里未及考錄詳輿地圖) 長白山(南三百餘里盤據本府甲山鏡城明川吉州端川之界延袤千餘里高大重疊多豁谿長谷峻險迤北道路阻絶人不堪居山頂樹木矮小至五月雪始消七月復有雪) 白頭山(西北三百餘里唐書稱長白山又云太白山岩石皆白故名白山橫亘千里高二百里巓上有潭周八十里南流爲鴨綠江北流爲混同江東流爲土門江 肅宗三十八年清烏喇總管穆克登來白頭山定界其事蹟略曰吾時川自鏡城之長白山西流至此與江水合其外皆荒磧無人居北度柏德七十里鉤門二十里昆長闊十五里有大山當前乃西渡江水斬木緣崖行五六里路斷復從小坡名韡安德允竣行八十餘里有一小澤又東行三十餘里登韓德交當行數十里樹漸小山漸露自此山皆純骨色蒼白東望一峯拂天即小白山也遮遏山支西十餘里至山頂尚有二三十里稍東有一嶺小白之支也陟其上脊達見白頭山雄峙千里一蒼頂如獲白竄于高祖從嶺底行數里山皆童濯行五六里小忽中惱成塹橫如帶深無底廣僅二尺武曜過或接手以度四五里又有塹劈木作架以度精西數百步行至山頂有池如顧六周可二三十里深不可測四壁削立若糊丹埴拆其北數尺水溢出爲黑沱江源東有石獅子黃如尾鬚欲動中國人謂望天吼云從網脊下三四里有泉出未數十百步峽拆爲大埏中注又東流一短網得一泉二派其流甚細克登坐乂水間名之爲分水嶺遂勒石爲記克登歸後移文回立碑後從土門源審視流全數十里不見水痕從石縫暗流全百里方現巨水此無水

三十三

九折嶺

之處如何使人知有邊界不敢相犯我國以土門源斷處或築土或聚石或樹柵以援下流之意申飭云定界碑文曰大淸烏喇總管穆克登奉旨査邊至此審視西爲鴨綠東爲土門故於分水嶺上勒石爲記康熙五十一年五月十五日

【嶺路】蘆田項東北一百五里會寧界大路 盧修羅嶺東南一百五十里鏡城界通魚游澗門路 車踰嶺東七十五里富寧界 甲嶺西三十五里通三山社 甲峴西二十里 西峴東路會寧通 夫有世嶺南五十里 ○海六東南十里二百加鱗端社 豆滿江西五里 寶多會山川上流曰小紅丹水大紅丹水東流爲魚潤江即土門江上流 分界江水出于分水嶺以上伏流 壬辰分界時以此稱甑山分界無痕 康熙 北川西九十里源出長白山北流經甑山 三山社西面社入于豆滿江 博下川西南五十里源出虛項嶺 延面流南上南下南諸社入于豆滿江 城川里源出長白山衆壑之水會而北流經城川羅嶺巨門 偵探嶺西北流至府東爲楸川經府北入于豆滿江 三池在天坪之南虛項嶺之北○自三池北行

三十里至泉浦又三十里至連枝峯又二十里至分水嶺立碑處望山頂不過六七里 自三池東邊折而西踰虛項嶺可抵惠山鎭 泉浦坪在天 萬洞津在加鱗端社

【城池】邑城 肅宗二十年始築 英宗三十三年修補 正宗四年改築周六千二百二十六尺 甕城四 東城一面天塹絶壁邑民背汲東溪 城門四 砲樓三 東曰太平樓 西曰挽洸樓 南曰鎭南樓 北曰觀水樓 臨江臺古城西五十里周二千餘尺 亇乙丐城西四十三里周一千餘尺三面絶壁一面據 土篤所城南十里周千餘尺

【鎭堡】豐山鎭東北八十五里本會寧府之豐山堡 顯宗十五年移設于此 肅宗十年移屬本府 英宗五年築城周四千九百二十尺○兵馬萬戶一員 梁永萬洞堡北二十里 顯宗十五年自富寧府移設于此 肅宗十年移屬本府 城周一千三百三十七尺一云六百七十尺○權管一員

○江灘把守三處 一本府一處 豐山一處 梁永一處

【烽燧】琥珀德東北七十五里 大岩東北五十五里 西峴東四十里 鍾峴北十五里 南嶺南十里○初起

【倉庫】邑倉 社倉上東下東濂南上南下南延面三山西面北村茂溪龍面加鱗端

【驛站】茂山驛府內 麻田驛東五十里 豐山驛豐山鎭內 【撥】麻田站 官門站 梁永站 大岩站 豐山站

【橋梁】城川東橋東十里 北橋北五里 博河川橋西三十五里 西北川橋西五十五里 半橋在大紅丹水

【土産】五味子 海松子 紫草 貂鼠 硯石 海錯 魚鹽出加鱗端

【典故】本朝 肅宗朝北兵使張漢相帶率壯武韓廷弼許斫彼邊材木遂有穆克登定界之事

疆域

	東	東南	南	西南	西	西北	北	東北
咸興	海 洪原七十	海	海 定平三十	定平	寧遠八十 定平	寧遠 江界百五十	長津百十 甲山百五十	北靑 長津三百
永興	海		高原十九	陽德二百五十	孟山二百五十	寧遠二百	定平三十	
定平								
高原	永興三十		文川二十	陽德百二十	永興百		二十	
安邊	海三十	歙谷九十五	淮陽九十	平康八十 百五	伊川六十 百二十	谷山百八十 陽德百二十	德源三十	海二十五
德源	海	安邊二十			安邊三十		文川十五	
文川	德源十五		十五	安邊四十	陽德六十 高原五十		高原三十	
北靑	利原六十五		海	洪原五十五	四十	咸興 長津 洪原	百二十 甲山百七十	端川百二十

洪原	北青四十五	海		咸興三十 五十	咸興 長津百十 北青
利原					
端川	吉州六十五	海	利原三十五	九十 北青百八十 甲山二百 三百八十	二百八十 吉州二百七十
甲山	長白山百五十	端川八十 北青百五十	長津百五十	三水五十八十	鴨綠江六十 茂山八十
三水	甲山二十	甲山 長津百十		厚州百五十	鴨綠江
長津					
厚州					
吉州	明川十	海	海	端川百五十	長白山二百
鏡城	海五	海 明川百四十 明川百十	同	長白山百四十 茂山八十	富寧四十五
明川	鏡城七十五 海	海 海百七十	海 吉州百二十	吉州四十 六十 長白山二百	鏡城三十

鍾城 三十六

富寧	會寧七十 海	海 鏡城六十	茂山 鏡城五十五 茂山 會寧八十	會寧四十 五十
會寧	鍾城五十 海	富寧八十	茂山六十	鍾城三十 豆滿江
鍾城	慶源五十	海	會寧五十 豆滿江一	穩城三十 八十
穩城	豆滿江 慶源四十 海		鍾城四十 豆滿江三十五	豆滿江
慶源	豆滿江	慶興 穩城一百	鍾城三十五	穩城三十
慶興	豆滿江 厚春界海		穩城七十 慶源三十	豆滿江
茂山	會寧百五十 富寧八十	鏡城百五十 長白山三百	甲山三百三十 白頭山三百	豆滿江

田民

	田	畓	續田	民戶	人口	軍保
咸興	五十八十八結 一千三百五十三結		三千四結	一萬六百六十七	七萬一千五百十	四千九十名

永興	五千三十四	四百七十六	二千八百十	九千三百七十	五萬四千九百五十	九千三百六十二
定平	二千七百一	六百九十四	九百十二	二千七百五十	一萬四千七百四十	三千五百十二
高原	一千七百十九	一百九十八	七百六十二	二千三百九十三	九千五百八十	一千八百十四
安邊	二千四百一	四百五	二千四百四十六	五千四百七十六	三萬三千五百	五千七百九十七
德源	六百五十九	一百四十	八百四十六	二千三十	一萬一千六百九十	二千六百五十四
文川	八百十六	一百十九	七百二十七	一千七百	一萬一千三百四十	一千九百四十二
北青	三千三百六	五百二	一千三百七十七	七千五百五十	三萬七千八百	四千八百二十
洪原	一千一百八十六	二百九十	三百六十三	四千三十六	二萬五千四百八十	一千九百五十三
利原	一千二百九十三	一百十四	三百七十九	二千一百三十	一萬六千五百三十	二千三百十
端川	四千三百八十五	一百十一	八	四千五百九十	三萬七千二十	四千二十一

田民 三十七

甲山	八百九十三	○	二千九十一	三千八百三十	一萬六千六百五十	三千四百十三
三水	九百五十四	○	一千八十五	二千四十	一萬三千八百五十	九百六十四
長津	一百七十九	○	六百六十七	一千三百八十	八千九百六十	一千五十二
厚州	一百八十四	二	一百四十	一千五百二十八	六千五百十	三百二十
吉州	四千十二	二百八十一	九百二十	八千六百八十	六萬八千四百七十	六千四百九十三
鏡城	一千九百三十一	二十八	二千二百六十六	七千五百十	五萬一千三十	五千二百二
明川	一千七百三十九	一百三十四	三千三百五十五	八千五百十	四萬六千五百三十	五千三百九十四
富寧	一千一百七十一	十一	一千四百二十九	三千八十	一萬八千五百四十	二千四百三十五
會寧	五千六百十三	七	一千六百三十九	七千六百三十	三萬四千八百二十	四千六百四十九
鍾城	五千五百七	四十一	二千七百五	五千八百三十	三萬五千三百九十	五千三百六十六

穩城	一千四百五十四	十二	一千七百六十六	三千三百七十六	一萬五千七百八	二千八百四十一
慶源	三千五百三十四	三十一	二千四百九十二	四千二百二十	一萬九千三十	二千七百九十六
慶興	一千一百二十六	九	一千五百四十八	二千六百八十二	一萬五千四百十	三千二百五十九
茂山	三千七百十二	一	一千二十九	六千五百三十七	三萬六千六百四十	三千七百九

驛站

高山道 南山 奉龍 朔安 火燈(安邊) 鐵關(德源) 良驥
(文川)通達 隘守(高原) 和原 (永興)蓬臺 草原(定平) 平原 德山
(咸興)○居山道(北青) 咸原 新恩 平浦(洪原) 五川 慈航
濟仁 黃水(北青) 惠山 盧麟 虛川 呼麟 熊耳
終浦(甲山) 積生(三水) 施利 谷口(利原) 基原 麻谷(端川) 嶺東

臨溟 雄平(吉州) 古站 明原(明川) ○輸城道 朱村 永
康 吾村(鏡城) 石堡 懷綏(富寧) 茂山 麻田 豐山(茂山) 寧
安 古豐山 櫟山(會寧) 鍾慶 撫安 鹿野(鍾城) 撫寧
德明(穩城) 馬乳 阿山 燕基(慶源) 江陽 雄撫(慶興) 共六
十驛吏卒三萬二千三百九十一名三等馬九百九十
九匹

烽燧

沙峴(南淮陽) 鐵嶺 鶴城山 蛇洞(安邊) 長德山 所達山(德源) 天
達山(文川) 熊望山(高原) 城隍峙 德峙(永興) 王金洞 臭白山
(定平)城串 草古臺 倉嶺 執三仇未(咸興) 南山(洪原) 陸島

佛堂山城 石耳(北青) 眞鳥峯 城門(利原) 甑山 亇
訖乃 吾羅堆 胡打里(端川右二十六處南兵營所管) 岐里洞 獐
潰嶺(吉州城津) 場峴 山城 鄕校峴 綠蘂(吉州) 古站峴
項浦洞 北峯(明川) 壽萬德 中德 朱村 永康 長
坪 羅赤洞 姜德 松谷峴(鏡城) 漆田山 仇正阪
南峯 黑毛老(富寧) 古峴(會寧古豐山) 梨峴 奉德 中峯(會寧)
(下)鬼松峯 南峯 雲頭峯 古烟臺 鰲山 吾美草
(會寧)竹苞 北峯 下乙浦(會寧高嶺) 浦項 新岐里(鍾城防垣) 烏
局岩 三峯 南峯 北峯(鍾城) 長城門 北峯 甫青
浦達(鏡城)閑 小童巾 松峯 中峯(穩城永達) 犬灘 時建(穩城古)

城 壓江 坪烟臺(穩城柔遠) 射場 坪烟臺 浦項(穩城) 美
錢 錢江(穩城美錢) 長城峴(穩城拓坡) 黃中峯 馬乳(慶源) 獐項
城(慶源上訓戎) 厚訓 南山(慶源) 東林(慶源安原) 水汀(慶源乾原) 件加堆
伯顔(慶源阿山) 東峯(慶源吾地) 阿西峯 浦項 望德(慶興) 屈申
浦 豆里山(慶興撫夷) 南山(慶源邊山) 牛岩(慶源西水羅○初起 ○右七十五處北兵
營所管 [烽間] 琥珀德(茂山豐山東合 雲頭峯見上) 大岩(茂山豐山) 西峴 永萬洞(茂山梁)
鉡峴 南嶺(茂山初起)○ ○者羅耳(南合石耳見上) 沙乙耳 梨洞
(北青)○厚致嶺(南合梨洞見上) 虛火耳 馬底嶺(北青) 石耳 牛頭
嶺 南峯 伊間(甲山) 阿間(甲山) 同仁(甲山) 所里德 雲寵(甲山) 何方金德
(甲山)惠山 水永洞(三水) 西峯 遮外(三水) 仁家南峯 西峯 羅暖(三水) 鬼洞

三水乫坡知 松峯 新峯 三水舊乫坡知 ○遮山 鏡城游澗 魚下峯 鏡城吾村
古峯 鏡城甫乫溫 松峯 鏡城寶化 東峯 鏡城森右五處本鎮初起 ○崔世洞 吉州西北
東山 高峯 西山 右西北○初起(權設) 進堡 慶源準涼水汀 慶金廻谷
小白山 皮德 田仲洞 鍾城右報行營 共一百四十處
元烽一百一處 間烽三十四處 權設五處

摠數

坊面二百九十一 民戶十一萬九千三百 人口七十一萬三千二百 田十萬四千四十三結 軍保十五萬六千四百九十八 場市四十 步撥七十六 大路五十五 別路八 間路十三 津渡十 牧場六 三廢場 堤堰二十四 摠數 四十

垌洑二十五 松田二十九 壇壝四 甲山 慶源 定平 永興
賜額書院十五 陵寢八 宮殿四 咸興 永興 倉庫二百五十 江防把守六十九 六鎭沿江

大東地志卷二十